管理叢書

Organizational Behavior

組織行為

丁志達◎著

序

序

> 你去爬山，必須愛山、敬山、親近山，而不是征服山。
>
> ——印度恆河（Ganga）源頭的牌文

　　一個正確的觀念，可以影響一個人的一生行爲。選擇一項職業作爲終身的志業是一件神聖而嚴肅的課題，TOMS Shoes的創辦人布雷克・麥考斯基（Blake Mycoskie）在《TOMS Shoes：穿一雙鞋，改變世界》書中，用自身經驗爲成功寫下新定義：「明知人生只有一回卻怡然自得，因爲你不虛此行，這就是成功。」有一部日本電影《鐵道員》，其所表達的「一日鐵道員，終身鐵道員」的力量令人動容。當外在環境不能改變時，唯一要做的就是改變自己、自我開發、自我提升，以專業創造附加價值，講求自我實現、堅守崗位。

　　淨空法師說：「佛法講修行（修是修正，行是行爲），就是把自己錯誤的行爲修正。行爲，實在太多了哪能說得盡呢！所以佛法，把無量的行爲歸納爲三大類：一是身體所造作的身業行爲；二是言語所造作的口業行爲；三是起心動念，意業行爲。行爲無論有多少，總不出這三個範圍，所以叫『三業行爲』。思想錯誤了，見解錯誤了，說話說錯了，動作做錯了，這就錯誤行爲。把一切錯誤修正過來，才是修行。」俗話說：「一種米養百種人」，每個人都是不一樣的個體，爲求生存，必須投入群體一起工作，但也必須遵守組織頒布的「遊戲規則」，有人接受，有人反抗，組織行爲的研究於焉產生。

　　管理大師彼得・杜拉克（Peter F. Drucker）說：「知識工作者必須是專才，但他們必須是一個組織的成員。專業知識，本身不會產生績效，唯有組織才能提供知識工作者，發揮效率的基本存續條件，也唯有組織，才能把知識工作者的專業知識轉換爲績效。」企業是由員工組成，如果員工無法發揮個人的能力，又如何讓企業展現高度戰力。因而，組織行爲在現今的企業管理上是管理者不可或缺的知識。

i

　　組織行為這門課，旨在描述、解釋、預測及控制人類行為，探討職場裡的人際關係及衍生的相互間的互動，諸如：激勵、溝通、領導、衝突、文化、變革等，藉以協助解決管理問題的系統知識。本書在內容編排上，以理論與實務見長，佐之以二百多份的圖、表、案例與重要名詞解釋（小辭典），先從宏觀面的組織行為概論（第一章）打個底，進而鋪展出個體行為的基礎（第二章）、激勵理念（第三章）、組織系統（第四章）、領導行為（第五章）、組織變革（第六章）、人際溝通（第七章）、團隊行為（第八章）、時間管理（第九章）、衝突管理（第十章）、人力資源政策與實務（第十一章），並以組織行為經典法則（第十二章）作為總結。

　　在本書付梓之際，謹向揚智文化事業公司葉總經理忠賢先生、閻總編輯富萍小姐暨全體工作同仁敬致衷心的謝忱。因限於個人學識與經驗的侷限，疏漏之處在所難免，懇請方家不吝賜教是幸。

丁志達 謹識

目　錄

組織行為

圖目錄

表目錄

組織行為

個案目錄

第一章

組織行為概論

- 組織行為的領域
- 組織行為的認識
- 組織行為的發展
- 組織行為研究方法

> 心中醒、口中說、紙上作、不從身上習過,皆無用也。
>
> ——清・《顏元集・存學編卷二》

　　自組織誕生的那一天起,就存在著組織之間的行為關係。組織行為
（organizational behavior）的研究領域,就是一般人的工作行為,主要是
探討組織中人員行為的科學,目的即是希望透過對組織中人員行為的瞭
解,進而塑造組織成為高效能且健康的組織。

快樂員工,帶來滿意顧客

　　查理（Charlie）是一家航空公司的行李處理員,已服務二十年了,但
最近工作規定改變,主管又處理不當,查理心有怨氣,便偷偷地把一些行
李的吊牌撕下來作為報復。航空公司為了處理這些遺失吊牌的行李,大費
周章,甚至要賠錢給顧客。

　　有不滿意的員工,就有不滿意的顧客。研究顯示,當公司合理地對待
員工時,員工會培養好公民的行為,願意以公司的整體立場服務顧客。有
好公民行為的員工,顧客滿意度可能較高。

資料來源:編輯部（1999）。〈快樂員工,帶來滿意顧客〉。《EMBA世界經理文摘》,
　　　　第157期（1999/09）,頁126-132。

　　組織行為的系統性研究,就是研究組織群體內的行為（behavior）
與態度（attitude）。在員工的表現中,有三種類型的行為相當重要,分
別是生產力（productivity）、曠職率（absenteeism）和離職率（turnover
rate）。組織行為同樣也關心工作滿足（job satisfaction）,工作滿足是一
種態度,因為,工作滿足與生產力之間可能有某種關聯,工作滿足和曠職
率之間呈現負面關聯（**表1-1**）。

表1-1　生產力、曠職率、離職率與工作滿足的意義

類別	意義
生產力	生產力包括效能（目標的達成）及效率（為達成目標的投入與實際產出之比值）。在考慮生產力時，必須瞭解哪些因素會影響到個人、團體，甚至是整個組織的效率及效能。
曠職率	員工若未照常到職，企業必將難以正常運作並達成既定目標，不僅工作流程受到干擾，而且重要的決策也常因而拖延。如果曠職率超過某一特定基準時，必會直接影響到組織的效能與效率。所以，《勞動基準法》第十二條第一項第六款規定：「無正當理由繼續曠工三日，或一個月內曠工達六日者。」雇主得不經預告終止契約。
離職率	高離職率意味著增加組織的人員重置成本的負擔。公司人才的流失將導致運作效率的降低。
工作滿足	工作滿足，係指個人對於工作的一種感受，是將工作各層面加以評價後所產生的一般性態度。工作滿足有七個構面，包含組織、升遷、工作內容、直屬上司、報酬、工作環境和同僚關係。

參考資料：劉玉玲編著（2005）。《組織行為》，頁15-16。台北：新文京開發出版。

 # 第一節　組織行為的領域

　　「人」是組織中最重要的資源，但真正引發學者對人類行為研究興趣，可溯源於1927～1932年美國哈佛大學（Harvard University）教授喬治‧埃爾頓‧梅約（George Elton Mayo）的霍桑研究（The Hawthorne Studies）展開的一系列研究工作，測試工廠的物質工作環境對員工工作生產力之影響如何。由於其研究發現行為層面因素對生產力具有相當影響力，因此，個體行為與工作績效關係之研究備受注意，經過多年的成果研究累積，加諸運用心理學、人類學及社會學之概念與理論，使組織行為逐漸成為一門科際整合的學科，範圍亦由個體行為擴增到團體（群體）行為、組織程序之層面（圖1-1）（吳秉恩，1991：3）。

一、組織行為科學的起源

　　霍桑研究之後，有不少學者開始對人群關係學派（human relations school）有了很多的研究，其後行為科學之擴大及推展使之成為獨立學

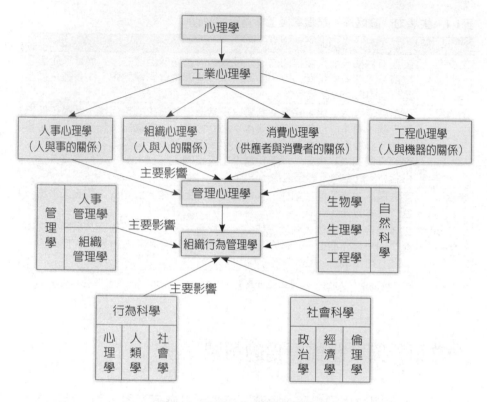

圖1-1　組織行為學的理論架構

資料來源：劉姍姍，《組織行為學》教案，山西財經大學公共管理學院勞動經濟教研室，
http://218.26.164.163/common/editer/openfile/get.jsp?fid=698

門，主要創始人首推社會心理學的先驅庫爾特·勒溫（Kurt Lewin）為代表，其主要的貢獻在群體動態學方面，他認為群體行為是互動與勢力所形成的組合，進而影響群體結構與個人行為。

　　組織行為領域的建立，來自很多行為科學的貢獻，這些前驅的學科，包括心理學（psychology）、社會學（sociology）、社會心理學（social psychology）、人類學（anthropology）和政治科學（political science）等。

人群關係學派

　　人群關係學派（human relations school）是依「霍桑實驗學派」的成果而衍生出的學派。現代人群學派已經不只是一套處理人的技術組合，而是一種瞭解人群的分析途徑。近年來組織行為研究，即往這方向研究，並以「組織行為」、「人力資源」取代「人群關係」。

資料來源：維基百科，人群關係學派，http://zh.wikipedia.org/wiki/%E4%BA%BA%E
　　　　　7%BE%A4%E9%97%9C%E4%BF%82%E5%AD%B8%E6%B4%BE

(一)心理學

　　心理學是一門研究人類及動物的心理現象、精神功能和行為的科學，既是一門理論學科，也是一門應用學科。最引人興趣及討論的有：普通心理學、實驗心理學、臨床心理學、消費心理學、工業心理學、觀眾心理學及教育心理學等均屬之。例如，早期工業心理學家關心的是員工的疲勞、厭煩以及其他會妨礙工作績效的工作條件相關因素。

個案 1-2　習得的無助行為

　　心理學上有個實驗，將一隻老鼠養在可以通電的籠子裡，籠子中間放著隔板，分左右兩邊。當右邊通電時，老鼠會跳到左邊；電擊左邊時，老鼠會跳到右邊。兩邊同時通電時，老鼠會兩邊亂跳，等牠發現不管怎麼跳都沒有用時，牠就不動如山了，這就叫「習得的無助」。用在組織行為上，就叫做「皮」或「疲」。

資料來源：吳光生（2004）。〈你有親和力（Affinity）嗎？〉。《上銀季刊》（2004/12冬
　　　　　季號），頁67。

組織行為

> **小辭典** 觀眾心理學
>
> 　　有句行話說：「演戲要打頭不打尾」，就是說一齣戲，一個人物，一出場就
> 要給觀眾一個很深的印象，使人有興致往下看，越看越覺得好，不要前面演得平
> 淡乏味，使人不想往下看，即使後面再好，觀眾也總覺得差點勁。
>
> 資料來源：余秋雨（2006）。《觀眾心理學》，頁155。台北：天下文化出版。

　　心理學研究人的行為，組織是由人組成，管理之中首要的是管理
人，所以，心理、組織和管理之間，本身就有密不可分的關係。近年來，
研究心理學的貢獻擴及學習、知覺、人格、情緒、訓練、領導效能、需求
與激勵、工作滿足、決策過程、績效評估、態度測量、甄選新進員工之技
術、工作設計、工作壓力和過勞死等問題（**表1-2**）。

(二)社會學

　　社會學一詞起源於十九世紀法國實證主義哲學家奧古斯特‧孔德
（Auguste Comte），是一門研究社會行為、社會現象、社會結構、社會
互動和社會變遷的科學。換句話說，社會學是研究人與同伴之間的關係，
是對於組織中團體行為的研究，特別是正式及複雜的組織，包括工作團隊
的建立、組織文化、組織的理論與結構、科層組織、溝通、權力及衝突
等。當代社會學熱衷討論的論題，包括：族群融合、性別平等、弱勢族群
的問題等。

表1-2　心理學家所不能做的事

・心理學家僅能觀察你的外表而不能瞭解你的內心。
・心理學家並不特別有興趣對你從事心理分析治療。
・心理學家不是算命者。
・心理學家不會觸摸額頭後，告訴你任何關於你的事（骨相學）。
・心理學家不會看過你的名字後（命相學），或看過你掌上的紋路（手相學），就能
　告訴你任何關於你的事。
・一般而言，心理學家對於神祕現象沒有興趣，例如心靈感應或特殊能力者。
現代心理學家都是採取科學方法做個人行為的研究。尤其對人與人之間、個人與群體
之間、人與物體之間和組織內員工之間的關係。

資料來源：劉玉琰（1995）。《組織行為》，頁43-44。台北：華泰書局。

(三)社會心理學

社會心理學是心理學中的一個重要環節，主要研究個人的思想、感受和行為如何會受到旁人（無論是實際存在，或只是想像中存在的）所影響。它是介乎心理學與社會學之間的以個人行為與社會的相互影響為研究對象的一門科學。社會心理學當中有一個重要的領域進行了相當多的調查研究，也就是研究變革（change）以及在態度的測量、理解與改變、溝通型態、團體活動能夠滿足個體需求的途徑和團體決策程序等方面。

(四)人類學

人類學是研究人與環境互動的學科。人類學源自於自然科學、人文學與社會科學。它的研究主題有兩個面向：一個是人類的生物性和文化性，一個是追溯人類今日特質的源頭與演變。例如，人類學家對文化與環境的研究，能幫助我們瞭解不同國家與不同組織中的人們在基本價值觀、態度和行為上的差異。研讀人類學給我們的啟示是：本是同根生，相煎何太急。要接納各自的發展、相互尊重、相互扶持。

(五)政治科學

政治科學是在研究人類社會中的權威價值分配的過程，也是一門研究人類政治現象的學科，一門藝術。在政治學不斷發展的過程中，政治逐漸以涵蓋所有社會關係的面向來理解，而不是專注於以政府的各種制度為中心的各項活動。政治學所關心的特定主體，包括：結構性的衝突、權力的分配和人們如何為了個人利益去施展權力。

小辭典

文化人類學

文化人類學（cultural anthropology）主要在研究人類各個社會或部落的文化，藉此找出人類文化的特殊現象和通則性。文化人類學的基本概念有五個，分別是傳統社會（traditional societies）、民族（nation）、我族中心主義（ethnocentrism）、文化（culture）和涵化（acculturation）。文化人類學的研究對象大多是弱勢族群和少數團體，以及較為原始的部落，而研究方式大都注重「質」而非「量」，現象的觀察多是「特例」而非「通識」。

編輯：丁志達。

組織行為研究的範圍，涉及到上述的行為科學，因為心理學重視個人行為；社會學著重於全體行為；人類學則偏重在文化對人類行為的影響。無論如何，行為科學最終的目的是為了要說明、瞭解及預測人類行為。事實上，每一種科學對組織都有很大貢獻，並且可從三個面向（個體、群體、組織）發現在各種科學之間的互連性，以便作為對組織行為的研究基礎（**圖1-2**）（劉玉琰，1995：43）。

二、組織行為的特徵

組織行為是一門應用性的科學，涵蓋的學科也很廣，主要的特徵有：

1. 組織行為是一門整合性的科學：組織行為整合了心理學、管理學、社會學、組織理論、社會心理學、統計學、人類學、系統理論、經濟學、資訊科技、政治科學、職業諮商、壓力管理、心理測驗、工作學、決策理論及倫理學等相關領域之內容，從中整合運用來解釋組織中人的行為。
2. 組織行為強調實務運用的傾向：組織行為有明確的學習目的，每一個論點或是方法都實際的用於處理組織中人的行為問題。
3. 組織行為重視科學方法的運用：組織行為在運作上是排除經驗與直覺的做法，特別借重許多行為科學的論點。
4. 組織行為重視人的價值：組織行為這門課程完全以「人」為出發點，重視「人」的感受、動機與需求，是以「人」為主體來探討組織效益的一門科學。（簡明輝，2004：21）

快遞（courier），絕不只是單純的貨物送出與送達，普通一件美國本土的聯邦快遞（FedEx Corporation）包裹，就包含了收送、貨運裝卸、飛航、分類、追蹤等至少五個部門、十二道關卡，牽扯數十位人員。聯邦快遞是如何達到「今日寄件，明日收到」的「使命必達」（accomplish what I promise）的經營理念呢？答案就是「人」，當一家企業真心關懷與注意員工需求，員工才願意為公司盡心盡力，也才能帶給客戶最佳的服務。

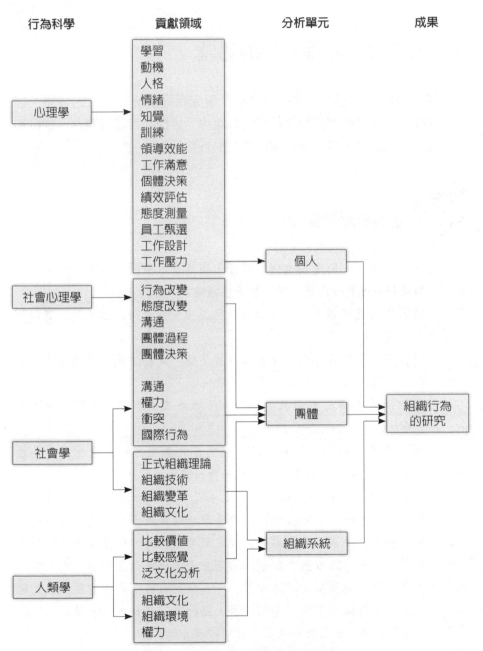

圖1-2　組織行為所涵蓋的學科領域

資料來源：Stephen P. Robbins、Timothy A. Judge合著，林財丁、林瑞發合譯（2012）。
　　　　《組織行為》，頁7。台中：滄海圖書出版。

 第二節　組織行為的認識

　　從學科的角度而言，組織行為學是研究組織系統所涉及的個體、群體和組織層面及其相互作用關係的行為規律，以提高管理者識別、選擇和優化人的行為能力，獲得組織運行效率的行為科學。

個案 1-3　如果田鵑不啼的話

　　在日本民間有一則廣為流傳的軼聞，描述日本戰國三雄織田信長、豐臣秀吉和德川家康對「田鵑不啼」的性格評論詩。

　　豪放暴烈的織田信長說：「如果田鵑不啼，就殺給你看！」（鳴かぬなら 殺してしまえ ホトトギス）

　　圓滑善謀的豐臣秀吉說：「如果田鵑不啼，就設法使牠啼給你看。」（鳴かぬなら 鳴かしてみせよう ホトトギス）

　　以堅韌隱忍著稱的德川家康則說：「如果田鵑不啼，就等牠啼時為止。」（鳴かぬなら 鳴くまで待とう ホトトギス）

　　故事的真實性如何，姑且不論，但忠實的呈現出織田信長的急性粗暴、專擅獨裁，豐臣秀吉的智謀、陰沉和德川家康的耐性。

　　德川家康（為岡崎城主松平廣忠之長子）少年命運坎坷，六歲被送到今川家做人質，但中途卻被織田氏所奪取。后奈良天皇天文18年（西元1549年），松平氏與織田氏講和，德川家康重返岡崎，但僅十日又作為今川氏的人質。因德川家康前半輩子吃過苦中苦，所以耐性特強，也不敢輕舉妄動，只能默默儲備個人政治能量，一直等到織田信長與豐臣秀吉的陸續倒下，然後由弱轉強，漸次奪取天下，也一手開啟日本江戶幕府，將近二百六十年的王朝。看來德川家康「忍功的確一流」。

編輯：丁志達。

組織行為中有三個分析的層次，分別是個體行為層次、群體行為層次及組織系統層次。這三個層次的關係，就好像我們在堆積木的過程一樣，前一個層次成為下一個層次的基石。當我們從個體的層次走到組織系統的層次，我們對於組織中的行為已有更廣泛的瞭解（**圖1-3**）。

一、個體行為層次

對正式組織加以檢討時，個體行為是不可避免之焦點，通常集中於心理因素及工作角色相互關係的瞭解。人在進入組織前已具有會影響到日後行為的個人特徵，如性格特徵、價值觀與態度，這些特徵會直接影響個人對工作行為。個體行為可分為人格、知覺、學習、態度與激勵。行為科學家特別強調個體行為研究（**圖1-4**）。

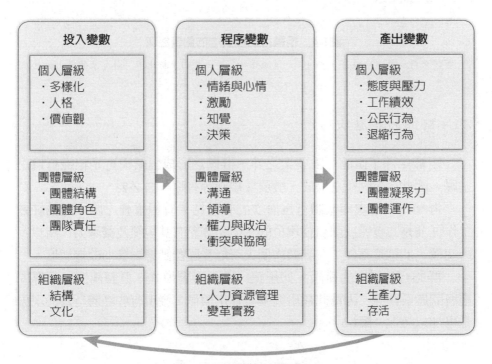

圖1-3　基本組織行為模式

資料來源：Stephen P. Robbins、Timothy A. Judge合著，黃家齊、李雅婷、趙慕芬編譯
　　　　（2014）。《組織行為學》，頁24。台北：華泰文化出版。

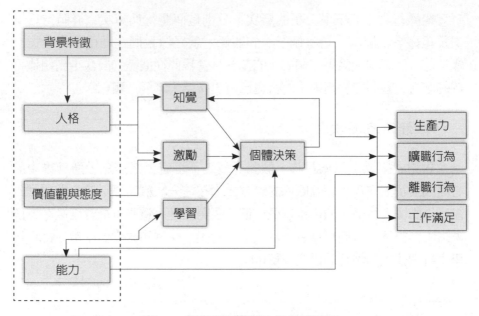

圖1-4　組織行為模式中的個體層次

資料來源：劉玉玲編著（2011）。《組織行為》，頁17。新北市：新文京開發出版。

二、群體行為層次

　　組織中除了個體行為要素之外，群體之形成與結構更是組織行為之基礎。因此，對團體之構成、發展、規範等有瞭解之必要。

　　群體行為層次與個體行為層次的管理結果有相重疊之處，因為許多工作任務是以群體或團體為單位的。但是團體有其規範及凝聚力，所以，即使個人的態度不佳，在團體內個人可能受團體動態影響而改變態度。

　　群體行為研究的範圍，如規範、交互影響模式、群體衝突、領導問題與問題解決等。因為此類研究確有實用價值，發現有些團體行為的現象是可加以控制（**圖1-5**）。

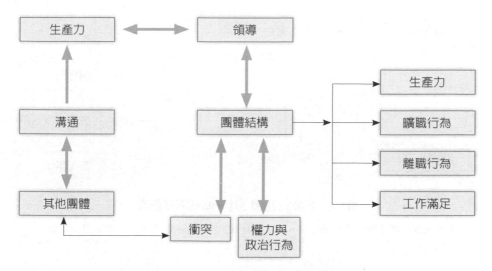

圖1-5　組織行為模式中的群體層次

資料來源：劉玉玲編著（2011）。《組織行為》，頁17。新北市：新文京開發出版。

三、組織系統層次

　　個體行為與群體行為之運作，必須在組織系統內為之，因此其結構如何？工作如何設計？值得關切。組織層次的行為包括：生產力（量）、缺席率、轉業率、財務調度、新產品的種類與數量、市場競爭能力、客戶量、市場（顧客）的滿足度以及永續經營等。組織必須面對許多不同的顧客，包括政府機構、投資者、員工、工會、消費者等，越來越多之研究以此為重心（**圖1-6**）。

　　人與組織的管理必須將上述組織行為各層次的相互關係相提並論，包括個體層次中的動機、士氣、忠誠、情緒及價值，群體層次中的領導與衝突，以及組織系統層次中的組織文化與組織認定。但有時不能同時在三個層次得到相同的正面效果。例如，組織為了使員工滿足，提高薪水，減低工作時間，但此作為也不一定就能同時提高生產量。如何在三個層次達到平衡點，便是當代組織行為所要探討的主題（劉玉玲編著，2011：16-18）。

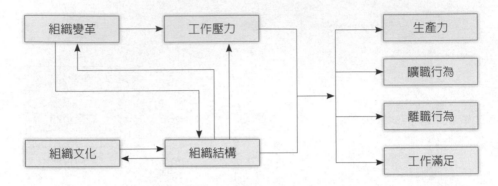

圖1-6　組織行為模式中的組織系統層次

資料來源：劉玉玲編著（2011）。《組織行為》，頁18。新北市：新文京開發出版。

 第三節　組織行為的發展

　　任何一門科學都不是由某位哲人主觀臆測出來的，而是有一個漫長的萌芽、產生與發展的沿革過程。組織行為學的產生與發展也同樣經歷了一個漫長的理論準備和實際運用的歷史過程，始能形成一門學科。

　　早期的管理，是指從手工業生產向機器生產轉變的初期。在這一時期，實際上管理尚未形成為一門科學，管理僅僅是依靠雇主的個人經驗。

一、科學管理的誕生

　　現代管理學的誕生，是以弗雷德里克‧泰勒（Frederick Winslow Taylor）在1911年發表的《科學管理原理》（*The Principles of Scientific Management*）及1916年亨利‧費堯（Henri Fayol）問市的名著《工業管理和一般管理》（*Administration Industrielle et Générale*）奠定基礎。

(一)科學式管理

　　科學式管理（scientific management）強調的是透過組織的系統設計，用以增進勞動者的生產效率，將工作科學化，如簡單化、標準化和特定化，則工作者將會依標準發揮最大的、最有效的功能。最有名的科學式管

理代表首推泰勒，他認為人是經濟動機取向的，雇主期待利潤、受僱者期待經濟收入，欲達高生產力和高工作效率，科學式管理可以使雙方均受益（黃英忠，n.d.）。

在1880年代，泰勒以工程師的身分在美國費城（Philadelphia）米德瓦爾鋼鐵廠（Midvale Steel Works）進行實驗，他仔細研究員工的工作流程，並分析最有效率的動作。幾年後，他在匹茲堡（Pittsburgh）的伯利恆鋼鐵公司（Bethlehem Steel Company），再次重新對工人卸貨的工作加以分析，根據上述實驗結果，泰勒發表了一本著作《科學管理原則》，書中說明了誰才是「最幸運的老闆和最幸福的員工」。

 個案 1-4　鐵鏟實驗開啟科學管理之門

泰勒（Taylor），美國古典管理學家，被後世稱為「科學管理之父」。他提出的「科學管理理論」是建立在三大實驗基礎上的，其中之一就是著名的鐵鏟實驗。

1898年，泰勒在美國的伯利恆鋼鐵公司進行鐵鏟實驗。當時他發現，不管是鏟取鐵石還是搬運煤炭，工人都使用鐵鏟，僱用的搬運工動輒就有五、六百名。而優秀的搬運工一般不願使用公司發放的鐵鏟，寧願使用自己帶來的鐵鏟。

泰勒進一步發現，搬運工一次可鏟起3.5磅（約1.6公斤）重的煤粉，而鐵礦石則可鏟起38磅（約17公斤）。不同的原料，若都用相同的鐵鏟，那麼在鏟煤粉時重量合適的話，在鏟鐵砂時就過重了。因此，他得出一個結論：在搬運鐵礦石和煤粉時，最好使用不同的鐵鏟。

為研究每一鐵鏟最合理的鏟取量，泰勒找來兩名優秀的搬運工，用不同大小的鐵鏟做實驗，每次都使用碼錶記錄時間。他發現：每鏟取21磅（約10公斤）時，一天的材料搬運量為最大。他由此確定每個工人的平均負荷是21磅。據此，他專門建立了一間大庫房，裡面存放了各種工具，每個負重都是21磅，也準備了多種鏟子，每種只適合鏟特定的物料，工人從

此不必自帶工具。

此外，他還設計出有兩種標號的卡片，一張說明工人在工具房所領到的工具和該在什麼地方幹活，另一張說明他前一天的工作情況，上面記載著幹活的收入。工人取得白色紙卡片時，說明工作良好，取得黃色紙卡片時就意味著「要加油了」，否則的話就要被調離。儘管這一制度需要增加管理人員，但僅因這一項變革，公司每年就節省成本8萬美元。該管理方法實施三年後，堆料場的勞動力從400～600人減少為140人，平均每人每天的操作量從16噸提高到59噸，每個工人的日工資從1.15美元提高到1.88美元，大大降低了成本，提高了效率。

啟示錄：鐵鏟實驗的成功，為泰勒將實驗手段引進管理領域奠定了堅實的基礎，亦為其「科學管理理論」的確立和發展起到了巨大的推動作用。

資料來源：澄心編（2014）。〈鐵鏟實驗：開啓「科學管理」之門〉。《人力資源》，第370期（2014/08），頁88。

個案 1-5　設計流程與工作地點的布局

科學管理的先驅泰勒在伯利恆鋼鐵廠運用工作描述設計流程與工作地點的布局，使勞動生產率得到很大提高。伯利恆鋼鐵廠的五座高爐由75名訓練有素的生鐵裝卸工裝車，他們的平均裝車量為每人每天12.5噸，這在當時相對任何地方來說，都是速度最快和費用最低廉的。透過工作分析發現一流的生鐵裝卸工，每人每天的裝卸量不是12.5噸，而應該是它的近4倍，約為47噸或48噸。

經過實施設計流程與工作地點的布局，一個裝卸工一天可以以47.5噸的速度來裝生鐵，裝卸工的工資比周圍其他的工人多掙60%的工資。

資料來源：楊生斌。「工作分析與職位評價」講義。

泰勒運用「時間—動作分析」的方法進行了大量的試驗，提出了勞動定額、計件工資制等一系列科學管理制度和方法。泰勒極力宣揚兩種想法，其一為員工要經過挑選和訓練，其二為增加員工的薪資可以激勵員工的生產力。彼得・杜拉克（Peter F. Drucker）描述泰勒是歷史上第一位研究組織行為的人。

　　泰勒的研究帶動了其他學者的興趣，其中著名的學者法蘭克・吉爾伯斯（Frank Gilbreth）和莉蓮・吉爾伯斯（Lillian Gilbreth）夫婦的研究，他們提出了時間和動作分析（time-and-motion study），企圖尋找最好的工作方法而發現了人類十七種基本動素（後來美國機械工程協會又加入一個動素「發現」而成為十八種基本動素），對員工在工作時節省工時貢獻甚大，後人稱之為「動作研究之父」（**表1-3**）。

表1-3　吉爾伯斯的動作分析

必須動作	
伸手（Reach, RE）	指接近或離開目標物的動作
握取（Grasp, G）	指用手或身體其他部位握住目標物的動作
搬運（Transport, TL）	指用手或身體其他部位改變目標物位置的動作
組裝（Assemble, A）	指將多個目標物組成一體的動作
使用（Use, U）	指借助器具或機器改變目標物的動作
分解（Disassemble, DA）	指將組成一體的目標物分解成多個部件的動作
釋放（Release, RL）	指讓目標物脫離手或身體其他部位的動作
檢查（Inspect, I）	指比較、測定或評價目標物數量和品質的動作
輔助動作	
尋找（Search, Sh）	指確定目標物位置的動作
選擇（Select, St）	指在許多物品中確定目標物的動作
計畫（Plan, Pn）	指對後續動作進行的思考和決策
定位（Position, P）	指調整目標物，使之與某軸線或方位一致的動作
預定位（Preposition, PP）	指調整目標物，使之處於預備定位位置的動作
無效動作（要提高動作效率，必須盡可能的刪除無效動作，壓縮輔助動作，使必須動作更精練、更通順，從而簡化作業動作）	
發現（Find, F）	指尋找到目標物的動作（這個動素美國機械工程師學會後來增加的）
持住（Hold, H）	指保持目標物在某一位置的動作
停止（Rest, R）	指終止動作活動被擱置

（續）表1-3　吉爾伯斯的動作分析

不可避免的滯延 （Unavoidable Delay, UD）	指在作業標準中規定的、因作業者無法控制的因素而造成的工作時間延誤
可避免的滯延 （Avoidable Delay, AD）	指在作業標準中沒有規定的、因作業者本身的原因而造成的工作時間延誤。

資料來源：李祚（2011）。〈始於吉爾布雷的動作分析研究〉。《人力資源》（2011/01），頁47。

(二)計畫管理理論

　　泰勒的科學管理開創了西方古典管理理論的先河。在其正被傳播之時，歐洲也出現了一批古典管理的代表人物及其理論，其中影響最大的首推費堯。

　　費堯（Fayol），法國人，是一般管理理論（general management theory）學派代表。1916年出版的《工業管理和一般管理》，是其最主要的代表作，標誌著一般管理理論的形成。他最主要的貢獻在於三個方面：從經營職能中獨立出管理活動；提出管理活動所需的五大職能（規劃、組織、指揮、協調、控制）和十四點管理原則。這三個方面也是其一般管理理論的核心，被尊稱為「管理程序學派之父」（**表1-4**）。

表1-4　費堯的十四點管理原則

分類	原則
分工原則（specialization / division of labor）	專業化分工提升工作效率，從而提高勞動生產率。
權責原則（authority with corresponding responsibility）	避免員工有權無責或有責無權。領導人要避免濫用權力以貫徹權力與責任相符的原則。
紀律原則（discipline）	員工必須遵從組織的規定，領導人須以身作則，獎懲嚴明。
命令統一原則（unity of command）	代表每個員工只能接受一位上級主管命令而不能同時接受兩個人或兩種命令。
目標統一原則（unity of direction）	代表一個組織或部門應該只有一個行動目標。
共同利益優先原則（subordination of individual interests to the general interest）	組織利益優先於個人或團體利益。
獎酬原則（remuneration of staff）	員工有所付出必須要給予同等的酬勞。

18

（續）表1-4　費堯的十四點管理原則

分類	原則
集權原則（centralization）	將權力集中在管理者手上。
指揮鏈原則（scalar／line of chain）	組織從最高層主管到最基層人員必須有明確的指揮路線。
秩序原則（order）	讓員工或物料可以在適當的場所出現。
公平原則（equity）	公平無差別的對待部屬。
穩定人事原則（stability of staff）	避免人事波動過大，力求穩定、安定。
自動自發原則（initiative）	適時激勵部屬，促使部屬有主動努力的精神。
團隊精神（esprit de corps）	團隊精神可以讓組織成員凝聚力更強。

製表：丁志達（2015）。

(三)行政組織理論

　　馬克斯・韋伯（Max Weber）是與泰勒和費堯同一歷史時期，並且對西方古典管理理論的確立做出傑出貢獻的德國著名社會學家和哲學家。他的著作《官僚模式》（*Bureaucratic Model*）中提出了所謂理想的行政組織體系理論（又被稱為官僚制，bureaucracy），他認為組織應是一個等級森嚴、層次分明、分工明確的金字塔型的結構，其核心是組織活動要透過職務或職位而不是透過個人或世襲地位來管理。他的理論是對泰勒和費堯理論的一種補充，對後世的管理學家，尤其是組織理論學家有重大影響，因而在管理思想發展史上被人們稱之為「組織理論之父」（圖1-7）。

　　泰勒、費堯和韋伯分別代表了那個時代管理理論的三個重要門派，即科學管理理論、計畫管理理論和行政組織理論。泰勒的研究側重於企業基層人員的操作分析、組織原則和工作監督；費堯的思想則主要集中於高層的管理原則，如企業的計畫，不同層次組織的協調、控制等；韋伯則是社會學中組織理論的創始人，他提出的科層組織理論是各類組織採取的直線式組織結構的理論基礎。儘管這三種理論研究的方面各不相同，但它們有著共同的缺點，這就是輕視或忽視組織中人的因素問題，僅僅把人看成是一台機器而完全不考慮人是具有思想、感情、主觀能動性的。

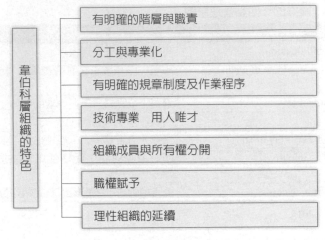

圖1-7 韋伯科層組織的特色

資料來源：戴國良編著（2006）。《組織行為學：全方位理論架構與企業案例實戰》，頁
12。台北：五南圖書出版。

二、工業心理學的誕生

心理學家雨果‧孟斯特伯格（Hugo Münsterberg）從1910年開始，他和哈佛大學的學生開始在許多大工廠中進行把心理學應用於工業的試驗，並於1912年把研究成果寫成《心理學和工業效率》（*Psychology and Industrial Efficiency*）一書，他把激勵、領導、溝通等心理學上的知識，應用於工商界的管理，開創了工業心理學（industrial psychology）這一新領域，被人們稱之為「工業心理學之父」。工業心理學可以看作是組織行為學的雛形。

(一)人際關係理論——霍桑實驗

工業心理學的研究，僅限於工業個體心理學的研究，考慮的面還較狹窄。1927年，梅約（Mayo）、狄克遜（W. J. Dickson）等人在美國芝加哥（Chicago）的西方電氣公司（Western Electric Company）的霍桑工廠（Hawthorne Plant）進行了有關員工行為的一系列的霍桑實驗（Hawthorne experiments），其主要目的，乃試圖藉由電話交換器裝配實驗發現物質環

個案 1-6　孟斯特伯格開創工業心理學

　　工業心理學之父孟斯特伯格（Münsterberg），1892年受聘於哈佛大學，建立了心理學實驗室並擔任主任。他在那裡進行了大量的工業問題研究，其中最著名的一項研究是探明安全駕駛的無軌電車司機應具備的特徵。他系統地研究了這項工作的各個方面，並設計了模擬電車的實驗室實驗，結果他發現，一個好的司機應該能夠在駕駛過程中同時理解所有影響電車行駛的因素。

　　他認為，心理學應該對提高工人的適應能力與工作效率做出貢獻，其研究的重點是：如何根據個體的素質以及心理特點把他們安置到最適合的工作崗位；在什麼樣的心理條件下可以讓工人發揮最大的幹勁和積極性，從而能從每個工人處得到最大、最令人滿意的產量；怎樣的情緒能使工人的工作產生最佳效果。1912年，孟斯特伯格出版了《心理學與工業效率》。該書分為三部分內容，即：最適合的人、最適合的工作、最理想的效果。他認為，研究疲勞問題對提高工業生產效率非常重要。他和其繼承者研究了許多工廠每天和每週的工作曲線，典型的日產記錄表示出：每天上午九、十點鐘產量有輕度增加，而午飯前產量下降，午飯後產量又上升，但不如上午九、十點鐘的情況，下午下班前，產量急速下降。一週的產量也類似：星期一產量平常，星期二和星期三是最好的記錄，然後逐漸下降，直到星期六為止。這些研究為工業心理學開闢了新的領域。

資料來源：澄心編（2014）。〈鐵鏈實驗：開啟「科學管理」之門〉。《人力資源》，第370期（2014/08），頁89。

境與工作績效的關係。結果卻發現：組織成員的心理與社會因素反而是構成工作績效提升的重要關鍵。這項研究引發行政學者及行政管理人員對成員心理及其社會關係的關注，開始了工業社會心理學的研究，從而加強了研究的深度和廣度，為組織行為學的誕生奠定了實驗和理論基礎。

霍桑實驗中的電話線圈裝配工試驗

霍桑實驗中的電話線圈裝配工試驗，是霍桑實驗中最主要的一項。為了研究非正式組織的行為、規範及其獎懲對工人生產率的影響而設計出來的一組試驗，於1931年11月到1932年5月間進行。

這次實驗選了14名男工在一間單獨的觀察室中進行。透過實驗，研究者注意到的第一件事情是，工人們對「合理的日工作量」有明確的概念。而他們認為的「合理的日工作量」低於企業管理當局擬訂的產量標準。工人們估計，如果他們的產量超過了那個非正式的定額，工資率就會降低，或者產量定額就會提高；如果他們的產量低於那個非正式定額，又會引起企業管理當局的不滿。所以，他們就制定了這個非正式的定額，並運用群體的壓力使每個工人遵循這個定額。

對電話線圈裝配工中社會關係分析的結果表明，在組織中存在著兩個非正式群體。非正式群體有下列四條不成文的紀律：

1.你不應該幹活過多。

2.你不應該幹活過少。

3.你不應該向監工報告任何有損於同伴的事。

4.你不應該對同伴保持疏遠的態度或者好管閒事。

資料來源：《管理心理學》。清華大學出版社出版，http://www.tup.com.cn/resource/tsyz/027255-01.doc

參與該項實驗研究的是六位女工，實驗者操縱燈光的照明度、賦予工作與休息時間的久暫及配置、有無分紅制度以及點心供應情況等實驗變項。經實驗多年，結果發現，不論上述諸變項如何變化，女工的工作績效均有不斷上升的趨勢。實驗者對此一現象頗感困惑，遂採用訪談法探究原因，結果發現：在實驗過程中，管理人員態度和藹，領導方式民主，使女工有受重視的感覺，加上女工以被選為實驗對象，感到光榮，又有重要人

物前來參觀，倍感榮幸，自然全力以赴。此外，女工只有六員，溝通容易，人際關係密切，形成團體意識堅強的小團體，更會為團體榮譽而加倍努力，爭取績效（國家教育研究院，2000）。

霍桑實驗得出下列四條結論：

1.員工是社會人（social man）而不是單純追求金錢收入的經濟人（economic man），企業應注意從社會心理角度調動員工的積極性。
2.企業中存在著非正式組織（informal organization），管理者應當給予足夠的重視。
3.生產效率主要取決於員工的積極性，而員工積極性的提高主要取決於員工的態度以及企業內部的人際關係。
4.新型的企業領導應具備兩方面的能力和解決技術，即經濟問題的能力和處理人際關係的能力。

這四條結論是構成了早期行為科學——人際關係學說的基本要點，也是行為科學發展的理論基礎。霍桑實驗創建了人際關係學，同時也對行為科學的發展產生了巨大的影響。

個案
1-8
霍桑實驗發現人際關係作用

霍桑工廠是西方電器公司位於伊利諾州的一個製造電話交換機的工廠。它具有較完善的娛樂設施、醫療制度和養老金制度，但工人們仍然常懷不滿情緒，生產效率很不理想。為找出原因，美國國家研究委員會組織研究小組於1924年11月開始了實驗研究，他們根據當時流行的勞動醫學觀點，認為影響工人生產效率的或許是疲勞和單調感等，因而其實驗假設是「提高照明度有助於減少疲勞，使生產效率提高。」但經過兩年多實驗發現，照明度的改變對生產效率並無影響，這令研究人員非常困惑。

　　1927年至1932年，美國哈佛大學心理學教授梅約（Mayo）帶領學生和研究人員將實驗接管下來，繼續進行。他們先是圍繞福利進行實驗，兩年多後研究人員發現，不管福利待遇如何改變（包括工資支付辦法的改變、優惠措施的增減、休息時間的增減等），都不影響產量的持續上升。後來人們又發現，生產效率上升的主要原因在於參加實驗的光榮感，還有成員間良好的相互關係。接著，他們又進行了訪談實驗，最初計畫讓工人就管理當局的政策、領班的態度和工作條件等問題做出回答，但發現工人想就提綱以外的事情交談也不認同公司所謂的「重大事件」。他們及時決定訪談不事先規定內容，並將時間從三十分鐘延長到六十至九十分鐘，多聽少說，詳細記錄。訪談計畫持續了兩年多，即滿足了工人的尊重需要，又為其提供了發洩不滿情緒和提出合理化建議的機會。工人們個個變得心情舒暢，士氣高昂，產量也因而得到大幅提升。

　　隨後，梅約等人又進行了群體實驗。他們選擇了14名男工人，在單獨的房間裡從事繞線、焊接和檢驗工作，並對該班組實行特殊的計件工資制。原本以為這套獎勵辦法會使工人更加努力工作，結果卻令人失望：產量一直維持在中等水準，每個工人的日產量都差不多，而且工人並不如實地報告產量。深入調查後發現，該班組為維護小群體利益，自發設定了一些潛規則，如：誰也不能幹得太多，突出自己；誰也不能幹得太少，影響全組產量；並要求組員不准向管理層告密，如有人違背，輕則遭受挖苦謾罵，重則被拳打腳踢。調查還發現，工人們之所以維持中等水準的產量，是擔心產量提高，管理層會改變現行獎勵制度或裁減人員或懲罰做得慢的夥伴。梅約因此提出「非正式群體」的概念，認為在正式組織中存在著自發形成的「非正式群體」，它們有自己特殊的行為規範，對人的行為起著調節和控制作用。

資料來源：澄心編（2014）。〈鐵鏈實驗：開啓「科學管理」之門〉。《人力資源》，第370期（2014/08），頁89。

　　起源於霍桑實驗的人際關係運動，多年來一直是很受歡迎的管理學說。它強調員工的回應主要是針對其工作場所之社會脈絡（social context），包括社會情境、群體規範及人際關係的互動；而推動人際關係運動的主要學者有兩位，亞伯拉罕‧哈羅德‧馬斯洛（Abraham Harold Maslow）和道格拉斯‧麥克葛雷格（Douglas M. McGregor）爲代表。

(二)需求層次理論

　　需求層次理論（need-hierarchy theory），由美國著名猶太裔人本主義心理學家馬斯洛在1943年提出，是研究組織激勵時應用最廣泛的理論。

　　需求層次理論是解釋人格的重要理論，也是解釋動機的重要理論，其提出個體成長的內在動力是動機，而動機是由多種不同層次與性質的需求所組成的，而各種需求之間有高低層次與順序之分，每個層次的需求與滿足的程度將決定個體的人格發展境界。需求層次理論將人的需求由低到高劃分爲生理需求（低層）、安全需求、社交需求、尊重需求、自我實現需求、超自我實現（高層）的激勵措施（教育部Wiki，〈馬斯洛（A. Maslow）需求論〉）。

(三)X理論與Y理論

　　X理論和Y理論乃是道格拉斯‧麥克葛雷格於1950年代所提出對人性的兩種基本假設。麥克葛雷格在其著作《企業的人性面》（*The Human Side of Enterprise*）書中曾提到：「管理階層對於控制人力資源所做的理論上的假定將直接決定企業的個性，同時也將決定企業的下一代管理階層之素質。」易言之，每一位經理人對待部屬必有一套哲學或一套假定作爲依據。麥克葛雷格將這些假定歸併成兩大類，稱爲X理論和Y理論（**表1-5**）。

　　X理論是假定人性本惡，員工是懶散的，又厭惡工作，需要指令和主管的督促；而Y理論則是假定人性本善，強調只要員工的努力能獲得合理的回饋（例如薪酬）和成功的工作機會（例如職涯發展），在沒有主管的督促下也會認眞的工作，管理的工作就是創造適當的工作環境（國家教育研究院，〈X理論〉）。

　　X理論，代表了傳統的胡蘿蔔和棍子、恩威並施的方式。經理人指示員工該做的事。如果員工照經理人的話去做，並且表現良好就可以得到胡

表1-5　X-Y-Z理論

X-Y理論代表人物：道格拉斯・麥克葛雷格（Douglas M. McGregor）

1. 一般人並不是天性就不喜歡工作的，工作中體力和腦力的消耗就像遊戲和休息一樣自然。工作可能是一種滿足，因而自願去執行；也可能是一種懲罰，因而只要可能就想逃避。到底怎樣，要看環境而定。

2. 外來的控制與懲罰，並不是促使人們為實現組織的目標而努力的唯一方法。它甚至對人是一種威脅和阻礙，並放慢了人成熟的腳步。人們願意實行自我管理和自我控制來完成應當完成的目標。

3. 人的自我實現的要求和組織要求的行為之間是沒有矛盾的。如果給人提供適當的機會，就能將個人的目標和組織目標統一起來。

4. 一般人在適當條件下，不僅學會了接受職責，而且還學會了謀求職責。逃避責任、缺乏報負以及強調安全感，通常是經驗的結果，而不是人的本性。

5. 大多數人而不是少數人，在解決組織的困難問題時，都能發揮較高的想像力、聰明才智和創造性。

6. 在現代工業社會生活的條件下，一般人的智慧潛能只是部分的得到了發揮。

Z理論代表人物：威廉・大內（William Ouchi）

Z理論認為，一切企業的成功都離不開信任、敏感與親密，因此主張以坦白、開放、溝通作為基本原則來進行「民主管理」。

資料來源：編輯部（2002）。〈管理理論輯錄之三〉。《企業研究》，2002年第6期，頁1。

蘿蔔（代表獎勵）。如果他不照辦就會挨棍子（代表懲罰）。

　　Y理論，代表了員工有很大的發言權，而且能參與界定職務內容和工作方式。許多信奉Y理論的人認為，由於實際做事的人是員工，所以員工應該有最後的決定權。這個Y理論顯然是後來全面品質管理（Total Quality Management, TQM）運動強調的授權觀念的先驅。1970年代起，全面品管運動強調的自主管理取代了由一人主導的管理方式。

小辭典

全面品質管理

　　全面品質管理，由美國管理大師威廉・愛德華茲・戴明（William Edwards Deming）等人經過不斷的修正、創新與推廣，廣受工商企業界的青睞，成為一股創造競爭力的動力。全面品質管理的基本理念是：事先預防、全面參與、全程掌控、品質承諾、以客為尊、事實管理和永續改進。「品質保證」已成為企業的金字招牌，贏得商譽。

編輯：丁志達。

三、管理心理學的崛起

西方管理心理學家把自20世紀初以來管理心理學的發展劃分為三個階段：以泰勒為代表的經典科學管理理論階段（1900-1927）；以霍桑實驗開始的人際關係理論，以及後來的X理論、Y理論階段（1927-1965）；以權變態度和方法來看待人及其管理心理與行為的現階段（1965-現在）。管理心理學得以發展的一個重要原因是心理學在工商業的應用能夠有效地提高生產效率。

關於管理心理學的定義很多，美國學者斯蒂芬·羅賓斯（Stephen P. Robbins）認為，管理心理學是一個研究領域，它探討個體、群體以及結構對組織內部行為的影響，以便應用這些知識來改善組織的有效性。與管理心理學密切相關的學科有管理學（包括人力資源管理學、組織管理學）、行為科學（包括心理學、社會學、人類學）、社會科學（包括政治學、經濟學、倫理學）（**表1-6**）。

美國史丹福大學（Stanford University）教授哈洛·李維特（Harold J. Leavitt）於1958年開始用管理心理學（management psychology）這個名稱來代替原來的工業心理學（industrial psychology），使之成為一門獨立的學科。據李維特本人的意思，之所這樣更名，就是想引導人們考慮這樣一個問題，及如何領導、管理和組織一大群人去完成特定的任務。

小辭典　**非正式組織**

非正式組織（informal organization）是一種不確定並且無固定結構，並沒有確定下級機構的組織。為人們基於工作、興趣、情誼等原因，自發形成的一種組織型態，通常皆為人數不多之小團體，唯有在小團體中，其成員始便於接觸與認識，進而促成其結合，而不像正式組織依規章設立，其互動型態相較於正式組織更為平等親密，核心價值訴諸情感聯繫而非任務導向。它係滿足成員無法在正式組織被滿足的需要，也提供成員制衡正式組織的管道，並因為自發性強、彈性大而增強組織應變能力。但若是使用不慎，將會造成正式與非正式組織的角色衝突、徇私苟且而降低工作效率，成為抵制變革的來源。

編輯：丁志達。

表1-6　與管理心理學密切相關的學科

學科	具體學科	主要影響和涉及研究領域
管理學	人力資源管理學	培訓與開發、績效管理、員工招聘與選拔、薪酬管理、勞資關係
	組織管理學	組織理論、組織技術、組織變革、組織文化
行為科學	心理學	激勵、領導、知覺、個性、個體決策、工作滿意度、態度、工作壓力、工作設計
	社會學	群體動力、群體行為、團隊建設、溝通、行為改變、態度改變、群體決策
	人類學	價值觀比較、態度比較、跨文化研究、組織文化、組織環境
社會科學	政治學	衝突、組織內權力與政治
	經濟學	領導有效性、工作績效
	倫理學	激勵、領導、溝通的倫理問題

資料來源：《管理心理學》。清華大學出版社出版，http://www.tup.com.cn/resource/tsyz/027255-01.doc

四、組織行為學的成形

上世紀60年代初，李維特在一篇文章中又首先提出組織心理學（organizational psychology）這個名稱，其目的也是要強調社會心理學，尤其是群體心理學在企業界日益顯著的作用。

從工業心理學、人際關係理論、管理心理學、組織心理學到組織行為學（organizational behavior），反映了這一領域研究範圍不斷擴大的發展歷程。從應用的角度來看，組織行為學是更為廣泛的。

儘管組織行為學作為一門獨立的學科的歷史只有半世紀的時間，但對於組織行為的研究探索則貫穿於管理科學發展的始終。因此，從廣義來說，管理科學的歷史就是組織行為學的歷史，但從理論來源的意義上來說，構成組織行為學理論來源的則主要是管理科學中的組織管理理論、人力資源理論和權變理論（**表1-7**）。

表1-7　管理心理學與組織行為學的比較

類別	管理心理學	組織行為學
研究主題	管理過程中各層次人員的心理（包括感覺、知覺、記憶、思維、情緒、意志、氣質、性格等心理現象的總稱）。	一定組織中人的行為（指外觀的活動、動作、運動、反應或行動）。
理論基礎	心理學、社會學、經濟學、教育學、管理學、生理學等。	社會科學、行為科學、管理科學、自然科學等。
學科性質	心理科學	行為科學
形成背景	莉蓮・吉爾伯斯《管理心理學》（1914）首次使用「管理心理學」一詞。 20世紀20年代和30年代工業心理學與人際關係學說的發展。 李維特出版專著《管理心理學》（Leavitt, 1958），管理心理學成為獨立學科。	1949年「行為科學」一詞出現，1953年正式命名。 20世紀60年代末開始形成組織行為學。 20世紀80年代組織行為學分為宏觀組織行為學和微觀組織行為學。

資料來源：《管理心理學》。清華大學出版社出版，http://www.tup.com.cn/resource/tsyz/027255-01.doc

第四節　組織行為研究方法

組織行為研究的方法，係根據人力、時間、資訊來源等因素來研究，尤其要考慮研究的目的和性質。一般組織行為的研究應該遵循以下的原則：

1. 客觀性：實事求是，根據收集材料作分析，不加入個人的主觀判定，正確對待各種結果和意見，全面分析，不簡單拋棄。
2. 發展性：研究中要注意人的行為、態度、人際關係等在一定的條件下會發生變化的，既要考慮歷史、現狀，更要預測發展的前景。
3. 系統性：不僅要考慮研究物件的各種情況，而且要注意與之相關的各種聯繫、各種影響因素，以及各種因素之間的相互關係。（**表1-8**）

表1-8　人類行為的通性

類別	說明
同類互比	人喜歡透過比較過程來找自己要的東西而得到滿足。
印象概推（暈輪效應）	人們在判斷別人時有一個傾向，首先把人分成「好的」和「不好的」兩部分。
投射效應	把自己所想的要所有人來接受。
相近而親	人們之間住得近的，要比那些住得遠的更有可能成為親朋好友。
相互回報	喜歡那些自認為喜歡的人，討厭那些自認為討厭的人。
相似相親	相互認識的人，會比不認識的人更容易親近。
替罪行為（羔羊）	當一個人煩悶時會找管道發洩，通常是找最親近的人作替罪羔羊。
人群中的責任擴散	例如：一個人不敢示威，但一千人、一萬人的場面就敢示威。

資料來源：曾銹琴。〈祕書研習會：突破習慣領域的方法課程紀要〉。（聯誠）受訓心得報告，頁22-23。

一、研究的分類

選擇研究組織行為的方法，主要有以下幾種分類：

(一)依研究的性質分類

1.理論研究：研究目的是積累組織行為學的知識，提供實踐的指導思想。例如對人性和激勵的規律的探索等。

2.應用研究：為瞭解組織中廣泛性的問題，著眼於潛在的實用價值，不針對具體問題。

3.行動研究：主要解決組織中的具體問題。

(二)依研究的深度分類

1.描述性研究：瞭解客觀事物的特點和出現頻率。只反映研究物件組織行為的現實，不涉及事物變數之間的關係，不採取干預措施。如人員基本狀況調查、員工態度調查、心理挫折的各種表現等。

2.預測性研究：預測員工的態度、工作績效、組織目標的完成、能力測試等方面的變化。

3.分析性研究：對變數之間因果關係的分析，如工作績效與滿意感的關係。

(三)依變數的可控程度分類

1.文獻研究：根據現有的文獻資料，對某些問題進行專題研究。研究者無法控制。

2.現場研究：深入組織環境實地進行的研究。研究者對物件、施用方法、時間長短有一定控制的可能。

3.實驗研究：最嚴密的控制研究方法。研究者對一些重要的變數進行嚴密的控制，然後觀察它們的變化。

二、研究使用的術語

研究組織行為術語有下列幾個用詞：

(一)變數

變數（variable）可以是任何一種可改變強度或幅度並可觀察、測量的一般性特徵。例如：能力、性格、工作壓力、工作滿意感、生產力、團體規章等，都是組織行為學中常見的變數。變數的種類有：

1.自變數（independent variable）：指能獨立變化並引起其他變數的改變的變數。常見的自變數有：能力、性格、經驗、動機、領導風格、報酬分配方式、組織設計等。

2.因變數（dependent variable）：指受自變數的影響而發生改變的變數。通用的因變數有：工作績效、工作滿意感、出勤率、組織凝聚力等。

3.干擾變數（moderating variable）：指參與對因變數的影響從而削弱自變數的作用之變數。自變數對因變數的作用只有在干擾變數存在的情況下才生效。因此，干擾變數也可看作是情境變數。例如：如果「增加直接監督」（自變數），那麼「員工生產效率」（因變數）應有所改變，但能否發生改變，還要看「工作任務的性質和複雜程度」（干擾變數）而定。

(二)假設

假設（hypothesis）是對兩個或兩個以上的變數之間的關係的嘗試性說明。嘗試性，是指它的正確性仍有待證實。假設並不在於它是否正確，而在於它是否具有可證實性。

(三)因果關係

因果關係（causality）是指變數之間的導引關係的方向性。「動機強度不同，導致不同的生產率」，這就是一種因果關係。但「快樂的員工也是高生產率的員工」則不是一種因果關係。

(四)相關性與相關係數

相關性（correlation），說明兩個變數之間在量變上是否有穩定的關係，以相關係數r表示。相關係數（correlation coefficient），取值自+1.00（完全正相關，即兩變數的量變方向完全相同）到−1.00（完全負相關，量變方向相反）。相關係數為0時，表示兩變數之間沒有關係。相關只說明量變關係，但不說明關係的方向，不說明因果性質。

(五)效度

效度（validity）是指測量結果的有效程度，也就是指測量過程是否測到真正想要測的真實狀況。如果一份測驗未能真的測到它所欲測量的特質，那它就沒有效度，所得到的結果也無法用來預測行為。

(六)信度

信度（reliability）是指測量結果的可信或穩定程度，也就是對同一批人員進行兩次或以上的測試，其結果的相似程度，如果相似程度越高即代表其信度越高，測量的結果也就越可信可靠。如果你在兩天內做了同一份測驗，結果卻南轅北轍，這份測驗絕不能具有信度，因為測驗結果是這樣的不一致，當然不能藉由它來瞭解你的個性（王方，2012：81）。

(七)普遍性

一項研究的結果是否具有推而廣之，必須慎重對待並嚴格論證。並

非所有的結論都具有普遍性（universality）的意義。

(八)常模

常模（model）是指某一特定團體中所有人員的測驗得分情形，也是個人測驗分數的比對對象，個人的測驗分數比對常模後，可以知道個人在常模樣本中的相對位置，可以清楚的瞭解受測者各向度分數的高低。

三、資料蒐集的方法

組織行為學研究的方法多種多樣，常用的主要有觀察法、訪談調查法、問卷調查法、測量法、個案研究法和實驗法等。

(一)觀察法

觀察法，是指透過感官或儀器按行為發生的順序進行系統觀察、記錄並分析的研究方法。假設你想瞭解員工臨時被資遣的反應，最簡單的方法，就是到這家即將解僱員工的公司，觀察員工被解僱前及解僱後的行為。一般觀察法常用的方法有：

1. 自然觀察：在自然環境中進行的觀察，對觀察對象的行為不施加任何干預。
2. 實驗室（控制）觀察：在實驗室內進行，人為地控制某些條件所進行的觀察。

觀察法的優點是方便易行，可涉及相當廣泛的內容，觀察材料更接近於生活真實。缺點在於只能反映表面現象，難以揭示現象背後的本質或因果規律。一般要結合其他方法一起進行研究。運用觀察法，因受觀察員主觀的影響，要注意觀察結果的客觀性。

(二)訪談調查法

透過面對面的談話，以口頭資訊溝通的途徑，研究者直接瞭解他人的心理狀態和行為特徵的方法。訪談調查法簡單易行，便於迅速取得第一手資料，使用範圍較為廣泛。

1. 有組織的談話：結構嚴密，層次分明，具有固定的談話模式。研究者根據預先擬訂的提綱提出問題，被研究者依次對問題進行回答。
2. 無組織的談話：結構鬆散，層次交錯，氣氛活躍，沒有固定的模式。研究者提出的問題涉及範圍很廣，被研究者可以根據自己的想法主動地、無拘束地回答。

　　訪談調查法既要根據談話的目的，保持主要談話問題的基本內容和方向，也要隨時根據被研究者的回答，對問題進行適當的調整，要善於發現被研究者的顧慮和思想動向，進行有效的引導，使整個談話過程保持無拘無束和輕鬆愉快的和諧氣氛中進行訪談。

　　比之問卷調查法，訪談調查法的優點是直接和回答率高；缺點是費時和難免受訪談員主觀操弄的影響。

(三)問卷調查法

　　問卷調查法是最常使用的方法。透過事先擬定的一系列問題，針對某些心理品質及其他相關因素，進行大規模樣本資料的收集資訊加以分析的方法。如瞭解員工的業餘生活內容、對工作的滿意度、對領導作風的評價等。此方法常可迅速獲得大量的數據和有利的統計分析。

　　問卷是法文questionnaire的中文譯名，它的原意是一種為了統計或調查用的問題表格。一般的方法為兩大類，結構型問卷（structured questionnaire）與無結構型問卷（unstructured questionnaire）。問卷發出後要透過電話、手機、網路、信函等管道催收，使回收率達到足以代表的量數。收回後的問卷需經篩檢，剔除無效（廢）卷，留存有效卷，然後將有效卷依研究所需進行統計和分析。

　　問卷調查法的優點是能同時進行團體調查，快速收集大量材料，而且簡易的問題也方便人們回答，缺點是不大適用針對行為，而且對涉及態度的問題的回答未必完全真實。一般認為，問卷調查的可信度約為70%。

(四)測量法

　　一般而言，測量為一種量表，而量表並不是測驗，因為量表並不含有競爭的意義，以及成功或失敗的意義在內。測量法，係採取標準化的心

理測驗量表或精密的測量儀器，對有關心理品質或行為進行測定、分析的方法，包括：能力測驗、性格測驗、人力測評等，是組織行為學最常用的方法之一。

　　測量法通常均透過標準化的步驟編制，具有信度和效度，還有常模可以與同質群體作比較。

人力測評

　　人力測評，起源於對應聘人員進行快速、準確評價的需要。它主要適用於應聘人員多於所需人數，而企業僅根據其過去的工作成績和工作經歷不能夠對其判斷的情況下使用。只有應聘者具備了關於某項工作的適當知識、技術、能力以及態度才可能把這項工作做好，而上述情況可以透過人力測評得到科學地衡量和預測。

資料來源：John E. Jones著，李建偉、許炳譯（2001）。《人力測評：管理人員指南》，頁3。上海：上海財經大學出版社。

(五)個案研究法

　　對個體、群體或組織以各種方法收集各方面的資料進行分析，找出其規律或特點的方法。例如，研究員工被解僱的反應，除了觀察法外，也可描述公司沿革和此事件的相關及事後的數據摘要，或訪問一些員工的看法，這些綜合性的方法，統稱為個案研究法（case study）。

　　個案研究法的優點針對性強，對某一個個案作深入探討，適用於探索性研究，缺點是收集和評析難免失之主觀。

(六)實驗法

　　自然觀察與調查兩種方法只能解釋「是什麼」，不能回答「為什麼」，只能達到部分的預測，不能達到控制的地步。要達到這些目的只能採取實驗法。

　　實驗法是隨機分派樣本於不同情境中，以瞭解情境因素對於員工工作績效和態度所造成的影響。實驗法可以讓我們瞭解更多變項之間的因果

關係，幫助個體和組織的改革。在人為控制的環境下，精確操縱自變數來考察因變數如何因其變化而改變，進而研究變數間相互關係的方法。

實驗法包括有實驗室實驗（laboratory experiment）和現場實驗（field experiment）兩種。

1. 實驗室實驗：在實驗室實驗法中，最重要的就是控制，在人為製造的實驗室環境中進行的，其特點是精確，但真實性和普遍性有一定的不足。
2. 現場實驗：在真實的組織環境中進行，以被研究物件的工作環境為實驗的場所。現場實驗是更為有效的方法，所得的結論也更具有普遍性意義，但研究成本較高。現場實驗所用資料，包括觀察者記錄的組織成員的行為、組織成員填寫的問卷、談話記錄或錄音、書面檔、各種有關產量和品質的報表等。

結　語

人是組織最重要的資產，組織行為乃在探討組織中的個人、群體的行為及其在組織互動的關係。經理人若能借用組織行為的技術有效地驅動員工的工作意願，必能有效的改善組織績效及提升組織效能。個人透過對人行為的瞭解，亦可以提升自己的工作及生活品質，也可以與職場上共事的夥伴建立良好人際關係，並提升職場的效能。有一則童話故事說，雁群是最好的組織，牠們懂得讓經驗豐富的頭雁控制防線，也懂得讓體格強壯的雄雁負責保護團隊的安全。正如雁群一般，組織需要不斷向前飛翔，探索更廣闊的天空。

第二章

個體行為的基礎

- 人格特質
- 知覺概念
- 歸因理論
- 態度概念

> 　　少年，我愛你的美貌；壯年，我愛你的言語談吐；老年，我愛你的德行。
>
> 　　　　　　　　　　　── 德國詩人歌德（Johann Wolfgang von Goethe）

　　領導力的來源，不在於職稱或權力，而是在於一個人的個性及態度。員工帶著各自的人格進入組織，而且人格對工作行為有非常重要的影響。作家隱地說，「人」，真是一個絕字，一邊向左，一邊向右，一副分道揚鑣的樣子，偏又相連著，各說各話，各走各路，卻又息息相關。「人」，這麼一個簡單的字，竟包含如此豐富寓意，把人的榮譽、清明、至善……和猜疑、狠毒、奸詐……銜接得天衣無縫，有了這麼一個字，「人」注定永世輪迴。歷史重複，也就好不足奇（隱地編，1988：8）。

個案 2-1　各言其志

　　顏淵、季路侍。子曰：「盍各言爾志？」子路曰：「願車、馬、衣、輕裘，與朋友共，敝之而無憾。」顏淵曰：「願無伐善，無施勞。」子路曰：「願聞子之志！」子曰：「老者安之，朋友信之，少者懷之。」

　　（語譯）顏淵、子路兩人站在孔子座旁侍候著。孔子說：「何不各自談談你們的志願？」

　　子路說：「我願意把所有的車、馬、衣服、輕暖的皮裘等，和朋友共同享用，就是用壞了，也不埋怨。」顏淵說：「我願意不誇耀自己的才能，不張揚自己的功勞。」子路接著說：「我們希望聽聽老師的志願。」孔子說：「我的志向是，使老年人都能得到安適的奉養，使朋友們都能以誠信相交往，使年幼者都能得到關懷愛護。」

資料來源：《論語·公冶長第五》。

　　第一個對人類人格提出具理解性理論的是臨床神經病理學家西格蒙・佛洛伊德（Sigmund Freud）對神經官能症者的心理分析（psychoanalysis）理論，這種所謂的全面取向轉移到21世紀探討更為侷限的人格向度。雖然沒有研究可以證明某一種性格特徵就優於另一種性格特徵，只能說不同的人格特質是具有差異性的。當代的研究顯現了人格在性別、年紀、性傾向、種族、民族、宗教與文學傳承上的差異。俗話說：「江山易改，本性難移。」本性是一種人格特質，而個人行為可分為人格（personality）、知覺（conception）、學習（learning）、態度（attitudes）與激勵（motivation）。

 # 第一節　人格特質

　　心理學家哈威・麥迪斯（Harvey Mindess）說：「人格理論就是心靈的地圖。」人格是直接或間接表現出來的行為。行為的種類很多，如組織行為、人際溝通行為、工作行為等等。這些行為的與人格的結構和人格的動力有密切關係。

　　人格（personality）一詞源自拉丁語persona，含有兩種意義，一是指古希臘演戲時演員在表演時所戴的面具，讓觀眾知道演員所扮演的角色；另一則是指個人真正的自我，包括一個人的內在動機、情緒、習慣與思想等。後來英文的persona一字便是指人的外在表象，意即我們的公眾形象，別人可以看得到的我們。因此，人格，可說是遺傳和學習經驗的結合，是一個人過去、現在和未來的結合，且可能會隨著情境不同而改變。人格是決定一個人適應環境的行為模式和思考方法的特性，每個人人格的形成受到了遺傳、生長環境、成熟、學習、文化因素和個人獨特經驗的影響而形成不同的人格特質。

　　特質（trait），是指可以區分個體與他人的一致性感覺與思考。因此，特質具有穩定與持久的特性，也對個人的行為有一般性與一致性之影響度。

> **小辭典**
>
> **品格**
>
> 　　品格的英文是character，這個字詞源自希臘文，意為雕成之物，包括誠實、正直、忠貞、友善等。在《牛津英語辭典》的解釋中：品格是品德和心理品質的總和。美國品格學院為品格下的定義是：「品格是個人生命中持久不變的特殊素質，無論在什麼情境下，這種素質都會決定他的反應。」由此可見，品格是一種對自身以外事情的反應模式，這種反應中會包含道德要素，也包含非道德要素，可以說，品格是一個人的綜合素質。
>
> 資料來源：驪駿鋒（2009）。〈將品格第一進行到底〉。《HR經理人》，總第304期下半月（2009/07），頁28。

　　人格特質理論（theory of personality trait）起源於20世紀30年代的美國。主要代表人物是著名的特質理論學家高登‧阿爾波特（Gordon Willard Allport）和雷蒙德‧卡特爾（Raymond Bernard Cattell）。特質理論認為，特質是決定個體行為的基本特性，是人格的有效組成元素。特質論最大的影響，在於他採用了科學的分析方法以研究人格，此種方法對以後人格測驗的發展有很大的貢獻。

一、人格的決定因素

　　對小說家與劇作家來說，要描寫的人物，必須確定他的性格或特徵（characteristic），否則無法分辨及無從分辨他的角色所處具的人格或個性。明朝施耐庵的作品《水滸傳》之所以成為中國古典小說的四大名著之一，其主要原因，是作者能在其筆下創造了「一百零八條好漢」。作者能把書中人物的個性刻畫得清清楚楚，林沖自是林沖，武松自是武松，魯智深自是魯智深，李逵自是李逵，一點都假借不來（張春興，1975：363）。

　　決定人格的要素，最常被提出的有四個因素：生物的（biological）、社會的（social）、文化的（cultural）和情境的（situational）。

1. 生物的：指個人由父母遺傳的基因（genetic）。研究曾證實基因影響個人發展。生物的因素也能間接的影響自我概念（self-concept）。

個案 2-2　江山易改，本性難移

　　人的體質不同，性情各別。古希臘醫學家認為，人的性情取決於這人身體裡某種液體的過剩。人的個性分為四類：多血的性情活潑，多痰的性情滯緩，多黃膽汁的易怒，多黑膽汁的憂鬱。歐洲人一直沿用這個分類。我們所謂的「個性」，也稱「性子」，也稱「脾氣」。活潑的我們稱外向，滯緩的我們稱慢性子，易怒的稱急性子或脾氣躁，憂鬱的稱內向。老話：一棵樹上的葉子葉葉不同，人性之不同，各如其面。按腦科專家的定論，個人的腦子，各不相同。常言道：一個人，一個性；十個人，十個性。即使是同胞雙生，面貌很相似，性情卻迥不相同。

　　個性是天生的，到老不變。有修養的人，可以約束自己。可是天生的急性子不能約束成慢性子；慢性子也不能養成急性子。嬰兒初生，啼聲裡就帶出他的個性，急性子哭聲躁急，慢性子哭聲悠緩，從生到老，個性不變。老話：江山易改，本性難移。

資料來源：楊絳（2007）。《走到人生邊上：自問自答》，頁37-38。台北：時報出版。

　　　例如，高度（身高）能影響我們對自己的感覺，它將影響人格，
　　但只是影響因素而不是決定因素。
　2.社會的：人是社會動物，自出生最先影響的社會團體是家庭。家庭
　　為社會化的泉源；父母對子女的教養態度，對子女行為的發展負有
　　關鍵性的責任。如在冷酷、沒有關愛的家庭成長，其子女比較有
　　社會與情緒適應問題的傾向。此外，同儕、朋友、學校、教會（佛
　　堂）都是社會化的主要泉源。它們一方面塑造個人，一方面提供個
　　人學習的環境，人不能離群獨居，群居習性提供人類學習場所。
　3.文化的：文化因素決定一些人格屬性（attributes），如競爭、合
　　作、獨立、侵略。
　4.情境的：它係指事件的狀況會影響個體行為，在社會化過程中，個

組織行為

表2-1　選擇顏色測驗性向

顏色	性向
藍	沉靜、安定、平靜
綠	抵抗、自我主張、追求理想
紅	慾望、好勝、積極、多采多姿
黃	溫和、快活、不持久、勤勉
灰	孤獨、不參與、不受拘束
紫	神秘、不負責、情緒不穩定
褐	協調、要求安定、被動
黑	頑固、反抗、不宿命

資料來源：路西亞著，《選擇顏色測驗性向》；引自莊銘國（2011）。《經營管理聖經：
經理人晉升完全手冊》，頁19。台北：五南圖書。

　　體在不同情境下做不同的反應。個體在平常的環境下的行為，甚
至教會（寺廟）的行為會因情境不同而有不同的行為。（劉玉玲
編著，2005：27-28）（**表2-1**）

二、人格五因素模式

　　人格五因素模式（Five Factor Model, FFM），在1970年由兩組獨立
的團隊發現，一組是羅勃特・馬克里（Robert McCrae）和保羅・考斯達
（Paul Costa），另一組是諾曼（Norman）和高柏（Goldberg），在不考
量語言與文化的情況下，對人格描述模式上達成了比較一致的共識，較為
被認同與接受，並廣泛地應用在心理學、社會學以及管理學的領域中。
這五個維度因素是神經質（neuroticism）、外向性（extraversion）、經
驗開放性（openness to experience）、友善性（agreeableness）和謹慎性
（conscientiousness）。

1. 神經質：焦慮（緊張）、敵對、壓抑（擔心的）、自我意識、衝
   動、脆弱、不安全、自卑、情緒化。
2. 外向性：熱情、社交、健談、果斷、活躍、冒險、樂觀、正向情
   緒、自信、親切。

42

3.經驗開放性：原創性、獨立、想像、創造性、審美、情感豐富、求異、智能、大膽、好奇。

4.友善性：本性善良、心軟、信任他人、直率、利他、依從、謙虛、移情、禮貌、合作、利他。

5.謹慎性：小心、可信賴、工作努力、有組織、勝任、條理、盡職、成就、自律、細心、小心謹慎、自我規範。（Schultz & Schultz 著，陸洛等譯，2006：275-276）

　　從個人性格發展角度上來說，「五大性格」趨於穩定，大約在參加工作一至四年期間。同時研究數據還發現，即使經歷重大人生事件，成人的性格特質也不會發生太大的變化。穩定性是特質的突出特點，相較於狀態（states）和情緒（moods），特質不隨環境變化而改變。

> **小辭典**
>
> ### 不成熟—成熟理論
>
> 　　美國行為學家克里斯·阿吉里斯（Chris Argyris）提出的不成熟—成熟理論（theory of immaturity-maturity）指出，組織行為是由個人和正式組織融合而成的，組織中的個人作為一個健康的有機體，無可避免地要經歷從不成熟到成熟的成長過程。這樣一個連續發展的過程，也是一個從被動到主動，從依賴到獨立，從缺乏自覺自治到自覺自治的過程。個體經歷了這樣一個成長過程之後，其進取心和迎接挑戰的能力都會逐漸提高，而且隨著這種自我意識的覺醒，個體會將自己的目標與自我所處的環境作對比。因此，個體在組織中所處位置在一定意義上代表了個體自我實現的程度。
>
> 資料來源：Baidu百科，〈阿吉里斯的「不成熟—成熟」理論〉，http://baike.baidu.com/view/1425712.htm

三、人格特質的分類

　　人格的真正差異是由於個人內在的傾向，而外顯的行為特徵只能供做推估內在傾向用，我們稱人格的內在傾向為人格特質（personality trait）。

　　人格特質，是個人構成因素的綜合表現，常因個人觀察的方向不同

而有所差異，包括體格與生理特徵、氣質、興趣、價值觀、社會態度上的傾向。事實上，人格是一種整體的表現，其各項特質都是相輔相成的，無法用單一的特質來完整描述一個個體的人格（**表2-2**）。

在眾多的人格特質研究中，斯蒂芬‧羅賓斯提出的七種類型的人格特質，可預測及解釋員工在組織中的行為特質，分別為內外控傾向（internal / external locus of control）、成就動機（achievement motivation）、權威傾向（authoritarianism）、權謀傾向（machiavellianism）、自我肯定（self-esteem）、自我警覺（self-monitoring）和風險承擔（risk taking），而其中以內外控傾向、成就動機是常見於組織行為相關的研究中對工作態度影響較明確。由國內外相關文獻探討人格特質於組織行為之觀點下，對行為及績效有顯著的影響。

(一)內外控傾向

內外控傾向概念，可溯源於朱利安‧伯納德‧羅特（Julian Bernard Rotter）所提出的社會學習理論（social learning theory）。他對內外控傾向的定義為：「內控者比較相信個人可以影響環境，認為獎賞來自個人所作所為；外控者則認為獎賞受外在的因素，諸如命運或其他權勢所控制，而個人是無法控制的。」

1. 內控傾向：指個人堅信事情的成功與否是操控在自己。因而，內控者比較自主、積極且會採取建設性的適應方式，為自我控制命運者，其自我要求較高，工作表現較佳，且離職較低。

表2-2　五大人格特質定義表

人格特質	定義
親和性	體貼、同理心、互依性、思慮敏捷、開放性、信任
勤勉正直性	注意細節、盡忠職責、責任感、專注工作
外向性	適應力、競爭力、成就需求、成長需求、活力、影響力、主動性、風險承擔、社交性、領導力
情緒穩定性	情緒控制、負面情感、樂觀、自信、壓力容忍力
經驗的開放性	獨立、創造力、人際機伶、集中思考、洞察力

資料來源：Schmit, M. J., Kihm. J. A., & Chet, R. (2000). Development of a global measure of personality. *Personnel Psychology, 53*(1), 53-193.

表2-3　內控型與外控型的差異

類型 向度	內控型	外控型
對命運的看法	自主性高，認為自己可以掌握命運。	自主性低。認為環境主導自己的命運。
對工作的態度	較投入，滿足感高。	較難投入，對工作疏離。
對人際關係的態度	充滿自信，易與人相處；但可能較堅持己見而溝通不良。	缺乏自信，較易妥協而聽命於他人。
處理資訊的能力	比較努力收集資訊，善於利用資訊，常嫌資訊不足。	滿足於資訊數量，不想收集更多的資訊。
動機與期望	動機較強，較能控制時間並充分利用，常表現強烈的自我成就。	動機較弱，不易表現自我成就。
工作績效	若績效與報償成正比時會表現較佳的工作績效。	一般對工作績效的表現常訴諸於組織與環境。

資料來源：黃賀（2013）。《組織行為：影響力的形成與發揮》，頁38。台北：前程文化。

2.外控傾向：指個人自認事情的最終結果是由外在的環境因素所控制或影響，且無能為力改變。因而，外控者比較依賴、消極、聽天由命，會採取破壞性的適應方式。此類型較不滿意自己的工作，其曠職、離職率較高。（表2-3）

(二)成就動機

　　成就動機的定義為：「一個人努力去完成自己認為重要或有價值的工作，以達盡善盡美的境地之內在推動力量。」成就動機並不僅限於採用一般性經驗來解決問題的期望，它還包括達到這些任務之更高層次標準的期望，例如，期望能更快、更有效率地完成任務，或是比別人做得更好和更快的期望等等。此類型會努力將事情做得更好，能克服各種困難及障礙，較具有責任感。

(三)權威傾向

　　權威主義的定義，指一個人追求特殊地位及權力之心態。此類型在心智上較為僵化，有欺下媚上及言論是非現象，易於主觀評斷他人，抗拒變革等行徑。但在高度結構化的工作上，其行為與績效表現較為出色。

(四)權謀傾向

此項名詞源自於十六世紀義大利《君王論》（*Il Principe*）作者尼可洛・迪・貝納爾多・德・馬基維利（Niccolò di Bernardo dei Machiavelli）所闡揚之「霸權取得」及「權術操作」觀念而來，具有行事獨斷的類型，並與成員保持情感上的距離，相信為達成目的可以不擇手段。

權謀傾向較高的人，較會玩弄權威、重視勝利、少被說服、多說服別人；權術較低者，則反之。但在下列兩項情境下會有較佳的表現：必須與人面對面的接觸和給予自由發揮空間。

(五)自我肯定

表現出對自己欣賞及肯定。高度肯定者，肯定自己的能力，可輕易的達成任務。低度肯定者，對外在的影響反應較為敏感，非常介意別人賦予的評價。

(六)自我警覺

自我警覺，指自我調整的行為，可以因應外在變化的能力。高度警覺者的適應力極強，對外在因素有較佳的敏感度，並配合環境或情境而轉換自己的行為價值，較易成為偽善者；低度警覺者較易表現言行一致與真實的一致。一般來說，高度自我警覺的人在從事管理工作時表現都非常優異。他可以同時勝任許多不同的工作，可以解決許多衝突，也常明察細微，防患未然，並在不同員工面前展露其受歡迎的一面。

(七)風險承擔

風險承擔，指決策者具有風險承擔或冒險的傾向之類型。此種承擔風險或規避之意願，將影響對時間知覺、情報知覺的程度。屬於高度風險偏好者，在作決策時，較少使用資料分析或時間思考。例如，證券代理商的股票操盤工作，因為必須迅速下決策，比較適合高風險偏好的人擔當。

人格特質代表個體一致性的行為，換句話說，不同人格特質的個體會產生出不同的行為，而不同的行為在特殊的環境下會產生不同的績效成果。

個案 2-3　頂級服務打造四季飯店

　　2002年5月的一個週末，位於美國費城（Philadelphia）四季飯店（Four Seasons Hotels）的一名顧客發現，她準備用來參加女兒畢業典禮的套裝鈕扣壞了，飯店裁縫師又找不到合適的鈕扣。這時，裁縫師想起自己一件洋裝上的鈕扣與這件套裝所需的鈕扣相同，於是她要丈夫搭乘四十五分鐘公車將洋裝送來，然後為顧客換上鈕扣，解決一個令顧客苦惱的問題。

　　啟示錄：打響四季飯店的品牌，讓它成為全球最賺錢的飯店，就是僱用這樣一群具有「熱忱、誠懇」人格特質的員工所締造出來的事業。

資料來源：編輯部（2002）。〈頂級服務打造四季飯店〉。《EMBA世界經理文摘》，第196期（2002/12），頁26。

第二節　知覺概念

　　從心理學的沿革來看，心理學在早期是屬於哲學的範疇。知覺（perception）是心理學的一大領域，知覺的研究也有悠久的歷史。被譽為「現代心理學之父」的威廉・馮德（Wilhelm Wundt）於西元1879年在萊比錫大學（Universität Leipzig）設立歷史上第一個心理實驗室，即將心理學從哲學中脫離成為一門獨立的學科，其研究重點便是知覺。研究知覺主要在探討我們如何透過外界的刺激，而得到對環境的正確認識。

一、知覺的涵義

　　人們看到一個蘋果、聽到一首歌曲、聞到花香等，這些都是知覺。知覺，包含著感覺與解釋刺激的資訊，不同的個體看待同一事件會有不同的知覺。例如，我們對物體大小的知覺有恆常性，亦即物體與我們之間的距離，並不影響我們對它大小的知覺。但是，此知覺所賴以產生的影像卻

隨著距離之改變而有極大的變化。我們對物體知覺的恆常，除了大小外，還有顏色、明暗、形狀等。知覺的恆常，主要源於中樞神經對感覺訊息的解釋與組織。知覺最大的特徵，也在於它對外界訊息所給予的組織和意義。

　　尤雷克・庫拉薩（Jurek Kolasa）對知覺定義為：「經驗的人具有感覺刺激的直接結果，這種處理過程是感覺的選擇與結構，以便提供給我們所經驗的實質。」希臘哲學家蘇格拉底（Socrates）提到：當他健康的時候覺得酒是甜的，當他生病的時候，覺得酒是酸的，說明了知覺的主觀性。雖然在絕大多數的情形下，我們能依靠知覺，正確的知道外界的情況，但知覺有時也會產生錯誤，這就是幻象（illusion）的來源，例如，電影便是基於視覺的幻象。知覺幻象的研究，不但能增加我們對幻象的瞭解，同時對正常知覺的瞭解也極有幫助（中華百科全書，〈知覺〉）。

　　人類根據自己所看到的，或是所相信的情況來決定如何回應人們相信什麼，比真相本身更加重要，管理者必須要管理知覺。

二、影響知覺的因素

　　知覺為個人對於事情體驗的過程，對於事物的知覺，即使是相同的事物，不同的個體會採用自我的經驗想法，所以，知覺雖然產生，但卻會有許許多多不同的知覺。例如，有人會闖紅燈，是因為他認為闖紅燈不會那麼倒楣被取締，所以沒關係（是知覺），而不是沒有看到紅燈或不知道紅燈代表禁止通行，會導致這樣的情形，主要是因為影響知覺的因素有如下數點（**圖2-1**）：

(一)刺激對象的選擇

　　知覺的對象即意指刺激（stimuli），其特徵包括大小、顏色、聲音和環境等。人有選擇「刺激」之傾向，而且對於各種刺激之感受有其「門檻水準」（threshold level），例如，不同的促銷方式會帶給消費者不同的刺激，低於該項水準即感覺不出來，自然就在選擇之外而無接受的可能。因此，經理人傳達訊息，必須借用適當的聲調、動作去吸引部屬的注意。

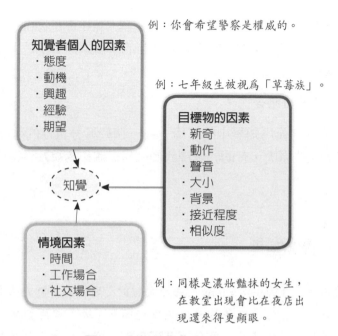

例：你會希望警察是權威的。

例：七年級生被視為「草莓族」。

例：同樣是濃妝艷抹的女生，在教室出現會比在夜店出現還來得更顯眼。

圖2-1　影響知覺的因素

資料來源：https://sites.google.com/site/opteam04/5-2-ying-xiang-zhi-jue-de-yin-su-1

小辭典

門檻水準

　　「門檻水準」，係指感官體系要能有效感受到某一刺激，所需超過的最低刺激量水準。感官門檻又可以分為兩種：絕對門檻（absolute threshold），係指若要使某一刺激能夠被某一感官所感受到，所需的最低刺激量；差異門檻（differential threshold），係指感官系統對於兩個刺激之間的變化或差異所能夠察覺的量值。

編輯：丁志達。

　　在人際知覺方面，諸如：身體特徵（如姿態、表情、膚色等）、社會因素（如談吐、聲調等）、屬性因素（如年齡、性別、職業、種族等）的刺激均可能影響我們對別人之注意及判斷。

　　人在知覺上都有差異門檻水準，個人在兩種事物之間能衡量出差別。差異門檻（differential threshold），是指辨別兩種刺激時所需之最低

限度的差異性；差異或稱爲最小可覺差異（just noticeable difference）。在這方面上，締造了這一項人類心理學的基本原則，就是大家熟知的韋伯法則（Weber's Law）。

(二)刺激對象的組合

知覺常定義爲知覺中的組織，在一個較具分析性的脈絡中讓我們找到知覺的某些原則，有助於解釋我們如何組織和認知外界物件與事件。

 個案 2-4　韋伯法則

韋伯法則（Weber's Law）基於人類的心理特點，認為人對事物大小差異的感覺是以15%為級差的。如果以15%為一級，當兩個事物大小的差異小於一級時，人的感覺沒有什麼差別；當兩個事物大小的差別達到一級，即15%，則人類「可以感覺到不同」；而當兩個事物大小的差別為兩級，即30%時，則人類感覺到「有明顯的區別」；如果當兩個事物大小的差別為三級，即45%時，人類會感覺到「有重大的區別」。

崗位之間的差別也可以用韋伯法則來區分。如總經理和祕書崗位的差別，人們感覺是十分明顯的，這是因為從崗位的三個緯度（指知識技能、解決問題、責任）來說，其差別都大於三級，而對於財務部經理和人力資源部經理崗位的差別，有時就不是十分確定，這是因為其崗位的三個緯度的差別，可能都不超過兩級。在組織的崗位設置時，上司和下屬崗位的三個緯度之間的差異有一定的合理範圍，差別太大或太小，都預示著某種不合理性。

資料來源：朱瑞寶、顧雪春（2003）。〈看不見的手——淺析薪酬設計中的參數運用〉。《智財雜誌》，總第218期（2003/04下半月），頁41。

1. 就二度空間而言。形象（figure）與背景（ground）是刺激形式中的最基本組織。形象易認定，但背景常易被忽略。形象與背景有一界線，成為「形象知覺」之主要依據，然而有時，形象與背景有「反換現象」，易生錯覺。例如，黑與白的形式和許多壁紙設計可以看出形象與背景的關係，形象與背景經常可以互換的。

2. 形象與背景之反換現象，說明了知覺有「組織性」與「選擇性」，根據德國心理學家馬克斯·魏泰邁（Max Wertheimer）提出幾個要素說明視覺的知覺法則：

   (1) 接近性原則（proximity）：它指同類物體若有空間上彼此接近時，每一物體有被視為構成整個知覺型態一份子之傾向。

   (2) 相似性原則（similarity）：它指物體間彼此具有相似性，有形成同一知覺型態之傾向，會被視為一個群組或是一種規律。例如，自己節省而肯定節儉的人；自己用錢大方則會否定節省的人。

   (3) 連續性原則（continuity）：我們的視覺傾向連續／延續物件的特性。

   (4) 閉鎖性原則（closure）：如果物件之間彼此能組合（接續）成一圖形，儘管中間沒有接續關係，我們仍然會傾向於看成一個整體圖形。例如：IBM三個英文字母，還是一堆藍色長方型。

小辭典　**完形心理學**

完形心理學（gestalt psychology），是1912年由德國心理學家馬克斯·魏泰邁（Max Wertheimer）所創立。「完形」二字來自德文，含有「形狀」與「組型」的意思。用以說明人類視覺是如何去解釋所看到的，並轉化為認知的物件的法則。主張部分之合不等於整體，整體大於部分之合，完形主張「客觀的主觀」；外在刺激是分離零散的，集刺激所成的知覺卻是有組織的，原因在於集知覺而成意識時，多了一層心理組織；地位：完形學派使行為主義受到衝擊而改變研究的方向。完形心理學在知覺方面的研究有極大的貢獻，為日後認知心理學的發展奠下基礎。

編輯：丁志達。

(5)對稱原則（symmetry）：規律化或左右對稱的圖形、間隔相等
　　的視覺刺激，都容易合為一組。
3.三度空間之知覺，亦曾因視覺與聽覺之差異而有不同之認知。經由
　感覺經驗對環境中事物做失實的解釋亦會產生錯覺。

(三)情境因素的影響

　　一般而言，對情境因素之熟識程度及學習經驗會影響知覺，譬如，
剛畢業大學生從未工作過，可能較困難瞭解工作的規範與價值。另外，情
境傳送時間會影響認知者之注意及解釋（譬如突然改變遞送時間，則必會
讓人忽略），其他如噪音、照明、溫度及光線等物理情境因素亦會影響對
信息之注意。

(四)認知主體的特質

　　認知者（perceiver）之個人因素亦會影響認知差異。譬如自己買了汽
車，可能開始注意路上的車輛。這些個人因素包括下述數項：

◆價值觀與態度

　　價值觀體系是決定一個人行為及態度的基礎。價值觀受制於人生觀
和世界觀，一個人的價值觀是從出生開始，在家庭和社會的影響下逐漸形
成的。態度是對人、對事、對物所抱持的正面或負面評價，它反映了個體
對人、事、物的感受。當我們說「我喜歡我的工作時」，即表達了對工作
的態度（**表2-4**）。

◆人格特質

　　人格特質不同，則其刺激的過濾會有差異，其中自我概念是極重要
的因素。自我概念是一個人對自己身心特徵和行為表現的看法，也可以說
是一個人對自己內在和外在的評價。它包括一個人透過經驗、反省和他人
的反饋，逐步加深對自身的瞭解。例如，能接受自己對自己的評價叫做
「自我接納」，能接納自己稱為「自尊」，不能接納自己稱為「自卑」
（劉信吾，2009：167）。

表2-4　現今美國員工最重視的價值觀

階段	出生的時間	就業的時間	目前的年紀	最重視的工作價值觀
信仰新教工作倫理者	1925～1945	1940年代初期到1960年代初期	57～77	工作勤奮、保守、忠於組織
存在主義者	1945～1955	1960年代到1970年代中期	47～57	生活品質、不從眾、追求自主、忠於自我
實用主義者	1955～1965	1970年代中期到1980年代末期	37～47	成功、成就感、富野心、工作勤奮、忠於事業
X世代	1965～1981	1980年代末期到現在	37以下	彈性、工作滿足感、均衡的生活、人際關係的維護

資料來源：羅賓斯（Robbins），整合了工作價值觀方面的分析報告；引自謝金城，〈學校組織成員之價值觀、態度與工作滿足之探討〉，http://www.hcjh.ntpc.edu.tw/master/edubook/a08.pdf

◆動機

　　動機（motivation），在心理學上一般被認為涉及行為的發端、方向、強度和持續性。動機為名詞，在作為動詞時，則多稱作激勵（motivating）。在組織行為學中，激勵主要是指激發人的動機的心理過程。一般而言，未獲滿足之需求對知覺影響甚大。譬如，晉升未成，不安全感覺結果可能會以別人想奪權、篡位而忽略部屬真正的感受。

◆興趣

　　一個整形外科醫生，由於工作興趣，一定比一般人更會注意別人不完整的「面貌」，亦即知覺之選擇不同。因遲到而被主管告誡之部屬，一定會比較去注意別人是否也有遲到現象。有心事的人會比較無法在課堂上專心，這些均表示一個人之注意力亦受其興趣之影響。

◆過去經驗

　　興趣會使一個知覺過程中注意力集中窄化，過去經驗亦然。一般人

會選擇知覺與自己經驗有關之事物，甚至過去經驗亦常會改變一個人之興趣。當然，已經驗過之事物較不具獨特新奇。因此，亦有可能比較會去注意未曾經歷之事件，此現象亦得關切。

◆預期心理

預期心理可能使一個人歪曲自己所見所聞，譬如，一個人預期警察應是具有權威的、年輕人應有野心、人事主管應該善待部屬等心理，則其常易忽略這些人實際特質而造成知覺偏差。

以上諸項因素對知覺均有影響，當然其中包括對物體、現象之知覺，而就組織行為觀點言，對人之知覺更是如此（吳秉恩，1991：148-151）（**表2-5**）。

表2-5　視頻拍攝影響知覺的因素

因素	說明
刺激大小	一般來說，大的刺激比小的刺激易於知覺。所以廣告商在做廣告、介紹新產品時，都盡可能地刊登大幅的廣告，以吸引一般消費者的注意。
刺激的強度	通常是洪亮的聲音、鮮明的色彩比細微的聲音、暗淡的色彩易於引起人們的注意。正因為如此，電視節目一到廣告時間，音量就突然變大，因為在播商品廣告時，往往有很多消費者去做別的事情。
色彩與知覺	一般來說，黑色比白色易於引起人們注意。但是，相對於純黑白廣告，著色廣告更能引起人們的注意。
位置與知覺	據消費心理學家研究，在貨架上舉目可望的商品比其他商品容易引起消費者的注意；報紙的廣告上邊比下邊、左邊比右邊易於引起消費者注意。所以在商店，一般消費者購買的商品，通常都放在能易於引起消費者注意的位置上。
知覺物件的背景	知覺物件受背景的干擾或過去經驗的影響等原因，也會引起客觀事物的錯誤知覺，例如，人們對有關線條長短、圖形大小和形狀等的錯覺。這樣一來，我們就可以利用消費者所產生的錯覺，在廣告設計、櫥窗設計、包裝設計和商品陳列等方面進行巧妙的處理，達到一定的心理效應。比如，在水果、糕點櫃旁放置一面鏡子更顯得貨物豐盛，大有購買不盡之感；在包裝設計上，相同容積的兩個小袋，把正方形旋轉成菱形就顯得大一些。

資料來源：〈東莞企業視頻拍攝影響知覺的因素〉，房地產企業宣傳片，http://www.dgfdcxcp.com/archives/115

第三節　歸因理論

歸因理論（attribution theory），是人力資源管理和社會心理學裡面的激勵理論之一，是指說明和分析人們活動因果關係的理論，人們用它來解釋、控制和預測相關的環境，以及隨著這種環境而出現的行為，因而也稱認知理論（cognitive theory），即透過改變人們的自我感覺、自我認識來改變和調整人的行為的理論。美國社會心理學家弗里茨・海德（Fritz Heider）是歸因理論的創始人（**表2-6**）。

表2-6　不同社會角色對應的品格特質

社會角色	品格特質						
遠見者	明智	明辨	信心	謹慎	仁愛	創意	熱忱
教導者	節制	敬重	勤奮	周全	可靠	安穩	耐心
服務者	機警	好客	慷慨	喜樂	能屈能伸	隨時待命	堅忍
管理者	井然有序	主動	盡責	謙卑	果斷	決心	忠誠
協調者	專注	敏銳	公正	同情	溫和	尊重	溫柔
理想者	誠實	順服	誠懇	德行	勇敢	饒恕	善勸
供應者	善用資源	節儉	知足	守時	寬容	慎重	感恩

資料來源：驪駿鋒（2009）。〈將品格第一進行到底〉。《HR經理人》，總第304期下半月（2009/07），頁28。

一、情境歸因與性格歸因

海德在1958年的著作《人際關係心理學》中提出歸因（attribution）的定義，是指將行為的原因歸之於內在個人性格特質或外在情境因素的一種心理歷程。原因歸之於內在個人性格因素，稱為內向歸因（性格歸因）；將行為原因歸之於外在情境，稱為外向歸因（情境歸因）。

基本歸因謬誤（fundamental attribution error），是指當我們在評估「他人」的成敗時，往往低估外在的情境因素，高估他人內在的個人因素。舉例而言，通常人們對於自己的成功容易有內在歸因，而對於他人的

成功容易有外在歸因。譬如說：自己今天的成就都歸因於自己平時很努力，而對於他人的成功則歸因於他人運氣好或者有個富爸爸。相反地，人們對於自己的失敗卻常有外在歸因，而對於別人的失敗則給予內在歸因，也就是說，當自己失敗時，都歸諸於外在環境不好，正所謂：「時也！運也！命也！非吾之所能也！」但看到別人失敗時，則持相反態度，常譏諷他人不好好努力，浪費上天給予的優厚條件。以上班遲到為例，我們對於自己的遲到常有很多藉口，如車子誤點、路上塞車等理由來搪塞；但對於別人的遲到，若持相同的說法時，我們卻常會說：又在找理由了！（崑山科技大學，〈歸因理論〉）所以，歸因是個體力圖確認自己或他人行為原因的歷程。

歸因理論的學者假定，每一個人都很自然的就會想要去對事情為什麼會這樣發生的原因進行瞭解，特別是當這種事情的結果對個人而言非常重要，或是簡直就出乎意表的情形之下，尤然。

人們通常都會把自己的成功或失敗之於能力、運氣、努力、身心狀況、興趣或是程序不公平等等這些因素，當人們在做因果關係的歸因時，基本上，他們是在尋求或是創造一種信念，用來解釋所發生的事情以及為什麼。一旦這樣的解釋成立之後，個人就會利用這樣的信念來看待自己或是周圍的環境（Hoy & Miskel著，林明地等譯，2006：174-175）。

將行為發生的原因歸之於「個人的特質」或「所具條件」而忽略情境或其他因素，海德稱為「行為影響一切」（behavior engulf the field），若某人將目前所遭遇的問題都怪罪於自己，進一步採取全面、負面否定的方式來看待問題會造成憂鬱的傾向，可利用理性情緒行為治療法（Rational Emotive Behavior Therapy, REBT）的A（activating event，發生的事件）B（belief，人們對事件抱持的觀念或信念）C（emotional and behavioral consequence，觀念或信念所引起的情緒及行為後果）理論來駁斥；若某人將成功的經驗解讀成是自己的功勞會帶來更大的自信。

二、歸因的向度

美國心理學家伯納德‧溫勒（Bernard Weiner）認為，人們對於成功或失敗的歸因，絕大多數都可以歸類到三個不同的向度，也就是控制信

念、穩定性和責任的歸屬。

(一)控制信念（內控型或是外控型）

　　指的是成功歸諸內在因素或是外在因素之謂，例如在一個人成功的時候，會反觀自己曾經做了些什麼，所以導致他現在的成功。

(二)穩定性（穩定或是不穩定）

　　指的是個人認為導致成功或失敗的因素本身是固定不變的，還是會隨著時間而改變。例如，一個人有能力去做某件事，這屬於穩定的因子，因為有能力通常不會輕易改變，至於一個人願意努力去做一件事，則是不穩定的因子，因為雖然他願意做努力，但是努力是不可確認的一件事務，充滿著不確定性，還有無法持久的因素等等。

(三)責任的歸屬（可以控制的還是不可以控制的）

　　指的是個人是否應該要承擔責任，換句話說，個人是不是能夠控制成功或失敗的因素。在於責任歸屬上面，一個人的努力是他可以承擔責任的歸屬依據，然而一個人的能力還有運氣，可能是他不可抗拒的因素，屬於不可歸因的部分，此時，對於責任的歸屬則需要更多的思考面向。

　　美國社會心理學家哈羅德‧凱利（Harold H. Kelley）認為，多數的人們總習慣採取單線索歸因，也就是僅僅依據一次觀察就做出歸因結論。他暗示，在多次觀察同類行為或事件之後所做的歸因結論（多線索歸因）應該是比較理性的做法。

三、社會知覺

社會知覺（social perception），又稱社會認知，是指一個人如何看他人，認為別人是一個怎麼樣的人，是對他人的認識或理解，即個體對他人、群體以及對自己的知覺。對他人和群體的知覺是人際知覺，對自己的知覺是自我知覺。以組織行為而言，由於知覺差異，主管對部屬的評估或對同僚之判斷即有不同，以下數項例子，可以說明。

1. 甄選面談（employee interviews）：主考官在認知上的偏誤會導致判斷上的誤差。
2. 績效期望（performance expectancy）：用自我實現預言（self-fulfilling prophecy）或預言效果（prophecy effect）來說明「期望能決定行為」的事實。例如，主管若對屬下信心滿滿時，部屬也絕不會讓他失望；但若主管藐視部屬的能力時，他們也會以敷衍了事來回應。
3. 績效評估（performance appraisal）：目前有相當多的考績評定仍需借助於主觀的判定。主觀的評估方式即是指個人的判斷，所以主管對員工平時表現或特質的好惡嚴重干擾著評定的結果。
4. 員工的努力程度（assessing level of effort）：員工努力程度的評定也蠻主觀的，多少都有被知覺扭曲或偏頗的狀況。
5. 忠誠度評估（assessing loyalty）：如果員工一心向外，經常存有異動念頭，則表示其忠誠不夠，其未來升遷機會會降低。當然，對忠誠度之評估，亦受主管偏誤之影響。

以上所述之例子均說明一項事實，即知覺之偏誤影響主管決策之正確性及公平性，但這種主觀偏失之造成，基於下列因素而形成：

1. 選擇性認知：指觀察者依據自己的興趣、背景、經驗和態度進行的主動選擇。例如，有一個人好相處但不上進，如果你認為好相處是一個重要指標，你會對他有好的評價；如果你認為不上進是一個重要指標，你會對他有不好的評價。
2. 暈輪效應：指根據個體的某一種特徵（如智力、社會活動、外

貌），從而形成總體印象。

3. 對比效應：指對一個人的評價並不是孤立進行的，它常常受到最近接觸到的其他人的影響。

4. 定型效應：指人們在頭腦中把形成的對某些知覺對象的形象固定下來，並對以後有關該類對象的知覺產生強烈影響的效應。

5. 第一印象效應（首因效應）：人對人的知覺中留下的第一印象，能夠以同樣的性質影響著人們再一次發生的認知。

　　由於以上之知覺障礙，因此主管應於知覺過程中宜盡可能避免之，隨時質疑自己的社會知覺。以績效考評為例，為防止暈輪效應，應多採不定期考評（**表2-7**）。

表2-7　13種常犯的評估錯誤

評估錯誤事項	說明
刻板印象	由於考核者對於某件事物或現象分類過於簡單，容易使得其他人員與自己興趣相同。
月暈效應	上司在評核員工時，常常只根據某些工作表現作為全面評核的依據。
集中趨勢	由於不願意或無法確實明白區別員工的實際差異，因此考評結果有集中於中等程度之現象。
近因誤差	上司過分受到員工最近表現的影響而評核員工全年度的表現。
過分嚴苛	上司在做考核評估時，將大部分員工評為表現不佳。
過分寬容	上司在做考核評估時，將大部分員工評為表現良好。
近似誤差	考核者在做考核時，因為被考核人的特性、專長與本身相似，因而給予較高的評價導致偏誤。
投射效果	考核者在做考核時，將自己的特質歸於他人身上。
考績逐年提升之壓力	有如通貨膨脹一般，考績之成果有逐年增加的趨勢，如此可能意味著考核者之考績標準降低，而非被考核者之績效提高。
不當之替代標準	有些工作在考核過程中很難客觀地去評估，因此利用其他替代標準，如果替代標準設定不當，則考核結果易失去精確性。
溢出偏誤	考核者在做考核時，以之前員工的績效來作為衡量標準，貶低員工的績效。
單點偏誤	考核者在做員工考核時，僅根據某一方面員工表現較差的部分而做出全體績效表現不佳的考核結果。
偏重非績效因素	考核者在做考核時，很少根據實際客觀的衡量標準做評估，將重點放在年資方面或是人際關係部分而忽略實際績效。

資料來源：孫顯嶽（1999）。〈13種常犯的評估錯誤〉。《工商時報》（1999/06/01），經營知識版。

 # 第四節　態度概念

　　人本主義心理學代表人亞伯拉罕‧哈羅德‧馬斯洛（Abraham Harold Maslow）說：「心境改變，態度跟著改變；態度改變，習慣跟著改變；習慣改變，性格跟著改變；性格改變，人生跟著改變。」人對外在經驗的接受和解釋是取決於態度。一般而言，態度是潛在的，主要是透過人們的言論、表情和行為來反映的。態度就像舞台上的布景和道具，安置在心靈深處，並影響一個人如何解釋別人的觀念和行動。情緒和慾望強烈地影響態度。

個案 2-5　態度決定力量

　　英國著名心理學家哈德菲爾曾做過一個關於心理對生理影響的實驗。他請來三個人，安排他們在三種不同狀況下全力握住測力計。在正常的清醒狀況下，他們的平均抓力為101磅。而當他們被催眠並告知體能很衰弱時，他們的抓力只有29磅，不到正常狀況的1/3，其中一人是拳擊冠軍，在催眠中告知他很衰弱時，他覺得自己的手臂很瘦小，就像嬰兒一樣。在第三次測試時，他們在催眠中被告知自己非常強壯，測力計顯示其平均抓力可達142磅。

　　啟示錄：該實驗說明當人們心中充滿自信樂觀的想法時，每人平均握力提升了近40%的體力。這正是由於心理暗示使態度改變而產生的力量。

資料來源：編輯部（2014）。〈態度決定力量〉。《人力資源》，總第369期（2014/07），頁90。

　　回想一下我們所認識的人，其中有些本性保守，另有一些態度急進，還有一些人採取溫和的觀點。態度急進的人，對許多情況常採極端態度，當然比態度溫和的朋友極端得多；態度急進的人，易動情感、易受感染、易懷疑，他用極端的觀點解釋新觀念，他的態度甚至促成激烈行為。而保守性的人，可能完全拒絕採取任何行動，他頑固抵制新觀念（徐立德，1992：166-167）。

查爾斯王子與他的同學

　　1997年12月，英國路透社（Reuters）發出一張英國查爾斯王子（HRH Prince Charles）與一位街頭遊民合影的照片。這是一段驚異的相逢！原來，查爾斯王子在寒冷的冬天拜訪倫敦窮人時，意外遇見以前的足球球友。這位遊民克魯伯‧哈魯多說：「殿下，我們曾經就讀同一所學校。」王子反問，在什麼時候？他說，在山丘小屋（Hill House）的高等小學，兩人還曾經互相取笑彼此的大耳朵。

　　王子的同學，淪落街頭，這是一段無奈的人生巧遇。曾經，克魯伯‧哈魯多出身於金融世家、就讀貴族學校，後來成為作家。老天爺送給他兩把金鑰匙──「家世」與「學歷」，讓他可以很快進入成功者俱樂部。但是，在兩度婚姻失敗後，克魯伯開始酗酒，於是逐漸把他從名作家推向街頭遊民。所以，打敗克魯伯的是英國的不景氣嗎？不是，而是他的態度。從他放棄正面的「態度」那刻起，也輸掉了一生。

資料來源：周啓東。〈態度決勝負！〉。《商業周刊》，http://www.ecaa.ntu.edu.tw/
weifang/readings/%E6%85%8B%E5%BA%A6%E6%B1%BA%E5%8B%9D%E8
%B2%A0.htm

組織行為

一、態度的特色

　　根據1999年《天下雜誌》對企業人才需求的調查結果顯示，「專業知識與能力」已經不再是最重要之要素，「工作態度與敬業精神」才是企業聘用員工的基本條件。

小辭典　敬業精神

　　敬業精神，就是尊重你自己的行業、公司、職位，對公司懷抱著使命感，專心致志，全力以赴把工作做好，能為公而忘私，不隨便請假影響工作進度，不在上班時間摸魚或處理私人事務。

編輯：丁志達。

　　態度（attitude），是關於對人、對事、對物所抱持的正面或負面評價，它反映了個體對人、目的、事件或活動的感覺。每個人可能有好幾千種態度，但組織行為所關心的課題是和工作有關的態度，這些態度包括了工作滿足、工作投入以及組織認同。毫無疑問，大多數的人比較關心工作滿足。

　　《改變態度，改變人生》（*Change Your Attitude: Creating Success One Thought at a Time*）一書的作者湯姆·貝（Tom Bay）和大衛·麥克斐遜（David Macpherson）說，在對總經理級人物問卷調查中，有80%的人承認，並非特殊才能使他們達到目前的地位。這些人當中沒有一個人在班上是名列前茅的，之所以能達到目前的地位就是憑藉態度。態度具有以下幾個特色：

1.態度不是天生的，而是後天環境習得的。態度的表現是學習的結果，其學習過程來自師長、父母及同儕等，它具有持續性，是一種內在的心理歷程。
2.態度是針對某一對象或狀況而產生的，具有主、客體的相對關係。
3.態度具有認知性（cognitive component）、情感成分（affective

component）及行為性（behavioral component）。

4.態度具有持續性（consistency），一旦態度形成後將成為人格的一部分。

5.態度是一種內在的心理歷程，只能從當事人的言行中瞭解。

個案 2-7　修女的態度

　　一位修女要為孤兒院募款，因此特地去拜訪一位吝嗇的富翁。當天富翁因為股票跌停心情不佳，認為修女來得不是時候，大為光火，揮手就打了修女一記耳光。但這位修女不還手也不還口，只是微笑地站著不動。富翁更惱火，罵道：「怎麼還不滾！」修女說：「我來這裡的目的，是為孤兒募款，我已收到您給我的禮物，但他們還沒有收到禮物。」

　　啟示錄：富翁因修女的態度，大受感動，以後每月自動送錢到孤兒院去。

資料來源：何權峰（2012）。《格局，決定你的結局》，頁227-229。台北：高寶出版。

二、態度的構成要素

　　現今的心理學者都認為，「態度」是由認知（cognitive）、情感（affective）以及行為（behavioral）等三種成分所組成。認知層面，包括個人對特定態度目標（人、事、物）的知識與信念；情感層面，包括個人對特定態度目標的感情、情緒及評價；行為層面，包括個人對特定態度目標的反應準備或行動傾向。

1.認知要素：指個人對某一目標或事物的信念，此一信念來自本身的思想、知識、觀念或學習。例如：「隨意批評別人是不對的」、「長官是不好親近的」等，就是認知因素。

2.情感要素：指個人面對事物所觸發的一種情感上的反應，亦即對事物的喜惡、愛恨等感覺，是態度的核心部分。例如：「我不喜歡他，因為他很自私、小氣。」這就是情感成分的反應。

3.行為要素：針對某特定人、事、物而顯露於外的行為意圖。例如：「因為不喜歡他，所以就遠離他，不和他在一起。」這屬於外顯的表現。

在組織中，員工的態度對工作影響很大，態度會隨著組織文化、工作氣氛、個人需求而有所改變。經理人應從認知、情感及行為上去理解員工的內在心理歷程，方能有效提高組織成員的工作績效（謝金城，〈學校組織成員之價值觀、態度與工作滿足之探討〉）。

個案 2-8　軍校生作弊開除　打官司也難挽回

國防大學林姓女學生因考試帶小抄被開除學籍，台北高等行政法院認定她是看小抄作弊，並以軍人的品德事關國軍戰力為由判她敗訴。

林女原是國防大學法律系學生，2012年11月期中考考「哲學概論」時，遭同學向監考老師檢舉帶小抄，監考老師在她桌上查到壓在鉛筆盒下方的筆記紙張。國防大學依《軍事學校學生學籍管理規則》：考試舞弊開除學籍的規定，將她開除。

林女申訴和訴願被駁回，再提行政訴訟。她主張，畢業自南部某第一志願女中，高中時品學兼優，獲嘉獎二十三次、小功三次、大功一次，品德良好。她強調沒有作弊，是因監考老師發考卷後，她才發現未收好筆記紙張，一時心慌，將紙張壓在鉛筆盒下方，作答時沒偷看筆記。她主張，上述情形不等於作弊，而是違反試場規則，理應將她扣分或記過處分，將她開除學籍已違反「宜教不宜殺」、「有教無類」的教育原則，也違反罪刑相當的比例原則，請求撤銷開除學籍的處分，讓她復學。

國防大學反駁，該班有五名學生報告，指林女在上一節考「行政法」時即帶小抄作弊，當時來不及向老師反映，到了考「哲學概論」又見她偷看小抄才憤而檢舉；且林女事後傳簡訊給同學自承「我知道犯下大錯……自作自受吧！」為維持軍人及法律人剛正不阿性格，軍校學生管理規則才會規定考試舞弊者一律開除，並未違反比例原則。

資料來源：劉峻谷（2015）。〈軍校生作弊開除 打官司也難挽回〉，《聯合報》（2015/01/28），A8社會版。

三、態度的種類

態度是學習而來，與個人的成長背景、學習經驗以及生活的周遭社會環境有關。在現實生活中，我們每個人所做的工作都是由一件件小事組成的，但我們不能因此而忽視工作中的小事。所有的成功者，他們與我們都做著同樣簡單的小事，唯一的區別就是，他們從不認為他們所做的事是簡單的小事。簡單的說：決定成功與失敗的原因，工作態度比能力更加重要。

在組織行為研究中，工作態度包括：工作滿足（job satisfaction）、工作投入（job involvement）、組織承諾（organizational commitment）、職業認同感（professional self-identity）及工作疏離（job disengagement）五大部分（**表2-8**）。

(一)工作滿足

指員工對工作抱持的一般性態度。根據1994年美國一家顧問公司針對25,000名員工所做的調查，發現改善員工績效的最重要關鍵，在於提高員工的工作滿意度。另外，若員工的工作滿意度較高，則會有較低的離職率。所以，員工工作滿意度的高低對於組織有著重要的影響，例如，工程師對工作有高滿意度，則其對研發工作即會有積極正面的態度投入；反之，則有消極（請假、怠工）之反應（**表2-9**）。

表2-8　三大類型的員工特徵

類別	特徵
投入的員工	·每天都運用他們的天賦。 ·具有自然的創新能力與效率導向。 ·懂得積極建立合作支持的關係。 ·很清楚他們所應該達成的成果。 ·對他們所做的工作有感情。 ·視達成目標為挑戰。 ·充滿活力與熱忱。
不投入的員工	·只達到基本要求。 ·心中存有疑慮，或缺乏信心。 ·不願迎接挑戰，不願冒高風險。 ·缺乏成就感。 ·也許對公司投入，但對工作團隊或自己所扮演的角色並非積極投入。 ·坦誠抒發負面看法。
非常不投入的員工	·從一開始便採取抗拒反應。 ·無法受人信賴。 ·抱持「獨善其身」的想法。 ·沒有能力將問題轉為解決方案。 ·對公司、工作團隊及自己的扮演的角色缺乏投入。 ·孤立。 ·不會坦誠說出負面看法，但卻公然或私下表現出挫折、沮喪與不滿。

資料來源：編輯部（2002）。〈情緒經濟學：做公司的情緒工程師〉。《EMBA世界經理文摘》，第196期（2002/12），頁81-82。

表2-9　影響工作滿意度的個人因素

類別	說明
工作屬性	擔任的工作符合個人需求與專長，工作滿意度高，否則就低。
角色扮演	行為表現與所擔任的角色兩相符合，也就是角色恰如其分，適才適所，工作滿意度就高；否則，就是角色混淆或衝突，會產生焦慮不安而降低工作滿意度。
組織氣氛	組織氣氛愈融洽，員工的工作滿意度愈高。
組織認同	組織認同亦稱組織歸屬感，是個體融入組織或樂於持續待在該組織的心理傾向。組織認同度是預測員工是否離職的重要指標。
組織限制	組織限制愈多，滿意度愈低。
待遇公平性	工作付出能得到公平的待遇或回饋，滿意度就高。

資料來源：劉信吾（2009）。《組織與管理心理學》，頁125。台北：心理出版社。

(二)工作投入

指個人心理上對工作的認同度，及認為工作績效對其自我價值的重要程度。高工作投入的員工，其曠職率和離職率都偏低。蓋洛普（Gallup）公司在2001年3月前，已經有超過87,000個事業單位，將近150萬員工使用他們發展出的員工投入調查，他們針對這些單位進行跨單位的比較，進而發現員工投入分數較高的單位，有較低的離職率、較高的業績成長、較佳的生產力以及較高的顧客忠誠度等。其他可以證明績效較佳的指標，例如：工程師若對研發工作積極投入，則其成就感較高，不易有曠職或離職的行為表現。

(三)組織承諾

主要探討員工對於公司與組織的認同感，所願意投入的程度與離職的傾向。整體而言，員工的工作忠誠度是成員對組織所表現的情感，一個具有忠誠度的員工，會對組織具有認同感，也會投入更多的心力在工作上，並且不會輕易離職，對於公司的整體效益與利益都會呈現正面的效果。影響成員對於組織承諾的因素甚多，有些屬於個人的因素，如個人本身知覺、職務、思考模式、滿意度、義務感、責任心、動機、主管領導風格等；有些屬於組織因素，如組織結構、組織文化、組織氣氛、組織變革等；有些屬於環境因素，如工作環境、工作條件、工作待遇和福利等；有些屬於制度因素，如組織法令、組織規範等。因此，承諾程度越高，越是好的執行者，其流動率較低，反之則高。

(四)職業認同感

指員工對自己職業的滿意程度並希望終身從事的職業。職業認同感，是指由於個人對職業的認同和情感依賴、對職業的投入，並希望終身從事的職業。

(五)工作疏離

指對工作缺乏興趣，對工作不投入的行為或態度。美國主流魅力領導學者康儂戈（R. N. Kanungo）指出，若是工作無法滿足員工的內在需

求，或在工作中缺乏自主或自我表達的機會時，就會產生工作疏離感，工作滿足與組織承諾越高時，工作疏離感則越低，工作疏離和工作投入是相反的工作態度。

 態度的魔力

個案 2-9

　　若干年前，羅伯特（Robert）博士在哈佛大學主持一項為期六週老鼠通過「迷陣」吃乾酪的實驗，其對象是三組學生與三組老鼠。

　　他對第一組學生說：「你們太幸運了，因為你們將跟一群天才老鼠在一起。這群聰明的老鼠將迅速通過迷陣抵達終點，然後吃許多乾酪，所以你們必須多準備些乾酪放在終站。」他對第二組學生說：「你們將跟一群普通的老鼠在一起。這群平庸的老鼠最後還是會通過迷陣抵達終點，然後吃一些乾酪。因為牠們智能平平，所以期望不要太高。」他對第三組學生說：「很抱歉，你們將跟一群笨老鼠在一起。這群笨老鼠的表現會很差，不太可能通過迷陣到達終點，因此你們根本不用準備乾酪。」

　　六個星期之後，實驗結果出來了。天才老鼠迅速通過迷陣，很快就抵達終點；普通老鼠也到達終點，不過速度很慢；至於愚笨的老鼠，只有一隻通過迷陣抵達終點。

　　有趣的是，其實根本沒有什麼天才老鼠與笨老鼠，牠們全都是同一窩的普通老鼠。這些老鼠之所以表現有天壤之別，完全是因為實驗的學生受了羅伯特博士的影響，對牠們態度不同所產生的結果，學生們當然不懂老鼠的語言，然而老鼠知道學生對牠們的態度。

　　啟示錄：此一實驗證明了態度的神奇力量。你用什麼態度去面對你的人生，你就會有什麼樣的人生。

資料來源：學習電子報，〈態度的魔力〉，http://ibook.idv.tw/enews/enews541-570/enews558.html

　　以往對於員工工作態度（work attitude）的研究，大多針對工作滿足來做探討。然而，工作滿足僅能描繪員工對本身工作的感覺，無法從中探索員工對其組織的態度及工作投入之程度。因此，必須同時針對工作投入、組織承諾、職業認同感和工作疏離予以探討，瞭解員工對組織、職業、工作的投入態度，方能彌補僅對工作滿足做測量構面的缺失，由此來預測生產力、缺勤（曠職）率和流動（離職）率的行為。

結　語

　　工作態度，是對工作所持有的評價與行為傾向，包括工作的認真度、責任度、努力程度等。由於這些因素較為抽象，因此通常只能透過主觀性評價來考評。由於個別差異和人格特質能影響態度，自然兩個人對於一個特殊經驗不會採取相同的方式解釋。所以，公司當局所持的態度常與員工相反，公司希望獲得利潤，否則事業就無法進步，並且只有員工效率高時，才有利潤可賺；而員工只是希望能很輕鬆、很容易的得到工作上的滿足和安全感，並有高的工資可得，這些需要和慾望對雙方的態度都有影響。

第三章

激勵理念

- 激勵觀念
- 内涵理論
- 過程理論
- 增強理論

> 有志者，事竟成，破釜沉舟，百二秦關終屬楚；苦心人，天不
> 負，臥薪嘗膽，三千越甲可吞吳。
>
> ——《聊齋志異》‧蒲松齡

　　管理的本質是處理人際關係，其核心是激勵部屬。如果你能珍惜人才，栽培人才，並讓他們感覺你是真正關心他們的成就，那麼你就能帶領他們一起走向勝利。

　　獎賞、激勵與表揚是鼓舞員工提升工作績效與團結整個組織，以達成目標最有效的方法。西諺說：「把馬兒牽引到水邊是一回事，有沒有能耐讓馬兒飲水卻是另一回事。」如何激發員工潛力，並將之轉變為實際成果，實為任何一個管理者面臨的主要挑戰之一。行為猶如冰山，少部分浮在水面上，稱為知覺行為，埋藏在水下者為不覺行為，如記憶、願望與挫折。激勵是激發員工工作意願並誘導員工的行為朝著積極性、建設性方面進行，以達成組織目標的管理措施。偉大的經理人能鼓舞平凡員工創造非凡績效，懂得喚起員工熱情，使得他們各個渴求成功。

第一節　激勵觀念

　　蘋果電腦（Apple Inc.）的創辦人之一史帝夫‧賈伯斯（Steve P. Jobs）在試圖說服前百事可樂（Pepsi-Cola）執行長約翰‧史考利（John Scully）加入蘋果團隊擔任執行長時，對他說：「想想你的下半輩子，你希望每天汲汲營營地販賣加了氣的糖水，還是願意加入我們一起用創意改變這個世界。」動機與激勵在英文單字裡都是使用同一個字motivation，定義為使個體達到目標的驅動力，而激勵理論（motivation theory）常被用來探討組織行為。

　　motivation一詞是由拉丁字movere衍生而來，其本意為推動（promotion），藉由驅動的力量來指引與支持個人或團體的行動（to move）。後來成為英文的motive，其意思也就被引申為「動機」，也就是

說，每個人的工作行為其內心深處皆有某些動機在推動，最簡單的說法不外是「名」與「利」。從組織的觀點來看，激勵，係指以外在的刺激，激發成員的工作意願和行動，使其能朝向組織預期目標邁進的歷程。

個案 3-1　成功學大師希爾的故事

　　全世界最早的現代成功學大師和勵志書籍作家，曾經影響美國兩任總統及千百萬讀者的成功學大師拿破崙‧希爾（Napoleon Hill）曾這樣說過：當我是一個小孩時，我被認為是一個應該下地獄的人。無論何時出了什麼事，諸如母牛從牧場上逃跑了，或堤壩破裂了，或者一棵樹被神秘地吹倒了，人人都會懷疑：這是小拿破崙‧希爾幹的。而且，所有的懷疑竟然都還有什麼證明哩！我母親死了，我父親和弟兄們都認為我是惡劣的，所以，我便真正成為頗為惡劣的了。

　　有一天，我的父親宣布他即將再婚。大家都很擔心：我們的新「母親」是哪一種人？我本人斷然認為即將來我們家的新母親是不會給我一點同情心的。這位陌生的婦女進入我們家的那一天，我父親站在她的後面讓她自行對付這個場面。她走遍每一個房間，很高興地問候我們每一個人，當她走到我面前時，我直立著，雙手交叉著疊在胸前，凝視著她，我的眼中沒有絲毫歡迎的表露。我的父親說：「這就是拿破崙，是希爾兄弟中最壞的一個。」我絕不會忘記我的繼母是怎樣對待他這句話的。她把她的雙手放在我的兩肩上，兩眼內閃耀著光輝，直盯著我的眼，使我意識到我將永遠有一個親愛的人。她說：「這是最壞的孩子嗎？完全不是。他恰好是這些孩子中最伶俐的一個，而我們所要做的一切，無非是把他所具有的伶俐品質發揮出來。」

　　我的繼母總是鼓勵我依靠自身的力量，制訂大膽的計畫，堅毅地前進。後來證明這種計畫就是我事業的支柱。我絕對不會忘懷她教導我：「當你去激勵別人的時候，你要使他們有自信心。」我的繼母造就了我，因

為她深厚的愛和不可動搖的信心，激勵著我努力成為她相信我能成為的那種孩子。所以，你能用信任的方法激勵別人，但是要正確地理解信任，它是積極的，而不是消極的。

資料來源：許成德、陳達編著（2001）。《員工激勵手冊》，頁17-18。北京：中信出版社。

一、激勵的功能

激勵可以使成員盡心盡力，發揮最大潛能，對組織做出最大貢獻，達到組織永續生存、成長與發展目標。如純對組織而言，激勵可發揮下列四項功能：

1. 激勵及提升成員士氣：對已無士氣可言的成員，激勵可激發出士氣來；對於士氣低落的成員而言，激勵可以提升其士氣。
2. 增進成員的工作滿意：激勵可以使成員從工作中獲得個人需求的滿足，包括生理需求的滿足及成就感等的滿足，因而對所從事的工作感到滿意。
3. 預防及減輕工作的倦怠：對成員的適時激勵，可以預防成員對工作產生倦怠感。萬一成員已產生了工作倦怠，適當的激勵也可以使其倦怠程度減輕或消除，這是激勵的消極功能。
4. 提高成員及組織的績效：激勵可以激發提升成員的士氣，可以增進成員的工作滿意度又可以預防工作倦怠。

這些功能均可以進一步提高成員的工作績效，使組織的績效也隨之提高。《1001種獎勵員工的方法》（*1001 Ways to Reward Employees*）作者鮑伯·尼爾森（Bob Nelson）表示，最好的獎賞方式是直屬上司口頭或書面的感謝或表揚，他主張主管應該經常、且廣泛地讚揚員工，員工將「感激」視為激勵工作表現的首要誘因。

個案 3-2　金香蕉獎的由來

許多年前，惠普科技（HP）的電腦工作小組，為了一個問題無法解決，傷透了腦筋。經過好幾個星期的努力，有一天，一位電腦工程師衝進了他的經理的辦公室，高興地大喊：「找到答案了！」

那位經理也很興奮，一面高聲說：「恭喜！恭喜！你做得真好！」一面想要拿出什麼一點東西來獎勵這位工程師。誰知越是情急，越是找不到適當的東西，等他自己看清楚時，卻發現他由便當袋裡抓出一根香蕉，塞在那位工程師手裡。

當時的情況自然是很好笑，可是，這件事後來卻成為惠普最高榮譽的「金香蕉獎」的由來，專門用來表揚特別有創造性、發明才能的員工。

資料來源：惠普最高榮譽「金香蕉獎」，華文企管網，http://www.chinamgt.com/article. php?id=1774

二、有效激勵的原則

激勵，就是激發人的內在潛力，開發人的發揮能力，調動人的積極性和創造性。激勵是行為的鑰匙，又是行為的鍵鈕，按動什麼樣的鍵鈕，就會產生什麼樣的行為。經理人欲做有效激勵，下列數項原則值得遵循：

1. 瞭解員工需要及期望，並因不同人而適用不同的方法。
2. 建立公平可行的目標，使員工瞭解該做何事及努力的方向。
3. 消除工作內不滿因素，建立成就因素。
4. 關懷員工，使其相信自己對工作有重要的貢獻和價值。
5. 有效運用權威、金錢、工作擴充及目標管理等方法。
6. 提供員工訓練，使其具有完成工作之信心與能力。
7. 公平考核成員並建立合理的報酬系統，以提升成員士氣。
8. 明訂角色任務，加強成員履行角色能力，並明示成員履行角色後可

能達成有價值結果，以提升成員履行角色意願。

從企業的角度來看，激勵制度，係指組織為了達到目標或增進員工的生產力所採行的各種方法。根據美國麻省理工學院（Massachusetts Institute of Technology）史隆管理學院（Alfred P. Sloan School of Management）教授艾德·施恩（Edgar H. Schein）的心理契約（psychological contract）觀點，對激勵必須顧及個人與組織間「施助」、「受助」配合程度之重要性，組織與個人之互動、互利的立場更加明顯。因此，除了財務性激勵外，並融合人力資源管理活動的遴選、任用、考績、訓練、留置、法令、經營哲學及制度等觀念整合而成。

小辭典

心理契約

心理契約（psychological contract）是美國著名管理心理學家施恩（E. H. Schein）正式提出的。他認為，心理契約是「個人將有所奉獻與組織慾望有所獲取之間，以及組織將針對個人期望收穫而有所提供的一種配合。」心理契約是存在於員工與企業之間的隱性契約，其核心是員工滿意度。一般而言，心理契約包含以下七個方面的期望：良好的工作環境、任務與職業取向的吻合、安全與歸屬感、報酬、價值認同、培訓與發展的機會和晉升。

資料來源：台灣Wiki，〈心理契約——心理契約概述〉，http://www.twwiki.com/wiki/%E5%BF%83%E7%90%86%E5%A5%91%E7%B4%84

激勵理論（incentive theory）的發展及分類，可以以1960年前後作為分水嶺，將其分為下列兩類：

1. 早期激勵理論：分別是泰勒的科學管理，以及梅約的霍桑實驗、麥克葛雷格XY理論。

2. 近代激勵理論：共分為三種型態，其一為內涵理論（content theory），主要包含有需求層次理論（need hierarchy theory）、雙因子理論、ERG理論、三需求理論以及成熟理論等；其二為過程理論（process theory），主要包含有期望理論（expentancy theory）、公平理論（equity theory）與目標設定理論（goal-setting theory）三

種；其三則爲增強理論（reinforcement theory）。以權變的激勵觀點言之，這三種激勵理論都有它們的應用價值。

第二節　內涵理論

內涵理論（內容型激勵理論）是以瞭解人類需求的內容爲主。組織可以根據員工的需求而設法滿足之，以達到激勵員工的效果。

一、需求層次理論

近代學者對動機的分類，以馬斯洛的需求層次理論可能是最爲人知，且廣泛地在組織上使用的激勵理論。1954年，馬斯洛在其所著作的《動機與人格》（*Motivation And Personality*）一書中提到需求層次理論，其內涵就是認爲，人的行爲主要是因某一個（組）重要的需求有所匱乏（need deficiency）未獲滿足所致。

(一)生理需求

生理需求（physiological needs）是指身體或生理上的需求，包括對飢餓、食物、水、性、遮風避雨的場所等需求。當這些需求獲得足夠地滿足後，其他層次的需求就會產生且提供個人行爲的動機。組織可能藉由提供基本工資與基本工作環境，如空調及自助餐廳來滿足這些需求。《晉書·陶潛傳》記載：「吾不能爲五斗米折腰，拳拳事鄉里小人邪！」五斗米而折腰，指的是生理需求的滿足。

(二)安全需求

安全需求（safety needs）是指保障個人不受傷害的需求，包括身體安全需求（如避免物理危險的侵害、就業的安定性等）、經濟安全需求（如渴望福利及保險制度的建立，以防不時之需）、心理安全需求（如希望能預知未來環境及瞭解未來環境變化的秩序，以便消除不確定感所帶來的焦慮）。

(三)社會需求（愛與歸屬）

社會需求（social needs）是指每個人都需要他人的認同，包括親情、隸屬、被人接納（歸屬感）、友誼（情）及愛情等。在工作上則希望能被同儕所接納，甚至共同組成正式或非正式團體，此外，還包括對整個組織的認同等。

(四)尊重需求

尊重需求（esteem needs）是指個體希望引起他人注意、受到他人尊敬，並讓他人認知到其重要性的需求，包括自尊心、受賞識感、自主權與別人對自己的尊重。實現尊重感需求，產生自信、聲望與權力。在工作上則以工作績效獲得同僚認同、上司賞識，進而得到升遷來滿足其尊重需求。

(五)自我實現需求

自我實現需求（self-actualization needs）是指個體注重學習及發揮個人長處、發揮自我潛能與創造力，以挑戰自我極限的需求。例如，為了達到最終滿意，音樂家必須創作，藝術家必須繪畫，老師必須教導學生，行政人員必須領導人。組織可能藉由讓成員參與工作計畫、利用成員獨特的技能來從事任務以及放寬組織結構，允許員工的個人成長和自我發展能力等方法來提供成員滿足自我實現的需求。

馬斯洛確定每個人均有這五個需求，其出現在一個特定的順序或模式，當一個需求獲得滿足後，會轉求另一較高層次需求的滿足，亦即需求的滿足是循序漸進的（**圖3-1**）。

二、激勵保健理論

心理學家弗雷德里克‧赫茨伯格（Frederick Herzberg）發展了一個獨特的激勵理論，這個理論以馬斯洛較早期的理論為根基，被稱為激勵保健理論（motivation-hygiene theory）或雙因子理論（two-factor theory）。

赫茨伯格認為，「滿足」的反面並非「不滿足」，消除「不滿足」

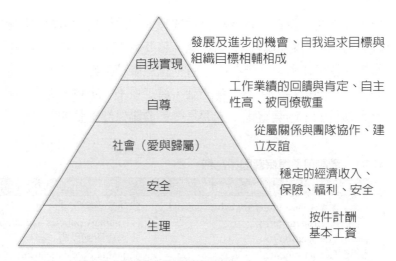

發展及進步的機會、自我追求目標與組織目標相輔相成

自我實現

工作業績的回饋與肯定、自主性高、被同僚敬重

自尊

從屬關係與團隊協作、建立友誼

社會（愛與歸屬）

穩定的經濟收入、保險、福利、安全

安全

按件計酬基本工資

生理

圖3-1　馬斯洛需求層次理論

資料來源：丁志達（2015）。「企業留才與激勵管理實務講座班」講義。台北：中華工商研究院編印。

的因素後並非就是得到「滿足」。他認為滿足（satisfaction）的相反是沒有滿足（no satisfaction），而不滿足（dissatisfaction）的相反是沒有不滿足（no dissatisfaction）。所以，人們的滿足及不滿足被兩個獨立的因素所影響：對於能夠防止不滿的因素，稱之為保健因子（hygiene factors），而對那些能帶來滿足的因素，稱之激勵因子（motivation factors）。

(一)保健因子

又稱工作不滿足因子（job dissatisfiers）：包括組織的政策與行政、督導技巧、與上司（部屬、同事）的和諧關係、地位、工作環境（保障）與報酬等，相近於馬斯洛提出的生理、安全和社會的需求層次，能帶給員工安全感。這些因素與工作只有間接的關係，是工作本身之外且可以預防的（安撫效果）。這些因素若不存在或屬消極性的話，便會引起人的不滿意。

(二)激勵因子

又稱工作滿足因子（job satisfiers）：包括成就感、認同、工作本

身、責任感、讚譽、晉升和自我成長，相近於馬斯洛提出的尊重和自我實現的需求層次能帶給員工滿足感。這些因素與工作有直接關係或隱含於工作中（激勵作用）。這些因素若存在或屬積極性的話，員工便會引起極大的滿意，而這些因素不存在的話，員工並不一定會引起不滿意。在企業界上所推行的工作豐富化，主要是受到激勵保健理論的影響。

表3-1　激勵因子與保健因子比較

激勵因子（motivation factors）	保健因子（hygiene factors）
・成就機會（opportunity for achievement） ・責任感（responsibility） ・認同（recognition） ・晉升（advancement） ・想像力與工作挑戰性 　（creative and challenging work） ・個人在工作上成長的可能性 　（possibilities for personal growth on the job）	・公司政策與管理 　（company policies and administration） ・技術管理的品質 　（quality of technical supervision） ・與上司、同事及下屬的人際關係 　（interpersonal relationships with superiors、peers and subordinates） ・薪資（salary） ・工作保障（job security） ・工作環境（working conditions） ・員工福利（employee benefits） ・工作情形（job status） ・個人生活（personal life）

資料來源：D. C. Mosle, P. H. Pietri & L. C. Megginson (1996: 372)；引自饒瑞晃（1999/12）。
〈激勵保健因素與教師效能關係之研究——以苗栗縣國民中學為例〉，玄奘大學公共事務管理學系九十八學年度碩士在職專班（研究計畫書），http://public.hcu.edu.tw/ezcatfiles/c008/img/img/626/750097109.pdf

三、生存關係成長理論

美國耶魯大學（Yale University）教授克雷頓・阿爾德佛（Clayton Alderfer）提出的生存關係成長理論（Existence Relatedness Growth Theory, ERG），是延續馬斯洛與赫茨伯格之激勵內容理論，像他們的理論一樣，認為人們是有需求的，且這些需求可以被安排成一種層次體系。阿爾德佛指出，人類有三種核心需求：

(一)生存需求

生存需求（existence needs）是指所有各種生理的及物質的慾望的追求與獲得滿足，居於最下層，例如，飲食、衣服與居所。在組織中，對於薪給、福利及工作環境改善的需要都屬於生存的需要，相當於馬斯洛的生理和安全需求。

(二)關係需求

關係需求（relatedness needs）是指在工作場所中滿足適當人際關係所涉及的要素。例如，與同事、上司、部屬、家人及家族建立並維持良好的人際關係，相當於馬斯洛所提出的安全需求、社會需求與部分自尊需求相似。在職場上，透過與他人互動，滿足社交並建立身分地位的慾望，如與同事、上司、部屬間的和諧關係等。

(三)成長需求

成長需求（growth needs）是指涉及一個人努力以求工作上有創造性的，或個人成長方面的一切需求。例如，自我發展、創造力、生產力需求，相當於馬斯洛的自尊需求和自我實現需求。

四、三需求理論

激勵理論的巨匠戴維・麥克利蘭（David C. McClelland）提出了三需求理論（three needs theory）。他認為人分別有成就需求（need for achievement）、權力需求（need for authority and power）以及歸屬需求（needs for affiliation）。需求不同的人有不同的追求方向，因而，他並未提出這三種需求間的層級關係，或激勵與保健的因素。

(一)成就需求

指超越別人，達成目標或創造成功的慾望。高成就需求者與他人最不同的地方，在於想把事情做得更好，能單獨肩負起職責，解決問題，希望馬上得知績效，能自我訂定難度適中的目標。他們不喜歡靠運氣而偏好獨自克服困難的樂趣，中度困難的任務是他們的最愛。組織應該設計一套

良好的激勵制度，對於高成就需求的員工，則回饋、反映其工作績效的報酬並給予肯定。

(二)權力需求

　　指希望控制、影響或指使他人改變行為，以順從自己意志的慾望。高權力需求的人喜歡「發號施令」、影響別人，喜歡具競爭性及階級區別的場合，對於是否能握有影響力及地位的重視程度，遠高於自我績效的要求。由此可知，對於高權力需求的員工，組織可以給予的激勵措施，例如給予具挑戰性的工作、參與決策的權力以及高地位的工作等。

(三)歸屬需求

　　指希望和他人建立和諧親密的友誼，追求友善、重視人際關係的慾望。高親和需求者希望能被他人喜愛及接納。對於高權力需求的員工，組織可以定期舉辦員工旅遊或其他團體聯誼活動（饒瑞晃，1999）。

個案 3-3　沃爾瑪（Wal-Mart）隊呼

　　山姆·沃爾頓（Sam Walton）有一次參訪韓國的網球工廠，他注意到所有工人都一起歡呼。他很喜歡這個想法，回去之後就創造了現在著名的「沃爾瑪隊呼」（Wal-Mart Cheer）。

　　在每個星期六的早上，在阿肯色州（Arkansas）本頓維爾（Bentonville）的總部，總會聚集著幾百個經理和員工來討論公司業務。在這樣的聚會上，沃爾頓就會帶頭歡呼口號，所有員工都會一起放聲大喊好營造出沃爾瑪歡樂的工作氣氛。

　　這是沃爾瑪自己的口號：

　　給我個W！（Give me a W!）

　　給我個A！（Give me an A!）

給我個L！（Give me an L!）

給我顆星！（Give me a Squiggly!）

給我個M！（Give me an M!）

給我個A！（Give me an A!）

給我個R！（Give me an R!）

給我個T！（Give me a T!）

拼起來那是什麼？（What's that spell!）

沃爾瑪！（Wal-Mart）

沃爾瑪是誰的？（Whose Wal-Mart is it?）

沃爾瑪是我的！（It's my Wal-Mart!）

誰最大？（Who's number one?）

顧客最大……永遠都是！（The customer...always!）

資料來源：麥可‧伯格道（Michael Bergdahl），但漢敏譯（2006）。〈沃爾瑪的10大經營智慧〉。《大師輕鬆讀》，第201期（2006/10/26-11/01），頁35-39。

第三節　過程理論

　　激勵的「內涵理論」有助於我們瞭解哪些因素可以激起人們從事某種特定行為的動機，但是對於人們為什麼「選擇」一種特殊的行為模式以達成工作目標所提供的解釋甚少，而激勵的「過程理論」就可以達到這方面的目的。激勵的「內涵理論」試圖想要去定義在工作場所中到底是什麼激勵員工（如升遷、自我實現或是成長）。反之，「過程理論」更關注激勵如何發生，換句話說，他們解釋了激勵的過程。期望理論、公平理論和目標設定理論是三個主要的過程理論，關注組織設定中的激勵途徑。

一、期望理論

　　最早的期望理論，主要來自於先驅心理學家庫爾特・勒溫（Kurt Zadek Lewin）和愛德華・托爾曼（Edward Chace Tolman）。1964年，維克托・佛洛姆（Victor H. Vroom）在《工作與激勵》（*Work and Motivation*）一書中提出來的一種以個人期望為著眼點的激勵理論，又稱作「效價—手段—期望理論」，是管理心理學與行為科學的一種理論。他認為個體對未來尚未發生的事情都有其信念及預想，並預期這樣的行為後能得到所期望的結果，且該結果對於個體具有其吸引力。基於環境資源有限與自身能力，人們對於所追求的事物需要有所排序而形成錯綜複雜的心理歷程，期望理論的發展目的即在探討此種心理歷程。

　　期望理論可溯源至希臘神話比馬龍效應（Pygmalion Effect）。比馬龍（Pygmalion）是塞浦路斯（Cyprus）的國王，他熱愛雕刻藝術，花了畢生的心血，雕成了一個少女像，命名為加拉蒂（Galatea）。因為太美了，比馬龍竟然愛上她，視為夢中情人，日思夜盼，期望雕像是個真人。他的真誠感動愛神阿芙達（Aphrodite，也就是羅馬神話中的Venus），她賦序雕像生命，石雕少女就化成真人，並且成為比馬龍的太太。

(一)期望理論的因素

　　期望理論是以三個因素反映需要與目標之間的關係，強調績效與報償。要激勵員工就必須讓員工明確：個體努力與績效的關聯性（effort-performance linkage）、績效與報酬的關聯性（performance-reward linkage）和報酬與個體目標的關聯性（rewards-personal goals relationship）。說明如下：

◆個體努力與績效的關聯性

　　這兩者的關係取決於個體對目標的期望值。期望值又取決於目標是否合適個人的認識、態度、信仰等個性傾向及個人的社會地位，別人對他的期望等社會因素，即由目標本身和個人的主客觀條件決定。

◆**績效與報酬的關聯性**

　　人們總是期望在達到預期成績後，能夠得到適當的合理獎勵，如獎金、晉升、晉級、表揚等。組織的目標如果沒有相應的有效的物質和精神獎勵來強化，時間一久，積極性就會消失。

◆**報酬與個體目標的關聯性**

　　獎勵什麼要適合各種人的不同需要，要考慮效價。要採取多種形式的獎勵，滿足各種需要，最大限度的挖掘人的潛力，最有效的提高工作效率。（黃伯達導讀，2008）

(二)期望理論公式

　　佛洛姆認為，人們採取某項行動的動力或激勵力，取決於其對行動結果的價值評價和預期達成該結果可能性的估計。換言之，激勵力量的大小取決於該行動所能達成目標並能導致某種結果的全部預期價值乘以他認為達成該目標並得到某種結果的期望機率。用公式可以表示為（煙台大學心理諮詢網，〈什麼是期望理論〉）：

M（**motivation**，激勵力量）＝**∑V**（**valence**，效價）×**E**（**expectancy**，期望值）

M表示激勵力量，是指調動一個人的積極性，激發人內部潛力的強度。
V表示效價，是指達到目標對於滿足個人需要的價值。
E是期望值，是人們根據過去經驗判斷自己達到某種目標或滿足需要的可
　能性是大還是小，即能夠達到目標的主觀機率。

◆**期望值**

　　期望值（expectancy）是個體知覺自己付出的努力之後能達到績效的機率，機率自0至1。這績效稱之為第一層次結果（first-level outcome）。例如，某甲工作努力，他能夠達到高度績效的機率如何？某甲經過主觀盤算後，也許認為毫無可能得到績效，則機率為0；也許他認為一定可以得到績效，則機率為1。

組織行為

◆工具性

工具性（instrumentality）是個體努力達到某特定績效水準時與所期望獲得報酬之間關係的媒介，而這報酬被認為是第二層次結果，其可被定義為人類的需求，如友誼、尊重或認同。

◆效價

效價（valence）是達到目標對於滿足他個人需要的價值。

期望理論強調獎賞，因此組織所提出的酬賞應與員工想要的酬賞一致；期望理論強調預期的行為，員工是否知道上司對其行為的期望，以及是否知道上司會如何評鑑行為。期望理論強調期望，這跟真實的情形或理性的想法無關，員工個人對績效、酬賞與個人目標滿足的期望，將決定他付出多少努力（Robbins著，李茂興譯，2001：85）

站在管理者的觀點，設法提高期望值、工具性和效價三者，都是激勵員工所不可或缺的工作。在提供期望值方面，管理者應審慎選任有能力的員工或施予適當的訓練，將工作任務明確交代清楚，這樣一來，員工才不會徒勞無功；其次，管理者在提高工具性上亦可以有許多的做法，例如，明確指出對應各種績效所能給予的報酬結果、對於公司所渴望的績效提供更優渥的報酬等；最後，在效價的做法上，首要工作就是發掘員工的需求或動機後，設法滿足員工的需求或動機（**圖3-2**）（余朝權，2012：116-117）。

(三)波特、勞勒的期望理論

萊曼‧波特（Lyman Porter）和愛德華‧勞勒（Edward. E. Lawler）以期望理論為基礎導出更完備的激勵模式，以動機來檢視影響員工表現和滿意因素的概念，並在1973年由勞勒做若干修正而完成。

這一模型假定，如果績效導致平等的報酬，人們會更滿足，這樣，績效就可以產生滿足。所以，經理人必須確定任何包含報酬的激勵系統必須對所有的人都是公平合理的。

個人根據過去的經驗而對未來的期望建立了他的激勵強度，其主要變數包括努力（effort）、績效（performance）、報酬（reward）與滿足

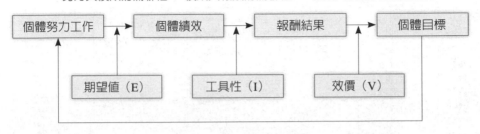

圖3-2　期望理論之模型

資料來源：丁志達（2015）。「企業留才與激勵管理實務講座班」講義。台北：中華工商研究院編印。

（satisfaction）。個人在工作上的努力，往往會考慮努力工作的結果是什麼？所得到的報酬有什麼吸引力？努力工作後有可能得到我所應得的報酬嗎？例如，組織按年資升級，值得我再努力工作嗎？其次，一個人努力工作就會有良好的績效表現嗎？他個人的能力與特質是什麼？他所採取的工作方式對工作績效有幫助嗎？這種績效與所得的內外在報酬是否合乎預先的期望。

二、公平理論

公平理論（equity theory）係由約翰・亞當斯（John S. Adams）所提出。公平理論側重於研究工資報酬分配的合理性、公平性及其對員工生產積極性的影響。人們總會自覺或不自覺地將自己付出的勞動代價及其所得到的報酬與他人進行比較，並對公平與否做出判斷。公平感直接影響員工的工作動機和行為。因此，從某種意義來講，動機的激發過程實際上是人與人進行比較，做出公平與否的判斷，並據以指導行為的過程（圖3-3）。

在公平理論中，投入是指一個工作人員促進或投入工作上的努力、技能、智慧、教育及工作績效等；而結果，則是指從任務完成所獲得的有形與無形的報酬，例如：薪資、升遷、褒獎、成就及地位等。公平理論確信員工有某些信念，他們相信工作的結果，是藉由他的投入所獲得。工作

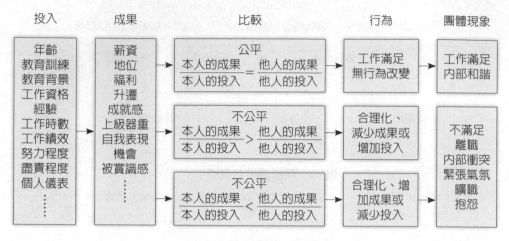

圖3-3　公平理論的模式

資料來源：黃賀（2013）。《組織行為：影響力的形成與發揮》，頁142。新北市：前程文化事業出版。

的結果和員工認為是工作表現成效的所有事物相關，像薪水、工作情形、賞識、責任等等。

根據公平理論的說法，當員工感到不公平時，可能會產生下列六種反應：

1.改變自己的付出（inputs）。例如：不要太賣力投入工作。
2.改變自己的報償（outcomes）。例如：若是按件計酬的薪給下，員工會增加產量，但同時降低品質。
3.扭曲對自己的認知。例如：以往我總是以為自己的工作步調適中，但至今終於瞭解自己是比別人勤快多了。
4.扭曲對他人的認知。例如：張三的工作其實不如想像的那麼好。
5.改變參考對象。例如：我賺的錢也許沒姊夫多，但我比爸爸當時強多了呢！
6.離開現今的工作。例如：離職求去。（Robbins著，李青芬等譯，1995：334-335）

個案 3-4　調薪不公　掛冠求去

　　傑克‧威爾許（Jack Welch）在1960年於伊利諾大學取得化工博士學位以後，同時獲得了三份工作，而在這些工作當中，他選擇了奇異（GE）公司。

　　在奇異公司，雖然他創造了一種非常快速的流程，可是在他工作第一年的年終時，奇異公司卻只為他加了一千美元的薪水，原因何在？因為無論表現得好與壞，每個人都獲得了相同的加薪。於是相當憤慨的威爾許便毅然決然地辭去了工作，接受了位於芝加哥的國際礦物化學（International Minerals & Chemicals）公司提供的職位，準備跳槽。然而就在他預備動身的那一天，奇異公司的副總裁魯賓‧古特夫（Ruben Gutoff）便以更高的職位與薪水誘使他重新回到奇異公司來上班。

資料來源：丁志達（2015）。「薪資設計基礎與管理」講義。台北：中華民國職工福利發展協會編印。

　　主管應用公平理論激勵部屬時，應瞭解部屬對於其工作投入與工作結果的比較狀況，並協助其做合理的判定。如果發現部屬確實處於不公平狀況時，應予以適當的調整補救，使他願意在覺得公平合理的情勢下，接受激勵、選擇可以達成組織目標的行為（黃煥榮編，北市教大公共系行政學講義）。

三、目標設定理論

　　1963年代末期，美國馬利蘭大學（University of Maryland）心理學教授愛德溫‧洛克（Edwin A. Locke）利用社會心理學家勒溫（Kurt Lewin）所提抱負水準（level of aspiration）之觀念延伸，建立目標設定理論。此理論的基本概念是：明確的、困難的、且可達成的目標將會比一般的目標更能增加其績效。

老鷹餵食的原則

　　老鷹是所有鳥類中最強壯的種族，根據動物學家所做的研究，這可能與老鷹的餵食習慣有關。老鷹一次生下四、五隻小鷹，由於牠們的巢穴很高，所以獵捕回來的食物一次只能餵食一隻小鷹，而老鷹的餵食方式並不是依平等的原則，而是哪一隻小鷹搶得凶就給誰吃，在此情況下，瘦弱的小鷹吃不到食物都死了，最凶狠的存活下來，代代相傳，老鷹一族愈來愈強壯。

　　啟示錄：這是一個適者生存的故事，它告訴我們，「均等」（同工同酬）不能成為組織中的公認原則，組織若無適當的淘汰制度（按件計酬），常會因小仁小義而耽誤了進步，在競爭的環境中將會遭到淘汰。

資料來源：中鋁網，〈管理寓言故事：老鷹喂食〉，http://big5news.cnal.com/management/07/2013/12-04/1386148454355265.shtml

---

小辭典　抱負水準

　　抱負水準，是指一個人在從事某段工作之前，對於其可能成就的預期水準。例如由學生在考試前對自己成績的預估，可以看出學生對自己的抱負如何。抱負水準會影響一個人對目標的設定。一個人在某方面的抱負水準並非一成不變，可能根據自己成功和失敗的經驗來調整其抱負。激勵抱負水準的方式很多，如設定個人目標、闡明學習價值、多給予挑戰、培養個人興趣、滿足情感需求、多給予口頭稱讚、利用增強作用等。

資料來源：國家教育研究院，〈抱負水準〉，http://terms.naer.edu.tw/detail/1306458/

根據此項理論試驗，所得結論為如下數項：

1.組織必須訂定目標以激勵員工和導引其行為。
2.訂定目標最好亦由執行人員參與。

3.具挑戰性之目標最具激勵作用，目標之訂定不能以能力不足者爲準。

4.目標應時加檢討並注意其進度。（吳秉恩，1991：82）

　　舉例來說，當個體被要求解決問題時，被要求「盡你所能解決八成難題」的人，會比只被要求「盡你所能解決問題」的人會有更好的表現。那是因爲明確的目標讓人們知道該怎麼去做，因爲人有去瞭解自己行爲的趨向，而具體的目標將會引導個體去評估自身的表現，進而增加行爲的自我控制，而目標的難度與績效存在著線性關係，也就是說，當目標的難度越高時，績效就會越好，這是因爲人們可以根據不同的任務難度來調整自己的努力程度（**圖3-4**）。雖然如此，如果個人覺得目標太過困難無

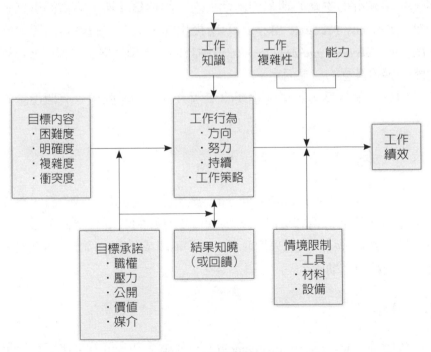

圖3-4　目標設定程序

資料來源：黃賀（2013）。《組織行爲：影響力的形成與發揮》，頁139。新北市：前程文化事業出版。

法達成時卻很容易放棄目標，甚至連嘗試都不嘗試。關鍵績效指標（Key Performance Indicators, KPI）中的SMART原則，就是一個很好的應用，也就是說當目標是具體的（Specific）、可測量的（Measurable）、可達成的（Attainable）、實際可行的（Relevant）且具有時間性（Time-based）的話，更能增加個體的工作表現（台北市私立育達高職，〈目標設定理論的潛在問題〉）

 ## 第四節　增強理論

目標設定理論以認知的角度來解釋行為，認為人的企圖心會引導他的行為；而增強理論正好相反，認為行為的結果才是影響行為的主因，是由新行為主義心理學的創始人之一的伯爾赫斯‧弗雷德里克‧斯金納（Burrhus Frederic Skinner）所提出的。他在《超越自由與尊嚴》（*Beyond Freedom and Dignity*）一書中認為，人類行為的學習或終止依行為能否獲得滿意的結果而定。

增強理論認為，可以強化或改變個人行為的增強至少有四種基本類型：

一、正增強

正增強（positive reinforcement）應用於一定的反應或行為，可以增加個人重複特定行為的可能性。每當員工有好的表現時就給予讚許或獎勵，員工會再用好的表現來換取下一次的稱讚或獎勵。例如：每個月上班全勤，便給予全勤獎金。

二、負增強

負增強（negative reinforcement）在於強化某一能夠使厭惡性結果停止的行為反應。員工會提高工作效率，以避免主管的責難，或不再加班、拖延工作，來換取主管的讚美。例如：每個月皆未請假時，全勤獎金就不會被取消。

個案 3-6　海豚表演

　　海洋世界的海豚每完成一個表演動作就會獲得一份自己喜歡的食物，這是訓練魚類的訣竅所在。人也一樣，如果員工完成某個目標而受到獎勵，他在今後就會更加努力地重複這種行為。這種做法叫行為強化。對於一名長期遲到三十分鐘以上的員工，如果這次他只遲到二十分鐘，管理者就應當對此進行讚賞，以強化他的進步行為。這種行為將在員工中產生激勵作用。

資料來源：丁志達（2015）。「企業留才與激勵管理實務講座班」講義。台北：中華工商研究院編印。

三、懲罰

　　懲罰（punishment）的措施是用來減少個人重複做組織所不希望的行為反應者。員工出現不佳的表現時就給予責難或處分，員工會降低這種不好的行為，以避免下一次換來責難或處分。例如：上班遲到要扣發績效獎金。

四、消弱

　　消弱（extinction）是對於以前的一種滿意行為反應不予積極增強，因而減少該行為或反應的出現。員工在會議中發表一些無關會議主題的事時，他會期望有主管能熱烈的反應，但當主管不理會他這個行為時，該員工就會降低這種自討沒趣的行為（因為當他再發表這些言論時，不會有人理會他）。例如：每月遲到超過三次，全勤獎金就無法領取。

　　上述四種增強類型的目標，均在改變個人行為，使它們對組織有利。主管利用增強理論激勵部屬時，必須依據部屬的行為及績效，適當的選擇一種或合併數種類型，權變地予以應用（**圖3-5**）。

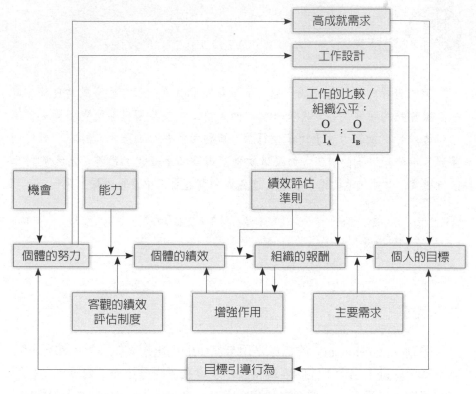

圖3-5　近代激勵理論的整合

資料來源：Stephen P. Robbins、Timothy A. Judge合著，黃家齊、李雅婷、趙慕芬編譯
（2014）。《組織行為學》，頁247。台北：華泰文化出版。

結　語

　　1991年到1993年短短三年之間，國際商業機器公司（IBM）損失將近
一百六十億美元，部分原因是IBM長期以來缺乏責任歸屬，成了一家提供
「鐵飯碗」的公司。1993年，IBM的董事會將公司的領導權交給路·葛斯
納（Lou Gerstner）。在他剛上任時，他改變公司的配股制度：獎勵優良
的績效表現，而在舊體制下保護那些資深管理階層的核心領導則不復存
在。為了消弭員工抵抗變革的阻力，葛斯納到各地分公司造訪時都會與員

工會面並解釋他的做法。

　　在變革時，葛斯納展現了其執行的魄力與激勵他人的能力，使組織的潛力發揮到最大；他親自參與業界的活動、與顧客見面，充分運用優異的口頭溝通能力。到了1994年，IBM已轉虧為盈，接下來五年公司表現持續強勁，成為二十世紀最驚奇的扭轉乾坤，反敗為勝。激勵成效包含以下三個階段：首先，應設立切合實際的目標和動機；再者，重視鼓勵；最後則是獎懲考核。領導者在激勵他人時要注意在任務進行中和結束之後，都要頌揚團隊所付出的努力和成就，且別用自己做不到的標準去要求別人（郭瑞祥，〈領導與影響力的七大要素〉）。

第四章

組織系統

- 工作設計
- 組織設計
- 組織型態
- 組織文化

> 一個企業完美的平衡只存在於其組織結構圖之中。一個活生生的企業總是處在一種不平衡狀態中，這裡增長，而那裡收縮；這件事做得過火，而那件事又被忽略。
>
> ——管理大師彼得·杜拉克（Peter F. Drucker）

組織（organization）是一群具有相同目標的人所組成的團體，他們將所要完成的目標、所要辦理的各項工作加以分類，劃分成若干階層及部門，再按照需要，配置適當的人員分別進行，最後把各部門及工作人員的權力、責任關係具體表明，使他們能分工合作，相互配合，達成組織目標。人道主義者拉法葉·賀伯特（Lafayette R. Hubbard）說：「組織是找出所有要做的事情，將各項活動歸列於不同職位工作中，找出適當的人執行。只要一個人清楚並且戴好自己被指派的帽子（職務的象徵，各職位的頭銜及工作），也知道其他人的帽子在負責什麼時就知道如何配合。任何事就會成功順利進行，這便是組織的祕密。」

自有人類即有組織，雖然人創造了組織，在組織中工作卻也經常受制於組織，並受到組織結構與工作環境的種種影響，產生各種不同的行為結果。良好的組織設計對於員工的能力發揮、工作意願、服務績效提升等都有決定性的影響作用。

鴻海集團創辦人郭台銘曾表明他心目中的好主管應該要做的事情，一是訂策略，二是架組織，三是布人力，四是建系統。所以，組織設計必須與公司的使命、願景對準，能夠促成策略與目標的達成，當公司策略與目標改變時也就是組織發展之時（**圖4-1**）。

第一節　工作設計

企業之所以形成，是招募一群「志同道合」的人一起工作，致力於達成共同的目標。在人力資源管理中，工作設計是組織運作的基礎。透過工作設計，我們可以將組織達成目標所需的所有活動加以統整，瞭解

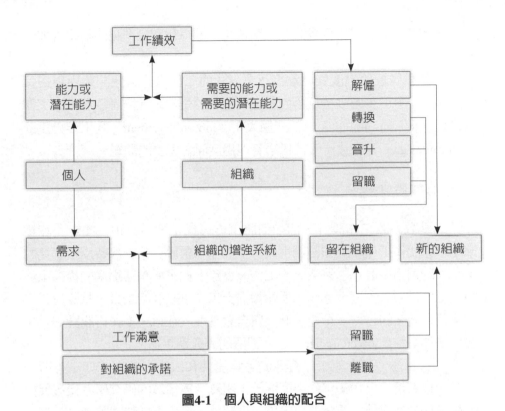

圖4-1　個人與組織的配合

資料來源：J. Wanous (1978). Realistic job previews: Can a procedure to reduce turnover also influence the relationship between abilities and performance? *Personnel Psychology, 31*(2). 引自張火燦（1996），頁127。

在組織中有哪些工作需要運作（what）、如何運作（how）、由誰運作（who）、何時運作（when）以及在何處運作（where）等基本問題，並進一步尋找適合的人來完成這些工作。

一、工作設計之意義

工作設計（job design），乃是爲增進員工工作品質、追求效率及提升生產力，達到個人所追求的工作滿足、激勵及成長，以配合組織目標、個人職位及工作特性之細部作業設計。在早期研究中並未明確提及工作設計的概念，直至1911年科學管理學派學者泰勒提出利用設計工作的方法追

求組織成果，並提出工作專業化、系統化、簡單化和標準化的科學管理四原則。

　　由於科學管理過度強調重複及單調化的工作方式，便開始出現使員工無趣、滿意度低及動機低落的管理問題。於是，研究學者欲尋求以工作豐富化（job enrichment）、工作擴大化（job enlargement）及工作再設計（job redesign）等方式，改善科學管理過度簡化產生的問題。

二、工作特性模式

　　泰勒致力於工作設計，即如何將工作專業化、系統化、簡單化和標準化，以提高工作績效和組織生產力；然而，對於科學管理持反對意見的學者則認為過度簡化、專業化的工作，實際上並未如預期那樣的提高生產力和工作績效。因而，這些學者陸續提出工作再設計的主張，試圖使其工作上獲得更大的自尊、創造、發展與自我實現。在這些工作再設計中，主要以工作特性（job characteristics）相關的研究為焦點。

　　工作特性，是指與工作有關的各種屬性和因素，亦即工作本身所具有的各種特性。自1960年代中期開始，組織行為領域的研究學者便發展出各種工作特性理論，希望能界定出工作特性，找出不同特性的結合是如何形成各種工作，並進一步瞭解這些工作特性是否具有激勵作用，對於員工績效與工作滿意又會產生何種影響。

　　工作特性模式（Job Characteristics Model, JCM）的研究，是依據美國心理學家弗雷德里克‧赫茨伯格的雙因子理論而來，強調員工與工作之間的心理上的相互作用，並且強調最好的工作設計應該給員工以內在的激勵。哈佛大學組織心理學教授理查‧海克曼（J. Richard Hackman）和歐德漢（G. R. Oldham）提出，工作特性模式有五項核心構面，分別是技能多樣性（skill variety）、工作完整性（task identity）、工作重要性（task significance）、工作自主性（task autonomy）及工作回饋性（task feedback），以分析這些工作特性對員工的工作動機、工作績效及滿意度的影響（圖4-2）。

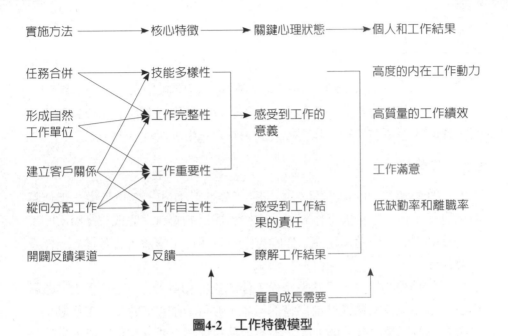

圖4-2　工作特徵模型

資料來源：T. L. Leap & M. D. Crino (1989). *Personnel/Human Resource Management.*
　　　　Macmillan, p.145；引自張一弛編著（1999）。《人力資源管理教程》，頁57。
　　　　北京：北京大學出版社。

1.技能多樣性：需要運用多種不同的技術、能力或知識的程度。
2.工作完整性：需要在生產過程中從頭到尾執行工作的程度。
3.工作重要性：覺得工作重要的程度。
4.工作自主性：安排不同工作、如何做工作的自由程度（或自由裁決程度）。
5.工作回饋性：可清楚而直接提供工作績效資訊的程度。

工作特性影響工作者的心理狀態為：

1.技能多樣性、工作完整性、工作重要性：使員工覺得工作有意義。
2.自主性：使員工對工作的結果負責。
3.回饋性：使員工知道工作對他人的影響。

管理者滿足員工上述的心理狀態就會有更高的激勵作用。

三、工作設計之類型

工作設計，是指將工作組織化並對個人或團隊指派特定工作活動，以達成組織特定目標的一種程序。如果管理者想要重新設計工作或改變員工工作時，主要有四種工作再設計的方法可選擇。

(一)工作輪調

工作輪調為1960年代興起的一種工作設計方式，是員工從一工作轉換到另一工作，以拓展工作經驗。由於更廣泛的知識在完成較高層次的工作時是必需的，而藉由輪調工作的方式可以使員工瞭解各式各樣的工作及其關係。

工作輪調的好處，不外乎減少工作的無趣和單調性、工作壓力、離職和缺席率及減少累積性外部傷害的發生，亦可增加員工創新、工作動機、生產力以及因應改變的能力等。組織可藉由輪調方式增加員工所擁有的技能及責任，並使得組織得以在某些員工缺勤或突然離職之情況下，於調配員工上具有彈性，具備良好彈性的組織便更能因應環境的劇烈變化。

工作輪調亦擁有工作豐富化的優點，兩者主要的區別，在於工作輪調由個人單一工作層次的設計，轉而擴展至跨工作、跨部門的工作設計，使得員工工作內容的多樣性是隨輪調的單位而增加，亦可視為一種交叉訓練的方式，這可使員工習得多元化的知識技能，並得以進一步訓練發展。

(二)工作擴大化

工作擴大化的做法，是擴展一項工作，包括任務和職責，但是這些工作與員工以前承擔的工作內容非常相似，只是一種工作內容在水平向上的擴展，不需要員工具備新的技能，所以並沒有改變員工工作的枯燥和單調。

(三)工作豐富化

工作豐富化是指在工作中賦予員工更多的責任、自主權和控制權。工作豐富化與工作擴大化、工作輪調都不同，它不是水平地增加員工工作的內容，而是垂直地增加工作內容。這樣，員工承擔更多的任務、更大的

責任，員工有更大的自主權和更高程度的自我管理，還有對工作績效的回饋（張一弛編著，1999：55-56）。

(四)團隊爲基礎的工作設計

　　目前在企業組織中以團隊爲基礎的工作設計（team-based work design）越來越常見，主要是因爲企業常藉以團隊爲基礎的工作設計方式建立員工參與關係，團隊員工可參與組織內部決策，提高對工作的自主性，且透過與他人相處，進行多樣性的意見交流，便可從中獲得工作滿足，促進優良的績效表現。

　　團隊的設立有助於組織結構的扁平化以及分權決策的執行，使組織更有彈性地回應市場變化、面對競爭；再者，團隊形式無疑是讓員工學習成長、組織知識創造最好的一個執行單位（**表4-1**）（劉念琪、謝怡甄，〈工作設計與員工滿意及員工績效之關聯〉）。

表4-1　身心障礙者職務再設計改善項目

項目	說明
改善職場工作環境	指為協助身心障礙者就業所進行與工作場所無障礙環境有關之改善。
改善工作設備或機具	指為促進身心障礙者適性就業、提高生產力，針對身心障礙者進行工作設備或機具之改善。
提供就業輔具	指為恢復、維持、強化或就業特殊需要所設計、改良或購置之輔助器具。
改善工作條件	包括提供手語翻譯、視力協助、改善交通工具等有關活動。
調整工作方法	透過職業評量及訓練，按身心障礙者的特性分派適當的工作，包括工作重組，使某些職務適合身心障礙者作業、調派其他員工和身心障礙員工合作、簡化工作流程、調整工作場所等，並避免危險性工作等。

資料來源：全國就業e網——身心障礙者專區，http://www.ejob.gov.tw/special/disability/Content.aspx?Item=0&ZonFunCde=20070629182015LATLQX

第二節　組織設計

當我們談到組織時，實際上包含了兩個觀念，分別是組織設計（organizational design）和組織結構（organizational structure）。組織設計，指的是設計組織間部門與成員分工合作關係的活動，一般採用動名詞 organizing，即指組織設計是管理功能之一，至於組織結構，指的是組織設計的結果，述明了組織內部劃分的狀況、各部門的指揮與隸屬關係，通常以組織結構圖（organization structure chart）來呈現。

一、組織設計考量的因素

由於新知識經濟的來臨，企業中的工作設計方式開始與組織設計概念相連結，不再是只著重於個人或單一層次的工作設計，轉而逐漸從全面性的組織觀點考量。

對大多數企業來說，組織設計既不是科學，也不是藝術，極少出自有條不紊的系統化規劃，而是逐漸發展而成的。

從事組織的設計工作，必須考慮幾項重要的內容：工作專業化、部門化、層級指揮系統、權威／責任／義務、集權與分權、業務及幕僚角色、控制幅度等。

組織設計是一個動態過程，包含了眾多的工作內容。組織為了回應外在與內在環境的需要，進行組織結構的建立及調整以達成目標。

組織設計必須考量的相關因素包括有：

1. 設計的相關情境因素：包括資訊科技、社會環境、任務環境、技術能力、可資利用的資源、個別員工的資源等。
2. 結構因素：指組織的外形（控制幅度、組織或單位的規模）、集權或分權（決策者的地理位置）、部門或單位的分類集合、業務及幕僚的區分。
3. 運作特性：包括了工作專業化、工作界定、正式化、權威的分布、責任、義務、控制程序等項特性。

4.影響的行為結果：包括員工個人的工作滿足、流動、缺勤、忠誠、
衝突、焦慮緊張及全面的績效等。（**表4-2**）

二、組織設計結構因素

組織，是指將工作分類後，賦予管理人員權責並建立完善溝通
體系以達成企業目標；而組織結構，是指靜態的制度特質，例如權責
分配、命令體系、層級節制、溝通體系以及協調設計等組織的結構因
素，主要包括複雜度（complexity）、專精化（specialization）、標準化
（standardization）、正式化（formalization）、集權化（centralization）及
專業化（professionalism）等構面。

(一)複雜度

指的是組織分化的情形，通常又可分為水平分化（指組織最基層單
位的多寡）與垂直分化（指組織垂直層級的數目）。水平單位越多，表示
組織分工細密，每一個單位或個人的專業領域狹窄，又有人稱之為專業化
程度，其所需要的溝通也就越多；垂直層級越多，組織中的溝通管道就越
複雜，人員和活動的指揮與協調就越困難。

表4-2　組織的原則

類別	說明
目標協調原則	指組織成員個人目標與組織目標必須互相協調。
授權原則	指將決策授予部屬，充分授權。
絕對責任原則	指部屬接受授權之後對主管應負有絕對責任。
權責相稱原則	指部屬所負的責任應與接受之授權相稱。
統一指揮原則	指命令與指揮應求統一，以期分工合作，發揮組織功能。
最少層次原則	指以最少層級收到最大工作績效。
管理幅度原則	指主管可直接監督的人數。
效率原則	指建構組織以最小成本收到最大效益原則。
彈性原則	指組織運作應預留彈性調整空間。
簡化原則	指組織結構應力求簡化、避免權責重複。

資料來源：黃深勳。《組織變革——組織發展核心價值：Hospitality》，頁56-57。台北：
國立中正紀念堂管理處出版。

(二)專精化

指組織中分工的精細程度。工作的專精化，有助於人員的訓練，可以讓工作者很快地學習到需要的技能，且因為反覆地做類似的程序，所以非常熟練，如果加以好的流程組合，就可以用極高的效率完成整個工作。但如果專精過細時，很可能產生乏味、疲憊、壓力、低品質、曠工率增加、績效降低及高流動率等問題，反而會降低工作的效率。

(三)標準化

指遵循標準程序和規則的程度。對於特定工作的執行，制訂一致的規則、程序與方法，使不同的人執行相同的工作時有同樣的執行方法與程序。

(四)正式化

指組織用正式的規章制度來規範組織作業與員工行為的程度。作業手冊、作業程序以及各種辦法、規定、規則、準則等越多，表示對作業與員工的行為規範越多，組織成員之間的行為就越趨向一致，其組織就越正式。

(五)集權化

指組織中決策權的主要位置所在。高階主管掌握的決策權越多，集權化程度就越高，如果將大多數的決策權下授給中、基層主管，組織的集權化程度就越低（盧昆宏，〈組織結構〉）。

(六)專業化

指組織中人員整體的專業能力水準，亦即功能和角色的專業化程度。通常以員工受教育的平均年數來衡量。專業化程度，代表組織面對環境變化時組織的創新潛力，在面對非例行性的工作型態，可以解決非例行性的問題，所以，現代的組織對於專業化程度越來越重視（溫金豐，2009：42-48）。

三、組織設計的步驟

組織設計，指對組織結構的設計，也就是設計組織的結構。通常可分爲以下幾個步驟：

1. 工作劃分：根據目標一致和效率優先的原則，把達成組織目標的總的任務劃分爲一系列各不相同又互相連續的具體工作任務。
2. 建立部門：把相近的工作歸爲一類，在每一類工作之上建立相應部門。這樣，在組織內根據工作分工建立了職能各異的組織部門。
3. 決定管控幅度：管控幅度，就是一個上級直接指揮的下屬人數。組織應該根據人員素質、工作複雜程度、授權情況等合理地決定管理幅度，相應地也就決定了管理層次和職權、職責的範圍。
4. 確定職權關係：授予各級管理者完成任務所必需的職務、責任和權力，從而確定組織成員間的職權關係。
5. 透過組織運作不斷修改和改善組織結構：組織設計不是一蹴而就的，是一個動態的不斷修改和完善的過程。在組織運作中必然暴露出許多矛盾和問題，也會獲得某些有益的經驗，這一切都應作爲回饋信息，促使管理者重新審視原來的組織設計，酌情進行相應的修改，使其日臻完善。（張德主編，2001：53-54）（**表4-3**）

四、良好組織的基本特徵

組織是一個社會實體，由兩個以上的成員組成，經過密切的協調與整合，以回應環境的需求，完成共同的目標。

良好組織的基本特徵，有下列幾點值得注意：

1. 訂定組織流程圖，使各項經營活動得以順利地加以計畫、督導及控制。
2. 清楚地區分各部門的業務活動範圍。
3. 訂有公平合理的人事管理制度。
4. 組織內每一位成員都瞭解自己的角色、執掌及相互的關係。

表4-3　組織原則的運用

類別	說明
業務的歸類	・將業務性質與功能相同的工作予以歸類而設置必要的組織部門（除非工作性質及功能確有不同，否則不應另設置部門）。 ・所設置部門之功能必須具體，不可與上級部門的功能混淆，其目標也不可太籠統。 ・組織中的每一成員應該僅對一位上司負責。 ・要確定各該部門最適當的管控幅度。
職權與責任	・每個人的職掌必須劃分清楚。 ・賦予責任時，相對地亦需授以適當的職權。 ・組織層級的數目應儘量減少。 ・從最高階層到最低階層，職權與責任的隸屬關係線必須清楚地予以連貫。
工作關係	・工作上的關係必須明確而切實。 ・隸屬的關係應與所擔負的職責相一致。 ・上司應對部屬行為與職責負全部責任。 ・組織的運作應有培養未來領導人才的作用。

資料來源：英國安永資深管理顧問師群著，陳秋芳主編（1994）。《管理者手冊》（新版本），頁53。台北：中華企業管理發展中心。

5.能夠避免業務的重疊，並能消除不必要的業務。

6.對於成本、預算及人力的分配與控制有具體的規定辦法。

7.訂有客觀之衡量標準來評估目標達成率、獲利率、成本節省程度等績效項目。

8.具有提供必要資訊及上級命令的溝通管道，以協助各級人員有效執行所指派的任務。

9.使員工具有認同感及歸屬感而保持高昂的士氣。

10.對外在環境的變化或壓力（例如：出現新的競爭產品、價格變動、勞工短缺等），能夠迅速因應。（英國安永資深管理顧問師群著，陳秋芳主編，1994：54）

 # 第三節　組織型態

　　企業在設計組織結構時，應先考慮若干問題，例如：最高管理階層是否想管理得緊一點、營運的規模如何、產品的多樣性程度如何、中階管理人員的素質如何、營業地區的分布情形如何等等，然後，才能選擇最適合的組織型態。

　　近代社會學之父馬克斯・韋伯的理想型科層組織即認為——組織應該要有高度的專業分工、要有層級節制的指揮系統等。所有的科層體制（bureaucracy）均具有下列六項特徵：

1.工作的分配基於功能專門化。
2.有嚴密規定的權威階層。
3.工作人員的權力及責任均有明確的法律規定。
4.工作的處理程序有正式的規定。
5.人與人之間公事公辦的非人情化傾向。
6.任何升遷均建立檔案，排資論輩。（高強華，n.d.: 180）

　　但是，這種傳統的組織設計理念最大的缺點，就是忽略了組織外在的環境因素對組織運作的影響，以及人性的因素與組織之間的互動性，因為組織層級愈多，會花愈多的時間做決策，而且資訊也易被扭曲。

小辭典

官僚主義

　　奇異（GE）公司前總裁傑克・威爾許稱官僚主義（bureaucracy）是：「制度行為中的德古拉（Dracula）」。德古拉是一種專嗜人血的怪物，意思是說，即便用木椿刺穿他的心臟，他還會死而復生地再爬起來。威爾許克服官僚主義的經驗主要有三：一是要認識官僚主義的危害性；二是要運用群策群力原則，快速啟動有意義的對話；三是要承認，即使在最好的組織中也會有官僚主義的存在。

編輯：丁志達。

一、功能式組織

功能式結構（functional structure）是將相同專業的工作集中在一個單位或部門，人員各司其職，是一種專精化或強調分工的組織結構，例如：工程、銷售、人力資源、財務及製造等部門。這些功能部門因爲經常執行相似的專業任務，所以通常對於專業能力的學習與應用機會增加，可以有效率地執行任務。

二、事業部組織

事業部結構（divisional structure）是將多種不同功能或專長的人集中在一起，以滿足特定產品、經營區域，或是不同的顧客特性提供更佳的服務需求的結構，因爲對這些特定需求的回應比較複雜，所以爲了有效率地整合不同專長的人，會將他們集中在一起，而經過整合的部門稱之爲事業部。爲了收整合之效，往往在每個事業部會包含許多不同功能，而各事業部內部則可能仍以功能式架構運作，以追求效率。

事業部組織是把政策制訂與行政管理分開，政策管制集權化，業務勞動分權化。企業的最高管理階層是企業的最高決策管理機構，以實行長期計畫爲最大的任務，集中力量來研究和制訂公司的總目標、總方針、總計畫以及各項政策。事業部的經營活動，只要在不違背總目標、總方針、總計畫的前提下是完全的自主的經營單位，可以充分發揮自己的主觀能動性。

三、矩陣式結構

許多結構龐大的組織，爲了從事一些跨越功能或部門的工作，突破科層結構橫向協調的不足，亦會在組織中插入一些結構體，以達到因應環境挑戰的目的，這就是矩陣式結構（matrix structure），爲一種專案管理（program / project management）式的組織。

個案 4-1　廣達電腦組織架構

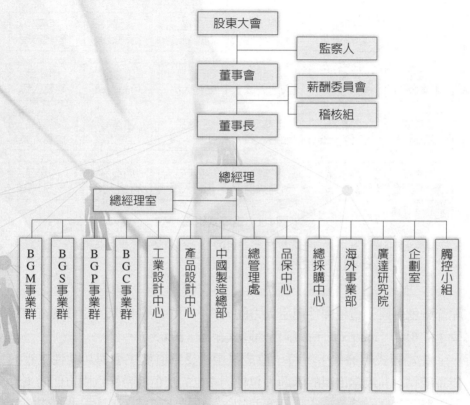

備註：BGM事業群：督導特定市場區隔筆記型電腦事業部及測試中心之運作
　　　BGS事業群：機構模組之設計及生產
　　　BGP事業群：督導特定市場區隔筆記型電腦事業部及多媒體事業相關產品事業之運作
　　　BGC事業群：督導廣達創意中心及其他終端電子產品事業部之運作
資料來源：廣達電腦，http://www.quantatw.com/Quanta/chinese/about/organize01.aspx

　　矩陣式結構，是以功能別和產品別為兩個主軸形成的組織型態，結合兩方的優點，也就是同時具有功能別組織的專業性，產品別的市場適應性，但它不是一種常態性的設計，只有當組織需要處理新的、技術化的產品或功能時的臨時性成立的專案小組負責執行設計，當任務完成時，此矩

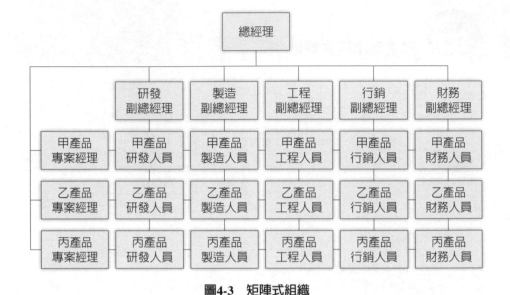

圖4-3　矩陣式組織

資料來源：吳復新、孫本初、許道然編著（2010）。《組織變革管理與技術》，頁173。新
　　　　北市：國立空中大學出版。

陣部分就歸建。這種彈性運用人力的方式，因所繪製出來的組織圖有如數
學上的矩陣（matrix），故稱為矩陣式組織（**圖4-3**）。

　　在矩陣式組織當中，每一位成員至少受到直屬主管與功能性主管的
雙重統轄，其最常出現的問題，包括因產生的灰色地帶導致兩方面的主管
都忽略了管制的義務，或是兩方面的主管爭搶主導權，導致一些權責衝突
發生，這也是矩陣式組織最常被提出的問題。

四、學習型組織

　　學習型組織（learning organization）的概念是美國哈佛大學教授杰
伊・佛瑞斯特（Jay Forrester）於1965年在〈企業的新設計〉一文中首
先提出來的。1990年，佛瑞斯特的學生彼得・聖吉（Peter M. Senge）在
《第五項修練：學習型組織的藝術與實務》（*The Fifth Discipline: The Art
and Practice of the Learning Organization*）一書中提出的管理觀念。他指

個案 4-2　矩陣式結構的運作

　　企業為了靈活運用人才，矩陣式組織愈來愈普及，企業在內部成立許多專案（工作）小組，機動面對各項挑戰，達成任務。

　　矩陣式管理分為多種類型，其一為基本型。以組織中的人事、總務、財務等功能而言，各部門均依循統一的制度運作，在此情形下，其他功能的部門主管並未對其部門擁有百分之百的主導權。當產品規劃部門的主管要進用幹部時，必須遵循人事部門所訂定的規則；其公務報支也必須經由財務部門的核可，否則，將無法進入公司的運作系統。

　　另一種矩陣式管理屬於局部型，其範圍僅及於組織內某些部門之間的互動，其產生的灰色地帶較多也較容易出現問題。例如，業務部門的主管雖掌管銷售功能，但其銷售策略卻不能完全自主，必須依照產品規劃部門訂定的原則，不能為了爭取業績而任意降價；對於客戶的放帳額度與時間，業務主管也必須經過財務部門的同意，不能擅自決定更改。

資料來源：杜書伍，〈矩陣管理與矩陣組織〉，聯強e城市，http://www.synnex.com.tw/asp/emba/synnex_emba_content.aspx?infovalue=Z&seqno=16142

出，在組織中建立一個讓員工樂於學習的環境。不只是在硬體上提供必要的資源，更重要的組織之上下必須彌漫著一股求知的熱情，尤其是主管，更要以身作則，部屬才會認同，才會培養學習的風氣。

　　學習型組織就是一個從個人學習到團隊學習，到組織學習，再到全員學習，這樣一個不斷地進行學習與轉換的組織，它有六大特點：

1. 精簡：精簡的組織才可能具有高效率和高效益。組織精簡，不是簡單地在員工數量上「做減法」，而是在加強員工培訓與發展的基礎上；在工作效率大幅提高的前提下進行的。

2. 扁平化：學習型組織是扁平化的，能夠實現決策層與操作層直接對話，上下持續溝通。

3.有彈性：即組織對於瞬息萬變的市場起伏具有極強的適應能力。無論市場如何突變，企業都能抓住機遇，應變取勝。

4.組織能夠不斷地自我創造：學習型組織強調的是創造，並且是員工的自我創造，不是等上級或者別人推一推，自己才創一創。

5.善於不斷地學習：學習型組織的本質特徵，主要有全員學習（決策層、管理層和操作層都要全身投入學習）、全程學習（邊學習邊準備、邊學習邊計畫、邊學習邊推行）和團體學習（強調團體學習和全體智力的開發）。

6.自主管理：團隊成員透過自主管理形成共同願景（shared vision），以開放求真的心態互相切磋。（**表4-4**）（李運亭，2003/10：40-41）

　　因此，一個理想的組織設計過程必須整合各種相關的因素，並且依照不同的情況進行權變的設計。

表4-4　學習型組織：五項修練

項目	內容
自我超越 （personal mastery）	指突破自我而發展，不斷挑戰自我發展的極限。自我超越是學習型組織的基礎，組織學習的能力根植於組織內個人的學習意願與學習能力。（新眼光看世界）
改變心智模式 （improved mental models）	心智模式也就是心理素質和思維方式，它根深柢固於每個人的心中。學習如何將自己的心智模式攤開並加以審視和改善，有助於改造自己對於世界的固有認識，有效地表達自己的想法並以開放的心態去容納別人的想法。（實現心靈深處的渴望）
建立共同願景 （building shared vision）	指能鼓舞組織成員齊心協力採取行動的共同願望和遠景目標，主要包括三個要素：共同的目標、價值觀和使命感。（打造生命共同體）
團隊學習 （team learning）	當團隊能真正用心學習，不僅團體的集體智慧高於個人智慧，團體擁有的整體搭配的行動能力創造出色的成果，而且個人的成長速度也會加快。（激發群體智慧）
系統思考 （system thinking）	它就是要從只看到事物的片段轉變到看到事物的整體，瞭解事物發展的整個「動態系統」，避免迷失在複雜的細節中而不能自拔。系統思考可以找到那些小而關鍵的「高槓桿點」，從而產生四兩撥千斤的效果。（見樹又見林的藝術）

參考資料：李運亭（2003）。〈釋放學習的力量：談如何創見「學習型組織」〉。《企業研究》，第230期（2003年10月下半月刊），頁42。

五、虛擬式團隊

　　隨著科技進步，網際網路盛行，團隊間溝通與協調方式從單純的面對面轉而趨向於利用電腦科技來進行，即是電腦仲介傳播（computer mediated communication）方式進行溝通與互動，促使虛擬團隊（virtual team）的產生。虛擬團隊可由隸屬於不同組織的工作者所組成，團隊成員為達成一特定的團隊共同目標，透過網路通訊與資訊科技一起開會和工作，團隊成員可能因時間或地理分散因素，鮮少以面對面的溝通方式解決團隊所面臨的各項任務。

　　虛擬團隊具有讓員工走出辦公室接觸顧客、整合全球組織功能、降低時間與差旅的成本、充分且及時的運用公司內各地的人才等好處。國際商業機器公司（IBM）早在1970年代即因為產品的外銷而開始運用虛擬團隊來執行專案。IBM同一時間可能將近有1/3的員工參與虛擬團隊。當IBM的主管需要主導一個虛擬團隊的專案時，只要將這個團隊所需要的技能整理後交給人力資源人員，人力資源人員便會依此條件挑選出合適的人選。所以，員工所具有的能力與才能取代了他所在的地域，成為他是否參與這個虛擬團隊專案的關鍵指標。

　　網際網路與科技的進步，公司的員工不論身在何處都可以輕鬆的交換彼此的創意與資訊。全球整合型企業之特色為跳脫國家疆界之限制，運用網際網路與科技之進步，將不同區域的人員可以遠距的合作，因此，可善加運用虛擬團隊的概念。如此一來，整個組織中不分區域與部門，最適合的人才可依任務需求共組團隊以集思廣益，提升組織績效、降低公司差旅與重置部門的成本，提升組織彈性（黃同圳、陳立育，〈全球整合企業之人力資源部門組織結構設計——以A公司為例〉）。

　　在企業內部，未來將大量出現按任務流程分工、跨功能的團隊，這會大大提高企業對組織外部的適應性和敏捷性。

組織行為

個案 4-3　寶成國際集團組織圖

＊寶成國際集團不是一個正式設立登記的公司主體。
＊＊寶成工業係透過轉投資之裕元工業間接投資寶勝國際從事零售通路業務。
資料來源：寶成國際集團，http://www.pouchen.com/index.php/about/organization

 ## 第四節　組織文化

　　所有的組織均有其複雜化、集中化、正式化與階層化的特徵。組織
文化（organization culture）這個概念，在過去幾年的組織行為研究有顯著

的重要性，是組織成員共同具有的價值。

　　組織文化會影響組織的運作及成員績效與滿意度，是凝聚組織的黏著劑，使得組織運作能有共同的認知與步伐，指引著組織成員的行為與做事方法，朝著共同的願景邁進，所以組織文化在維繫人心、設定目標、激勵挑戰，甚至是員工在選擇服務單位作為終身貢獻時，都有可能會影響到組織內部流程、工作效率與績效成果。

一、組織文化的定義

　　組織是一群志同道合的人結合在一起，相互依存、整合協調、群策群力而達成任務的社會體系；文化（culture）一詞，源自於拉丁字coler，本意是栽培或耕種土地。就人類學而言，人類必須適應環境變遷，自然要靠文化來解決諸多問題；靠著文化，人類才得以群聚。就社會學來說，文化是由任何一群人中每個成員的經驗以及引導其行為的各種信念、價值、規範、態度期望、儀式和表達符號等組合而成，並為該群人共同持有。組織文化被認為是由組織成員之態度、經驗、規範、信念與價值觀等所組成，會影響到組織成員的行為，且會進一步幫助組織完成使命（洪春吉、蔡佩君，n.d.: 70-99）。

二、組織文化的功能

　　一個企業組織文化的形成與發展，深受該企業創辦人個人特質的影響。因為創辦人的個人價值觀與基本假設會決定組織的基本使命，形成一套管理哲學，並透過各種方法與管道將它灌輸給組織成員，形成組織的文化並引導組織的運作。

　　組織文化可視為一種社會控制系統，它對組織成員的行為及組織效能具有重要的影響力。組織文化具有以下的正面功能：

1.它扮演了界定組織界限的角色，亦即會讓人覺得這個組織與其他組織不同。

2.良好的組織文化會使成員高度認同組織，亦即使成員以身為組織的

　　一份子爲榮。

3.優良的強勢文化會使組織成員將組織的整體利益置於個人利益之上，例如，成員會爲了幫助公司準時交貨給客戶而額外加班工作。

4.文化可以提高組織系統的穩定性，並凝聚成員對組織的向心力，例如，許多知名企業由於具有優質的組織文化而使得企業能夠永續經營，基業長青。

5.組織文化可以提供組織成員言行的規範，引導並塑造組織成員的態度和行爲，進而影響企業的經營績效。

　　組織文化一旦出現之後，在實務上，組織會樹立起一套行爲標準供員工遵循，以維護此一文化。例如：甄選程序、績效評估標準、報酬的做法、各種訓練與生涯發展活動以及升遷制度，都在於確保聘用的人能適合組織的文化，獎賞那些能支持文化的員工及懲罰（甚至開除）那些違反文化傳統的員工（**表4-5**）（Stephen P. Robbins著，李茂興譯，2001：354-355）。

三、組織價值觀

　　價值觀（value）是一種相當抽象的概念，是一種持久的信念，組織行爲學者認爲價值觀是瞭解個人態度、知覺、動機及性格的基礎，價值觀在許多情況下可用以解釋個人的行爲。價值觀可幫助個體做決定、解決衝突以及激勵個體達到自我實現，並具有層次及順序性，可經由比較排序之。

　　組織價值觀（organization value）爲組織文化內涵之一，大部分學者同意組織價值觀是組織文化的關鍵要素，是引導組織行爲的重要方針，爲組織成員用以判斷情境、活動、目的及人物的評估基礎，具有規範的意味。價值觀能反映出眞實目標、理想、標準與組織成員對日常生活問題所偏好的解決方法，包括：規則、原則、規範、價值、道德和倫理等，這些價值不一定有書面文字，但卻在成員腦海中成爲一種價值觀，能夠約束成員的行爲。

表4-5　對文化差異的商業指引

國家	預約	服裝	禮物	協商
日本	守時是必要的。在這裡做生意，遲到會被認為是無禮的。	在中大型企業中，男性與女性的穿著需保守。因此淺色的襯衫是常見的。進入廟宇或屋內，及一些日式餐廳、溫泉旅館需要脫鞋，並穿上室內拖鞋。	是日本商業行規中的重要部分。禮物通常在同事間相互交換，分別在年中的7月15日，及年底的1月1日。	在日本，名片是做生意的重要工具，也是確立信用的關鍵。名片的一面應該是英文，反面為日文。將專業協會中成員的資訊納入，是種資產的展現。
墨西哥	守時，在墨西哥商業文化中並不是最重要的。儘管如此，北美的墨西哥人通常會準時，且大多數的墨西哥人若不在政府單位工作，而在業界，都會嘗試回報你的幫助。	黑色、保守的西裝及領帶，對多數男性來說是基本的。對女性來講，標準的辦公室服裝，包含套裝、西裝裙，或裙子與襯衫。女性化的裝扮是被高度鼓勵的。商務旅行的女性，要攜帶絲襪與高跟鞋。	在商業交易中，通常不必要。但送小禮物，通常被認為是善意的展現。若要送禮，要注意：探詢收受者喜歡什麼，被認為是無禮的。	墨西哥人避免直接說「不」。「不」通常會以「也許」或「再看看」來加以掩飾。在交易中，也該利用間接的手法。否則，你面對的墨西哥人會認為你無理且咄咄逼人。
沙烏地阿拉伯	習慣約定在某一天，而非精確的幾點鐘。沙烏地人重視禮貌與好客，可能導致延誤，因此要盡量避免設定精準的時間表。	在沙烏地阿拉伯，穿著上唯一的要求就是要端莊。這代表在公共場所，男性要從肚臍到膝蓋完全覆蓋，女性必須蓋住所有的地方，除了臉、手與腳。當她們外出時，要竭盡所能蓋住自己，如用長袍（標準黑色斗篷）與頭巾掩蓋自己。	只能送親密的朋友。對沙烏地人而言，從不熟的人手中收受禮物是相當尷尬的，會被認為是無禮的。	名片是普遍但非必要的。若要使用，一定要在同一面同時印上英文與阿拉伯文，以顯示兩種語言同等重要。

資料來源：James Campbell Quick、Debra L. Nelson合著，林家五譯（2011）。《組織行為》，頁31。台北：新加坡商聖智學習亞洲私人公司出版。

四、組織文化的發展

組織文化大師施恩（Schein）將組織文化界定為：組織在解決自身的外在適應和內在整合問題時，所學會的共有基本假設，由於文化的有效運作，故在遇到相關問題時，會將其當成正確的認知、思考及感覺的方式，教導給新的成員。

(一)組織文化的取向

組織文化的四種取向，一是著重組織共享的規範、信念及價值；二是有關組織中的故事、語言及傳說；三是組織的典禮、儀式；四是組織中成員的交互作用系統。換言之，組織文化乃是指組織成員的共同行為模式，以及支持該行為模式的共同信念與價值。

微軟（Microsoft）公司的組織文化被認為是具有旺盛的企圖心；奧美（Ogilvy & Mather）廣告公司的組織文化標榜的是創造愉快的工作環境。組織文化對員工的潛移默化有許多種形式，最有力的方法是透過下列幾種管道：

1.共同的價值觀和信念：組織文化的基本概念形成組織的核心，不但普遍存在組織之中，也傳遞給新的組織成員。
2.英雄人物：組織之不可或缺的人物，他們內化並且實踐組織文化的價值觀和信念，是組織的模範，可以帶動學習風潮。
3.典章儀式：一系列重複出現的活動，目的在於來表達組織最為重視的價值觀、最重要的目標、最出色的員工，也包括組織成員應有的行為模式（規範），以激勵員工與強化組織的價值，例如：房仲業者早晨集會要做早操。
4.溝通網路：組織經常都會有屬於自己的慣用術語，最後成為代表組織特有語言並成為溝通橋樑，包括傳遞訊息之正式與非正式的管道。
5.故事、英勇傳奇、傳說、神話：這些內容包含許多有關組織之歷史的知識。它們既能反應組織成員對事情的解讀，也是傳遞組織訊息

的一種方式。例如，亨利·福特（Henry Ford）還在福特汽車當總裁的時候，有一則在經理人間廣為流傳的故事，每當有主管快抓狂時，福特就會提醒對方：「刻在這棟大樓上的是我的名字」，這句話所傳遞的訊息是再清楚不過了：經營公司的可是我福特本人。

6. 規範、獎勵和懲罰：主要功能是顯示和作為組織成員應有的行為，或是作為「辨別個人行為是否合乎組織價值與信念」的一種尺度。

7. 物質環境：藉著一些物質環境條件，組織成員進行彼此間的互動，或與外界相互聯繫。這些物質環境也會影響組織成員的感情和氣氛。（高強華，n.d.: 182）

(二)組織文化運作方式

一個組織的文化一旦建立之後，這個組織就會採行一些實務運作方式或機制來傳遞及維護此一文化。這些運作方式包括：

1. 甄選：組織可以透過數個階段的篩選過程（如施予性格測驗、深度面談等）來僱用那些符合組織要求而足以勝任工作的應徵者。經由這樣的過程，組織所錄用的人，其價值觀往往較能夠與組織所信奉的價值觀相契合，而那些無法認同，甚至會危害組織核心價值觀的應徵者便會被剔除。

2. 高階主管的作為：企業創辦人的經營理念或管理哲學會影響他如何挑選公司的高階經營團隊，以及如何透過高階主管去影響部屬。例如，長榮集團的創辦人張榮發本身篤信「天道」（一貫道），重視修身養性，其集團下95%的高階主管也都信仰「天道」，並塑造出強調倫理道德、踏實務本及注重年資的組織文化；中國鋼鐵公司的創辦人趙耀東及其高階管理團隊透過以身作則、堅苦卓絕、嚴明紀律、堅守原則的管理風格，塑造出中鋼重視團隊、企業精神、踏實認真及積極創新的優良組織文化。

3. 社會化歷程：社會化最重要的階段發生在新進員工剛加入組織的時候。此時正是組織將新進員工塑造成標準員工的好時機。所以，一旦員工進入組織之後，組織便會透過各種方式及管道將組織的價值

觀、規範、工作程序、管理制度等傳達給新進員工，尤其會特別重視對新進員工的職前訓練，以期他們能夠很快地適應組織的文化，進而認同組織並願意為組織長期的成長與發展而努力。在社會化的過程中，組織可透過故事講述、公開儀式、實體象徵、語言等方式將組織文化傳遞給員工。（鄭晉昌、湯雅涵，〈A公司組織文化之深化與檢視活動——組織價值觀評鑑系統之運用〉）

為了讓公司上下通力合作朝目標邁進，塑造一個與公司願景連結的組織文化是非常需要的，組織文化可說是員工行為的驅動力，且無論是承平或亂世，公司都擁有的一套處事方針（**表4-6**）。

結　語

在全球經濟激烈的競爭下，使科技轉變加速完成，同時人際網路愈來愈廣，組織的架構趨向扁平化或虛擬化，授權賦能擴大，進而使組合式的工作增多。台積（**TSMC**）創辦人張忠謀說，一談起願景或是價值觀，很多人會覺得太過高調，這種觀念是錯誤的。事實上，兩者合併起來，就是我們所謂的企業（組織）文化。企業在草創初期，可能還不太需要公開表明企業的願景和價值觀，因為創業者多為志同道合者，就算組織擴大成

表4-6　未來組織發展的焦點

1.建立組織體與員工間之信賴關係。
2.提高組織成員的知識與技能。
3.營造組織內創新氣氛。
4.提升組織成員工作意願和士氣。
5.促進組織成員對組織目標的認同。
6.避免組織成員職位與利益的衝突。
7.培養組織成員自主管理能力。
8.培養組織成員隨機應變能力。
9.構築組織內良好協調機制。
10.增進組織內的良性互動。

資料來源：黃深勳。《組織變革——組織發展核心價值：Hospitality》，頁55。台北：國立中正紀念堂管理處。

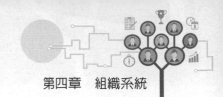

幾十人，因爲多由創業的核心人員所挑選，人才的選取上不會有太大的差異。但是，當公司從幾十人變成幾百人以後，如何凝聚團隊的士氣，使其爲共同目標努力變得很重要。從志同道合的眼光來看，願景就是志，價值觀就是道，這兩者是凝聚公司團結一致的方法，也是企業對社會的一種交代。

第五章

領導行為

- 權力來源
- 領導特質
- 領導風格
- 領導理論的派別

> 秦時明月漢時關，萬里長征人未還。但使龍城飛將在，不教胡馬度陰山。
>
> ——〈出塞〉·唐·王昌齡

　　領導大師華倫·班尼斯（Warren Bennis）在《領導者該做什麼》（*On Becoming A Leader*）書中提到：「成為一個領袖並不容易。但學習如何領導，遠比想像中容易。因為，每個人都有領導的潛力。」在一般人的認知裡，領導（leadership）是權力、身分，甚至是成就的代名詞。其實不然，因為坐在領導地位上的人，不一定就是有領導能力，而不在領導位置上的人，也不一定無法起帶頭領導的作用。領導其實是一種處事的態度和技能，是一種責任，也是一種擔當。

　　傳統領導人的重心擺在樹立和維持權力基礎，所有責任和任務都來自於運用權力執行決策、指引行為和激勵部屬。然而對新世紀領導人而言，權力之於推動組織運作的重要性則大為降低。總之，在企業組織裡，領導力不只是為了滿足利害關係人（stakeholder）的需求，鼓勵員工士氣並凝聚共識更行重要（**圖5-1**）。

小辭典

水平領導

　　在一般的指揮鏈之外，有些人的職權並沒有比別人高，卻能發揮影響力，引導同僚的行為，這些人就是水平領導者。水平領導者不只可以引導同僚的行為，在領導專案或召開會議時也往往扮演靈魂人物的角色。

資料來源：哈佛大學教授費雪（Roger Fisher）；引自編輯部（2004）。〈你是個水平領導者嗎？〉。《EMBA世界經理文摘》，第150期（2004/04），頁151。

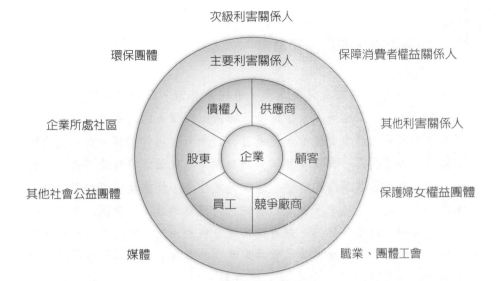

圖5-1　利害關係人理論

資料來源：黃賀（2013）。《組織行為：影響力的形成與發揮》，頁82。新北市：前程文
化事業出版。

　　彼得‧杜拉克（Peter Ferdinand Drucker）曾以傑克‧威爾許（Jack Welch）接掌奇異（GE）公司執行長後的改革為例，威爾許當時意識到奇異公司要做的並非自己心裡想的「海外擴張」，而是應先裁撤一些在其各自產業不是居領導地位的部門。杜拉克認為，威爾許的成功故事，代表一位傑出領導人不會分散注意力，且儘量集中做好一個任務（王茂臻，2005/11/13，A5週日版）。

個案 5-1　一位讓人尊敬的領導者

　　彼得‧杜拉克在二次大戰期間，曾經為喬治‧馬歇爾將軍（George Catlett Marshall）工作過，他是我很尊敬的一位偉大的領導者。這個人一點個人魅力或領袖特質都沒有，但是百分之一百值得你信賴。有一次我因為職務關係不慎得罪了荷蘭皇室，大禍臨頭，馬歇爾認為我沒有錯，叫我只管放心，他去替我解決了麻煩。這就是領導者，他讓我們這些屬下甘心為他效命，但是，他從來不會對部屬說任何感恩的話，不會說一句謝謝。他從來不批評，但是只要你一錯再錯，就會被判出局。他認為你能夠做什麼工作，交代你去做以後，就不會再來過問，而屬下如果有什麼需要去找他，他一定替你去張羅，他永遠知道應該在什麼時候、什麼地方控制大局。

資料來源：天下編輯著（2001）。《輕鬆與大師對話（一）：杜拉克解讀杜拉克》，頁9-10。台北：天下雜誌。

第一節　權力來源

　　領導，是一個「動詞」，是一種讓人看得到、讓人感受得到的行動，是一種喚醒內在生命力的靈性任務。中國先秦時期法家代表韓非子的領導體系，可分為領導者自身的修養和領導方法兩部分。在領導方法方面，韓非子的思想體系係以性惡論為基礎。《韓非子‧大體第二十九》記載：「古之全大體者，望天地，觀江海，因山谷，日月所照，四時所行，雲布風動。不以智累心，不以私累己。寄治亂於法術，託是非於賞罰，屬輕重於權衡。」（譯文：古代能夠全面把握事物的整體和根本的人，瞭望天地的變化，觀察江海的水流，順應山谷的高低，遵循日月的照耀、四時運行、雲層分布、風向變動的自然法則；不讓智巧煩擾心境，不讓私利拖

累自身；把國家的治亂寄託在法術上，把事物的是非寄託在賞罰上，把物體的輕重寄託在權衡上。）這一段話蘊涵了許多領導的基本原則。

個案 5-2　鼓舞士氣的做法

　　日本一家專業生產不鏽鋼用品的企業，雖曾大發利市，生意興隆，卻因社長長期患病而陷入困境：產量與品質同步下滑，勞資關係日趨緊張，工人們對管理層和工會不斷地提出質疑，各種小群體不斷地出現。一時間公司漏洞百出、內部管理混亂不堪。員工們都非常清楚，如果這種情形延續下去，不要說什麼激勵政策，就是多年來一直實行的年終獎金也可能泡湯，甚至公司可能會倒閉。

　　就在這個時候，年近七十、患病未癒的社長毅然走出了醫院，回到公司。在公司內，老人不斷地從一個部門走到另一個部門。如果碰到老員工，他就會熱淚盈眶地與之擁抱，以堅定的神態小聲說：「我們大家在那麼艱苦的年代創下的基業，豈能就此斷送？來吧，讓我們再搏上一回，重振雄風吧！」如果碰到年輕女工，他會像父親般地握著她們的手，拍著她們的肩膀誠懇地說：「努力！努力！妳嫁給了我們工廠，我有責任把妳們打扮得更美麗！」

　　老社長身體稍有恢復，便輪流邀請每月保質保量完成生產任務的員工到他家中做客。他在門口擺上鮮花，掛上「歡迎某某君」的條幅，親自下廚為員工做喜歡吃的飯菜，最後還讓老伴疊了許多千紙鶴（是代表你對被送的人的祝願）送給大家祝平安……員工們個個受寵若驚、感念無比，無不奮力工作。老社長趁熱打鐵，馬上將本應年底發放的雙薪提前發放，更令員工們雀躍不已。一個已然危機四起的企業就這樣煥發出了更大的生機。

資料來源：何潤宇（2005）。〈內酬與外酬〉。《企業管理》（2005/02），頁53。

一、性惡論的假設行為

　　韓非子認為，人各有慾望，每個人在組織中工作總會盤算以什麼樣的行為在組織中會得到最大的利益。換言之，領導者在從事組織的設計時，必須「假設」每一個人都是追求自身利益的，只要一有機會，他便會表現出自私自利的行為來追求自己的最大利益，甚至危及他人或組織的利益，亦在所不惜。用現代心理學的概念來說，每一個人都有生理、安全、尊嚴、歸屬感、認知與自我實現的需要；為了滿足這些需要，他必須從外界獲取不同的資源而成為他人心目中的「自利者」。也因為「假設」人是有各種慾望，在某種環境內要滿足慾望，才有領導管理的可能，才會發生權力的基礎。

　　《韓非子‧二柄篇》說：「明主之所導制其臣者，二柄而已矣。二柄者，刑德也。何謂刑德？曰：殺戮之謂刑，慶賞之謂德。為人臣者畏誅罰而利慶賞，故人主自用其刑德，則群臣畏其威而歸其利矣。」（譯文：明君用來領導及控制臣下的，不過是兩種權柄罷了。兩種權柄，就是刑和德。什麼叫刑和德呢？回答是：殺戮叫做刑，獎賞叫做德。做臣子的害怕刑罰而貪圖獎賞，所以君主親自掌握刑、賞的權力，群臣就會害怕他的威勢而追求他的獎賞。）

　　二柄，是指國君（主管）的兩種權柄，一是刑（懲罰），一是德（獎賞）。韓非子強調這兩種權柄必須掌握在國君（主管）手中，而不可授權或放權給臣下（部屬），否則就會造成權力移轉而遭到被臣下（部屬）篡奪或劫持的命運。

二、領導者的權力基礎

　　領導者與被領導者的關係並不是無條件的。領導者必須掌握某些能夠滿足被領導者的資源，方能影響被領導者。因而，領導者的權力基礎是建立在法制權（legitimate power）、酬賞權（reward power）、懲罰權（punishment）、專家權（expert power）和參照權（referent power）上。

(一)法制權

　　它是所有權力的基礎。領導者因為在組織中占有某一職位而擁有決策（decision making）的權力。它是占有該職位者依組織的規章而獲致的權力。在位者有此權，去位者失掉此權，即《論語・泰伯篇》記載的：「不在其位，不謀其政。」領導者要長久保有合法權，必須有其他權力的配合。合法權，在韓非子的思想體系裡稱為「位」。

小辭典　決策

　　1995年，美國《財星》雜誌（*Fortune*）所列出的全球500強企業，到2014年只剩下三分之一。根據美國蘭德公司（Research and Development）統計，世界上100家破產倒閉的大企業中，85%是企業管理者決策不慎造成的。相同的企業，相同的環境，因為採取了不同的決策，企業的發展情況就會出現巨大的差異。

編輯：丁志達。

(二)酬賞權

　　權力對別人影響力的大小是酬賞權，即領導者因為能給予屬下的金錢、地位或其他獎賞而擁有的權力。它是一種最現實而能夠改變他人行為的權力。

(三)懲罰權

　　領導者能夠以懲罰或其他力量脅迫屬下從事某種工作的權力。懲罰權的使用，容易引起屬下的畏懼；懲罰權的濫用，必會引起屬下的反感。聰明的領導者最好是將此種權力「備而不用」。但是，一個組織裡某一個人表現惡劣，為了維護團體的紀律，則領導者要樹立威嚴，使他人不致於效法，這時就要使用懲罰權。

(四)專家權

　　領導者因為擁有某種訊息、情報或專業技能而擁有的權力。一般而

組織行為

言，知識權是個人可以無限增長的權力，知識的獲得，利最多，害最小，是最值得個人追求的權力。

(五)參照權

　　領導者因為其名望、聲譽而擁有的權力。參照權的獲得，係源自個人獨特的行為方式、操守行徑，亦是領導者魅力的基礎，即是韓非子所說的「名」，在正式或非正式的組織裡，都有這種「參照權」的人物存在（**表5-1**）。（黃光國主講，1983）

表5-1　道德地使用權力的方針

權力形式	使用方針
法制權	‧維繫真摯且客氣有禮的態度。 ‧展現自信。 ‧腦袋清楚、持續更新對事情的理解。 ‧確定要求是適切的。 ‧解釋要求的緣由。 ‧透過適當的管道。 ‧一致性地運用權力。 ‧強化順從行為。 ‧對部屬所關切的事物敏銳。
酬賞權	‧對順從的確認。 ‧可行、合理的要求。 ‧只作符合道德的要求。 ‧提供部屬渴望的獎賞。 ‧只提供有信譽的獎賞。
懲罰權	‧清楚告知部屬規範與處罰。 ‧懲罰之前先警告。 ‧前後一致、標準統一地執行懲罰。 ‧行動前先瞭解情況。 ‧維持自己的可信度。 ‧懲罰與違法的嚴重性要相稱（符合比例原則）。 ‧懲罰的執行不能公開。
專家權	‧維持可信度。 ‧果斷且自信地行動。 ‧保持消息靈通。 ‧清楚知道部屬關心的事物。 ‧避免威脅到部屬的自尊。

（續）表5-1　道德地使用權力的方針

權力形式	使用方針
參照權	・公平地對待部屬。 ・保護部屬的權益。 ・對部屬的需求與感受相當敏銳。 ・選擇和自己相似的部屬。 ・致力於扮演角色楷模。

資料來源：Gary A. Yukl (1989). *Leadership in Organizations*. Upper Saddle River, N.J.: Prentice Hall.引自James Campbell Quick、Debra L. Nelson合著，林家五譯（2011）。《組織行為》，頁288。台北：新加坡商聖智學習亞洲私人公司出版。

　　美國密西根大學（University of Michigan）的研究團隊使用倡導結構（initiating structure）與關懷（consideration）來說明優秀的領導者需懂得應用倡導結構與程序的控制方法，也要能透過關懷與尊重達到帶人帶心的境界。所以，沒有永遠輸球的球隊，掌舵者必須展現領導力，才能使團隊反敗為勝。

個案 5-3　領導的本質是績效

　　管理大師彼得・杜拉克回憶起自己高中時期學習軍事戰役時的情形說，我們的歷史老師很優秀，他本人也是受過重傷的退役軍人。上課的時候，他讓我們每個人從一些書中任意挑選幾本仔細閱讀，然後寫一篇心得報告。老師就以這篇報告作為期中考試的試卷。當我們在課堂上討論這些報告時，班上有位同學提出一個問題：「幾乎每一本書都提到，這場壯烈的戰爭如果從軍事上而言是完全不合格的戰爭，為什麼？」我們的歷史老師毫不猶豫，一針見血地指出：「因為將領犧牲得不夠多。之所以如此，是因為這些將領只是讓別人去衝鋒陷陣，自己卻待在安全的後方。」

　　「將領犧牲得不夠多」就代表著戰爭中不合格的將領犧牲了他人的性

命，自己卻苟延殘喘地活了下來，正所謂「一將功成萬骨枯」。

　　啟示錄：引用美國第33任總統哈里・杜魯門（Harry Truman）的名言：「責任止於此」當作對「領導」這一職責的定義再恰當不過。領導的本質是「績效」，領導的責任是「貢獻」。

資料來源：利蒐（2014）。〈領導的本質是績效〉。《人力資源》，總第374號
　　　（2014/12），頁89。

 ## 第二節　領導特質

　　唐朝詩人王之渙寫了一首〈登鸛雀樓〉的詩：「白日依山盡，黃河入海流。欲窮千里目，更上一層樓。」點出了「管理」（微觀）和「領導」（宏觀）的不同（**表5-2**）。

　　領導通常著重領導者與成員的互動，亦即領導者要展現胸襟與遠見並給予成員相當的尊重，故領導的績效通常來自成員自發的跟隨與承諾；而管理則更著重目標、計畫與流程對成員的影響，著重在成員的行為與結果的監督與控制。《與成功有約》（*The 7 Habits of Highly Effective People: Restoring the Character Ethic*）一書的作者史蒂芬・科維（Stephen R. Covey）說：大部分的「管理者」是依循既有的模式或思考方式工作，但「領導者」具有勇氣向既存的模式質疑和挑戰。想要接受挑戰的「領導人」得看得高、看得遠又要志氣大，這也是《從A到A⁺》（*Good to Great*）一書作者吉姆・柯斯林（Jim Collins）所說的：先找對人，再決定要做什麼。知人善任已成為領導人帶領「團隊」邁向卓越成功的不二法門（**表5-3**）。

表5-2　管理者與領導者的差異

管理者	領導者
把事情做對	做對的事
依法行事	創新
模仿	原創
找答案	找問題
要求部屬負責任	建立職責
重視結果	重視過程
實施訓練	實施教育
控制員工	信任員工
先說後聽	先聽後說
急功近利	長線眼光
接受現實	挑戰現況
回答問題	詢問問題
要求順從	促進自主
重視組織結構	重視員工
發號施令	溝通
以命令指導	以案例啟發
使用絕對式的聲明	使用制約式的聲明
發布規則及政策	設定期望
管理測量的結果	促使模糊
限制選擇	鼓勵選擇
促使部屬愚蠢	促進部屬精明
遵循指導式的方法	實施教導、支持、教練或授權

參考來源：Geller, E. S. & Williams, J. H. (2001). *Keys to Behavior-based Safety from Safety Performance Solution*. Rockville, MD: ABS Consulting.引自廖乾擎（2011）。《安全領導與安全態度對安全行為影響的探討——以CCFL廠為例》，頁21-22。國立交通大學工學院產業安全與防災學程碩士論文。

表5-3　領導理論的演變與領導行為模式

名稱	時期	主題	強調的領導行為模式
特質論	1940年代	領導能力是天生的	領導人有過人領導特質，例如：能力、成就、責任、參與、地位、情境
行為論	1940～1960年代晚期	領導效能與領導者行為的關聯性	・民主式／權威式／放任式 ・任務取向／關係取向 ・高倡導低關懷／高倡導高關懷／低倡導 ・高關懷／低倡導低關懷

組織行為

（續）表5-3　領導理論的演變與領導行為模式

名稱	時期	主題	強調的領導行為模式
情境論	1960～1980年代早期	有效領導取決於情境向度影響	·途徑—目標理論（指示性領導行為／支持性領導行為／參與性領導行為／成就取向領導行為） ·情境領導理論（告訴型：高任務低關係行為／推銷型：高任務高關係行為／參與型：低任務高關係行為／委任型：低任務低關係行為） ·權變理論（工作取向／關係取向） ·三層面理論（分離型：低任務低關係／關係型：低任務高關係／盡職型：高任務低關係／綜合型：高任務低關係）
新型領導理論	1980年代至今	具願景的領導者	·轉型領導（微觀：以人際互動影響組織成員／宏觀：以權力改變組織） ·催化領導（結構及組織文化／工作：理性架構／人：人力資源架構） ·魅力領導（工作：象徵的架構／人：政治的架構／激勵／激發共鳴／英雄崇拜／人際影響）

資料來源：Bryman, A. (1992). *Charisma and Leadership in Organizations*. London: SAGE Publication. 引自劉玉玲編著（2005）。《組織行為》，頁211-213。台北：新文京開發。

一、成功領導人的特質

　　領導的本質在於組織成員的追隨與服從，因此，有效地發揮領導者的影響力是領導的核心內容。成功領導人具有的特質有：正直、挑戰困難、精明能幹、企圖心、溝通技巧、知人善用、提攜人才、關懷、前瞻性和魅力。

(一)正直

　　領導者肩負著創造社會意識的重要任務，他們是社會道德統一的表徵，且具有使社會團結的價值。一位領導者要做到「正直」這兩個字，因為正直會帶來的是值得信任和可以信任的，這也是人品典範的基礎。正

直，是一種足以讓大多數追隨者接受與信服的道德價值觀與行為準則，優秀的領導人會呈現出君子慎於獨的一致行為。

(二)挑戰困難

　　許多的決策必須在資訊不足的情況下做出。領導人經常要面對各種利害衝突，在無法掌握充分事實的情況下做出決定。不忍造成別人痛苦、害怕樹敵、需要充分證據才能做決定的人，不適合擔任企業領導人。彼得·杜拉克曾說，許多人都認為美國前總統雷根（Ronald Reagan）是憑藉他演員出身的魅力而贏得人民的心，但其實他最大的強項是清楚知道自己能夠做什麼、不能做什麼。

(三)精明能幹

　　這是做困難決策的必備條件。領導龐大的企業、在時間的壓力下處理複雜多面的議題是心智的重大挑戰，必須要能從複雜的情況中解析出關鍵要點，才能規劃出有效的策略。在時間壓力及眾說紛紜的混亂中，領導人必須能專注在真正重要的議題上，對於無法達成的事項也要務實地放棄。

(四)企圖心

　　企圖心則是追求成就的自我驅動力量，空有企圖心不夠，還要有格局與視野才能創造舞台，也要具備在舞台演出的能力。電腦防毒及網路安全廠商趨勢科技（Trend Micro）初期進行全球布局時，在主管經營會議上，創辦人張明正經常指著世界地圖向高階主管說：「世界這麼大，你們想征服哪個市場，就到那裡插旗布局，公司全力支持。」

(五)溝通技巧

　　由於媒體、分析師、股東、環保團體等外界因素，對企業營運的影響愈來愈大，所以，企業領導人必須能夠具有說服力，但並不代表每件事都要和盤托出。要激勵眾多的員工，必須能提出清楚的願景，激勵員工共同追求。如果無法贏得員工的信任，建立自己的誠信就無法達成這樣的任務（蘇育琪譯，2003/12：200）。

個案 5-4　知人善任

　　西元前202年，劉邦打敗項羽，暫都洛陽，與群臣論取天下之英雄好漢，劉邦坦誠而言：「夫運籌帷幄之中，決勝千里之外，吾不如子房；鎮國家，撫百姓，給餉饋，不絕糧道，吾不如蕭何；連百萬之眾，戰必勝，攻必取，吾不如韓信。此三人皆人傑也，吾能用之，此吾所以取天下也。項羽有一范增而不能用，此其所以為我擒也。」劉邦能成為中國歷史上第一位平民皇帝，他並沒有什麼長才，我們只能說，劉邦善於知人善任而已。

資料來源：丁志達。〈從共好管理觀點看企業領導人視野：論壇主題三——企業領導人的知人善任〉。

(六)知人善用

　　由於人力資本愈來愈重要，所以領導人必須有識人之明，疑人不用，用人不疑，互信是維持團隊精神及紀律的最大支柱。成功領導者擁有豐沛的人才庫並懂得如何善用人才。以部屬的能力與長處決定誰最適合哪個位子，唯有放對位置的人才能有最大的揮灑空間，讓人力資源發揮到極限。

(七)提攜人才

　　漢朝名臣董仲舒在《舉賢良對策》一書上說：「不素養士而欲求賢，譬猶不琢玉而求文采也。」高效率的領導人要知人善用，確定對方是人才之後，好好重用他，能將自己的技能傳授給身邊的人，並鼓勵其他的人也教導同事。不管在組織的哪個層級，這都是培養接班人的最好方法。

(八)關懷

　　《從A到A+》書中提到了第五級領導（Level 5 Leadership）的概念，意思是說，推動企業邁向卓越的領導人，他們通常沉默內斂、不愛出風頭，甚至有點害羞、個性謙虛，但他們對別人很關懷，你可說他們同時具

個案 5-5　亞洲科技接班人難尋

　　亞洲科技公司版圖擴及全球，但經營模式無法跳脫家族企業，多家知名企業仍由年事漸高的創辦人掌舵。《華爾街日報》點名亞洲地區的台積電、鴻海、南韓三星電子和日本佳能（Canon）在尋找接班人方面遭遇難題。報導指出，對亞洲許多科技大老而言，將一手創辦或協助建立的公司交棒給接班人，難度不亞於當年建立企業帝國。因為許多公司現仍由創辦人或帶領公司成長茁壯的大老經營，這些人如今都到達一定年紀。

　　標普智匯排名的前十大亞洲上市科技公司中，三星、鴻海、台積電、佳能和日立的執行長都超過六十歲。鴻海與台積電仍由創辦人領導，佳能掌舵者是創辦家族成員；三星的三位執行長中有兩人年逾六十，實權掌握在七十二歲的創始人之子李健熙手中。相較之下，美國前十大上市科技公司中僅思科系統的掌門人超過六十歲，多數矽谷第一代高科技巨擘已經歷至少一次權力交接。

　　哈佛商學院教授史兆威認為，亞洲企業普遍存在一個問題，很多企業由強有力的創辦人掌舵，經營方式更像家族企業，並採上對下的管理模式，由創始人發號施令，而年輕員工聽從資深員工。他說：「這是亞洲企業的通病，許多公司在創辦人領導下茁壯成功，但他們不願放手。管理模式是創始人負責所有決策，新人如何學習經驗？」

　　在競爭激烈的亞洲硬體業中，企業領導人接班若出狀況，競爭格局可能轉變。台積電和宏碁都曾出現創辦人退休後業績下滑，創辦人不得不回鍋止血的情況。美國戴爾電腦創辦人也重出江湖，讓公司重新私有化；日本佳能創辦家族成員御手洗富士夫前年重掌公司。

資料來源：廖玉玲、陳韻涵編譯（2014）。〈亞洲科技公司龍頭　接班人難尋〉。《聯合報》（2014/11/28），A15國際版。

有謙沖為懷的特質，以及不屈不撓的專業堅持。會忌妒屬下的領導人，無法博取屬下的忠誠。

(九)前瞻性

身為領導者，做人通常是不爭一時而是爭一世，而做事一定注視長期規劃而不急就章，最重要的就是必須要看得比團隊更遠，看得比現狀更

個案 5-6 洞察力

傑克・威爾許（Jack Welch）在1981年成為奇異（GE）公司董事長兼執行長。他花了大約一年的時間親自到公司各營業單位拜訪。在他訪視奇異位在加州聖荷西（San Jose）的核能反應爐事業部時，當地的領導團隊秀出了一份樂觀的計畫，認為他們每年還可以繼續賣出三座新的反應爐，就像1970年代以來一樣。

威爾許聽取了他們的簡報，然後指出發生在賓州三哩島（Three Mile Island）的核災事變已澈底改變整個產業。他認為在可見的未來，公眾對於新核能電廠將不再支持。他坦率地告訴他們：「各位，你們不但一年接不到三張訂單，在我看來，你們在美國境內再也接不到任何一張新核電廠的訂單。」威爾許接著建議，除了銷售核燃料及相關服務給奇異公司已興建的現役72座核能反應爐之外，他們應該想法子做點別的生意。

聽了奇異公司新執行長這番話，每個人一開始都嚇壞了，他們爭辯一旦不再接單將會損毀公司士氣，讓奇異公司在訂單回流的時候，沒有能力動員經營這項業務。威爾許並不接受這種說法。最後奇異公司重新調整這個事業部的人事布局，專注服務而非傳統銷售模式。這項策略非常成功，在兩年之內收益就從1,400萬美元成長到1億1,600萬美元。

資料來源：保羅・史密斯（Paul Smith）著，黃鈺譯（2012）。〈故事領導：打動人心的商業故事製作祕笈〉。《大師輕鬆讀》，第461期（2012/10/17），頁19-22。

遠。具前瞻性，是指有能力設定或選出一個值得嚮往的目標作爲團隊共同追求的理想、願景。通常愈高階的領導人才，愈需要具備前瞻性。台積（TSMC）創辦人張忠謀便是靠洞察力（insight）建立台積，並創造出晶圓代工產業。洞察力是從蒐集資料（data），分析查證後成爲資訊（information），再經過思考、記憶就變成知識（knowledge），經過沉澱思考，最後形成洞察力（李宜萍，2007/09：26-28）。

(十)魅力

魅力（charisma）一詞來源於希臘語的χάρισμα khárisma，意思是「favor freely given」和「gift of grace」（無私給予和優雅以對），其最早被應用在基督教的《聖經》之中，表示一種聖靈、神祕的精神。德國社會學家馬克斯·韋伯（Max Weber）最早提出了魅力型領導理論（charismatic leadership theory）來解釋和研究社會政治領袖。1977年，組織行爲學家羅伯特·豪斯（Robert J. House）將魅力型領導理論引入到商業組織中，並據此提出了魅力型領導者的行爲，其特徵主要包括角色模擬、形象塑造、展示非常規行爲、印象管理、價值觀引導、描繪吸引力的願景、樹立角色榜樣等等（曹仰鋒，〈6種有效的領導風格〉）。

華倫·班尼斯（Warren Bennis）曾說，領導人不是天生就是領導人，而是他們選擇領導、選擇讓自己成爲領導人。再來，藉由進入好企業，從跨國的合作對象、多元的工作團隊中磨練眼光和個性，並學習從創意解決問題。接著，由逐漸摸索、歷練的工作經歷，以及多方獲得訊息和知識累積決策能量，並從「將直覺實現」的行動中磨練洞察力。下一步，運用溝通協調、鼓舞人心的能力擘劃願景、感染別人，使工作夥伴願意爲了同一個信念打拚；最後，透過自我反省，修正做事的方法，進而發現新的機會。因而，唯有訓練自己擁有以上特質，才能鼓舞士氣，有效扮演領導者的角色。

第三節　領導風格

中華人民共和國的主要締造者毛澤東說：「領導就是出主意用幹部，出的主意不對又不會用幹部，怎麼能打開局面呢？」所以，領導者的職責是要組合一群人有效地達成組織的任務，而當組織經營出現問題時，高階主管常成為眾矢之地。例如：1980年代柯達（Eastman Kodak）的執行長柯比‧錢德勒（Colby Chandler）及近期的惠普（Hewlett-Packard, HP）總裁卡莉‧菲奧莉娜（Carly Fiorina）導致他們下台的主要原因是組織績效的不彰、經營團隊不和諧等因素所致。運行著相同的組織資源，不同的領導者會創造出不同的經營績效，例如：國際商業機器公司（IBM）的前總裁路‧葛斯納（Lou Gerstner）在1993年初掌IBM時，IBM負債160億美元，四萬五千名員工被遣散；當他2002年退休時，IBM獲利80億美元，員工增加到六萬五千人。因此，當組織出現問題時，企業就會更換新的領導者，冀望藉此讓組織扭轉乾坤（陳家聲，2006：134-143）。

領導者的任務是為員工和組織設定方向，並將新的管理技巧和傳統的管理要求加以整合應用。領導人必須衡量並建立自己的領導風格，掌握管理一個團隊，發揮個人最大能力，達成集體成功的藝術。有關領導行為的研究，一直是組織行為學科裡非常重要的課題，學者們也提出許多的領導理論。

領導風格的涵義

領導是一個包含範圍極廣且定義眾說紛紜的概念，隨著論述者的觀點差異而有不同的描述。在第二次世界大戰末期，美國俄亥俄州立大學（The Ohio State University）和密西根大學（University of Michigan）的學者們就開始了對領導行為和領導風格的研究。

領導，可以從不同領域探討其意義。政治學觀點，係指行政首長的權力；社會學觀點認為，係指社會團體生活中所行使的權力和行為；心理學觀點，係指一個人或少數人對大多數人所做的影響；管理學觀點，係指

影響團體向目標之達成的能力。這些不同的觀點有共同之處，領導就是以若干種方法去影響別人，使其往一定方向行動的能力。例如，英特爾（Intel）創辦人葛洛夫（Andrew S. Grove）為讓研發人員能準時上班，自己每天八點打卡，以傳遞嚴守紀律的訊息。因而，領導行為不外乎包含領導者、被領導者（即組織內的成員）及領導情境。

　　風格（style），通常給人一種較抽象、難以捉摸的感受，其定義可說是五花八門，主要是因為修辭學、語言學、美學、文藝界等都會使用到此術語，因此較難予以操作性的定義。風格一詞的術語，在拉丁文裡寫作stylus，最初屬修辭學範疇，具有「作家寫作筆法」和「作品的特殊格調」等涵義；在古希臘語裡，以stylos表示風格；英語及法語以style表示風格、作風，是指某種藝術所獨具的表現方式；而風格一詞，在漢語裡出現很早，表示的意思不盡相同。例如，南朝宋劉義慶與其門下士人所編撰的《世說新語・德行》裡所說的「李元禮風格秀整」，係指人的氣質品格；而南朝文學理論家劉勰所著的《文心雕龍・議對》裡的「及陸機斷議……亦各有美，風格存焉。」則是指文章的藝術特色。二者的涵義雖不盡相同，但各種涵義的「風格」都與人的思想或行為有關，是人在某一方面表現出的特點的綜合反映（張慶勳，2004：9-10）。

　　領導風格（leadership styles），意指組織領導者受其社會文化、組織文化、個人人格特質影響後，將其思想、理念融入組織文化情境所表現出來的個人領導行事作為，亦即領導風格是領導者在組織文化情境脈絡中認知與行為的綜合表徵；領導行為（leadership behavior），係指領導者的領導風格所表現在外，可看得見、可描述的行為。例如已故蘋果公司共同創辦人史蒂夫・賈伯斯（Steven P. Jobs）之類的傑出領導人，多半是描繪出一個美麗的遠景並鼓舞員工隨著他們努力追求目標，而不是傳授技術能力的教練技巧。

第四節　領導理論的派別

《執行力》（*Execution: The Discipline of Getting Things Done*）一書共同作者瑞姆‧夏藍（**Ram Charan**），根據二十五年來對組織行為進行的研究發現，很多企業無法有效達成共識，落實決策有一個關鍵：人和人互動時，沒有產生結果。在深入追究原因會發現，大多是領導人造成了這種議而不決的文化（EMBA世界經理文摘編輯部，2001/06：23）。

領導風格從早期的特質論、行為論、權變論到單層面民主式、權威式、放任式的領導；之後領導行為理論學派提出的倡導結構（強調工作的任務取向）與關懷（強調人際的互動取向）兩個層面，也常被採用作為研究變項；近來最熱門的領導理論則為轉化型領導（transformational leadership）和交易型領導（transactional leadership）。

一、特質論

美國第34任總統德懷特‧大衛‧艾森豪（Dwight David Eisenhower）說：「作為領導者，最重要的特質當然是要正直誠實，如果缺乏這一點，不論在工作團隊、球場、軍隊或辦公室，你都不可能成功。」特質論學者認為，一個成功的領導者必有過人的特質，沒有這種特質的人，就無法成為一個成功的領導者。特質論是從領導者的個性立場來分析成功領導者和一般人的區別。換言之，是研究怎樣的人才能成為一位優秀的領導者。

特質論認為，領導權的形成，乃是領導者的人格特質、價值系統與生活方式所塑造而成的，但是沒有人可以為領導者的特質下定義，就像沒有人可以舉出一種在所有情況下都適用的領導風格一樣。依此，特質論者常常建立起領導者的明確特質表，可能包括身材高矮、力氣大小、知識高低、目標認知性、熱忱與友善程度、持續力、整合力、道德心、技術專長、決策力、堅忍性、外表、勇敢、智慧、表達能力與對團體目標的敏感性等。

俄亥俄州立大學教授拉爾夫‧史托迪爾（Ralph Stogdill）的研究指

出，一個人並不會因為具備特定的特質而成為領導者，而是因為與其他組織成員之間的工作關係互動的結果，而這樣的研究結果也開啓了後人對於領導行為論及情境論的研究。

二、行為論

由於特質論的研究不易形成一致的共識與結果，且難以建立強而有力的理論根據。於是，有些學者改以行為來界定領導。行為理論認為，領導效能非取決於領導人的個人特質，而是取決於領導人如何去執行，亦即行為表現。因此，行為論主張領導者並非天生的，是可經學習而培養的。

從行為的角度上來看，一個領導者在工作上及關係上都必須表現出與跟隨者不同的行為。美國密西根大學及俄亥俄州立大學就分別發展出評量領導者行為的量表，以瞭解哪些是有效能的領導行為，而為了將領導者的行為做分類，發展出了領導風格的研究，這也提醒了領導者，他們會透過所表現的行為及所建立的關係來產生對他人的影響（**表5-4**）（歐靜瑜，2010：10）。

三、權變理論

在領導行為理論盛行的時代，人們總在尋求一種適合於所有人的最佳領導方式，但是始終無法實現。於是，研究學者開始意識到情境因素對於領導效能的重要性，因此便有各種有關領導的權變理論（contingency theory）的產生。

權變模式又稱情境模式，乃假設適當的領導行為會因不同的情境而有所不同。因而，1960年代後，情境理論（situational theory）成為領導的主流，研究焦點拓展到領導者、被領導者與情境之間三種層面。

領導權變理論的研究甚多，較具代表性之理論大致有：羅伯特‧豪斯（Robert House）與特倫斯‧米切爾（Terence R. Mitchell）的路徑─目標模式（path-goal model）、費式的權變模式（Fiedler's contingency model）和領導者參與模式（leader-participation model）。

組織行為

表5-4　主管常犯的十四項錯誤

1.沒有傾聽。員工不能表達意見，只能乖乖接受命令，以致缺乏參與感與忠誠度，降低了員工的士氣。
2.讓員工負荷過重。要員工不能說不，以致工作量過大、工作成果不彰等。
3.被數字蒙蔽。數字只是結果，有些主管卻把重心放在改變數字上，而沒有找出造成這些數字的根本源頭，進行管理。
4.對員工的承諾模糊不清，甚至避免承諾，導致員工對公司的忠誠度下降。
5.把顧客放在最後。工作時沒有把顧客放在心中。
6.害怕及不願意進行員工的工作績效評估。對於員工的表現，主管必須學會提供直接以及立即的回饋。
7.團隊有名無實。團隊不只是一群人在一起工作，主管一定要能夠建立彼此信任、具有工作效率的團隊。
8.不具管理技巧。大部分的主管都不具備的基本管理技巧，包括提振員工士氣、回應員工需求等。
9.只會下命令。一個口令一個動作的員工，工作表現難以超出預期，僵硬的命令通常還會造成員工的抗拒。
10.沒有能力建立員工的信任感。如何建立、修補、維持員工與公司間的信任關係是主管的必備技能。
11.沒有清楚的計畫。
12.我說了就算。
13.不重視學習，以致不斷落後。
14.看輕管理。雖然主管是管理的執行者，但是許多主管卻忽視管理，認為管理理論過於模糊和理想化。

資料來源：企管顧問都漢（Robert Dunham）；引自EMBA世界經理文摘編輯部（2002）。〈主管常犯的十四項錯誤〉。《EMBA世界經理文摘》，第196期（2002/12），頁67。

(一)路徑—目標模式

　　路徑—目標模式，係1974年由豪斯和米切爾提出。他們的研究指出，領導者的主要功能在於為工作場所提供有價值或所渴求的報償，並為部屬闡明可達成目標與獲致有價值報酬之間的各種行為，亦即領導者應該為部屬開闢一些途徑以達成目標。

　　最完整的路徑—目標模式，定義出四種領導者行為：

1.指導型領導者行為（directive leader behavior）：指讓部屬知道其被期望的價值為何，並給予指引與方針及安排工作進度等。

2.支持型領導者行爲（supportive leader behavior）：指友善的、容易親近的、展現對部屬福利的關心，以及公平的對待每位成員。

3.參與型領導者行爲（participative leader behavior）：指向部屬諮商，要求部屬提供意見，並允許其參與決策制定過程等。

4.成就型領導者行爲（achievement-oriented leader behavior）：指設定具有挑戰性的目標、期望部屬能達成高績效的水準、鼓勵部屬，以及對部屬的能力表示信心（圖5-2）。

他們兩位學者認爲，領導行爲對於下列三項部屬行爲具有影響作用：工作動機、工作滿足和對於領導者接受與否。

在領導者的任務上，設定達成任務之獎酬及協助部屬辨認達成任務與獎酬之路徑，並替部屬清除可能遭遇之障礙。若高度結構化，由於其路徑已十分清晰，則應偏重人際關係，以減少人員因工作單調引起之挫折與不快。反之，工作富於變化與挑戰性，此時，領導者應致力於工作上之協

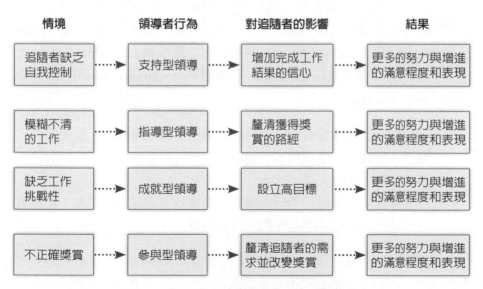

圖5-2　路徑—目標模式應採取的領導風格

資料來源：洪明洲（1999）。《管理—個案・理論・辯證》，頁143。台北：華彩軟體公司。

助與要求而非人際關係上。因此，領導者應視部屬特性以及任務結構兩項情勢變數而定。如果任務結構十分明確，工作途徑十分清晰，則應偏重人際關係，控制為多餘，使部屬獲得較大的心理滿足。反之，任務結構缺乏準則，富於變化和含混，部屬產生挫折感，則應致力工作上的要求和控制，部屬自能視為正當而樂意接受（Griffin著，黃營杉譯，2000：402-404）。

(二)權變領導模式

1967年，組織行為學者弗雷德‧費德勒（Fred Fiedler）發展的領導的權變模式，重點認為，一個有效的領導者必須要有彈性的因應環境的變化，或因應部屬多元化的特質而改變其領導方式。此模型說明了為什麼在某些情境下，有些領導者能發揮效能，有些領導者卻無法發揮效能；以及領導者在某些情境下能發揮效能，但是在其他情境下卻無法發揮效能。

◆領導風格

在第二次世界大戰末期，美國俄亥俄州立大學和密西根大學的學者們就開始了對領導行為和風格的研究。直到今天，領導者的最佳領導風格及其與組織績效之間的關係依然是學術界和企業界關注的熱點話題。

費德勒將領導者風格分為兩種：關係導向（relation-oriented）與任務導向（task-oriented）。

1. 關係導向的領導者希望受到部屬愛戴與部屬相處愉快，當然他們也期望部屬展現高度績效，但是他們重視先和部屬建立良好的關係，其次才是工作的完成
2. 任務導向的領導者，希望部屬表現高績效並完成工作任務，和部屬建立良好的關係並不是他們最在意的事。

費德勒進一步的指出，行為風格乃領導者人格的一種反應，而大多數的人格，本質上皆落在其所定義的兩種風格的類型上，即關係導向或任務導向。

費德勒利用一有爭議的問卷，稱為「最不喜歡共事夥伴量表」

（Least Preferred Coworker Scale, LPC Scale）來衡量領導者的風格。他指出，任何領導型態均可能有效，要視情勢因素而定。因此，一位有效的領導者，必須是一位有適應性的人。

◆情境因素的特性

費德勒指出，領導者所處情境的有利程度會影響其領導效能的發揮。當情境有利於領導時，領導者就能輕易地運用影響力改變部屬行為，使其向完成組織目標的方向努力並表現出高績效。

權變模式，指出影響領導效果的情勢因素有三項特性：領導者與成員關係（良好或惡劣）、任務結構（具體明確程度的高或低）和職權（領導者職權的強或弱）。

1. 領導者與成員關係（leader-member relations）：這因素是指領導者從成員處所得到的信任、支持、信賴與忠誠度的程度，在情境控制中這屬於最重要的因素。和諧與理想的關係可以使領導者能夠完全信賴成員，而成員也較能夠配合達成領導者的目標與願望。很顯然的，良好的關係是比較有利的情境。

2. 任務結構（task structure）：指領導者在分配工作給被領導者時，認真要求成員遵守其詳細的工作規範，亦即對組織的工作及工作流程是否有清楚的劃分程度。這些特徵的內容包括：工作項目和職責明確的程度、解決問題的程序與控制的影響力。當工作目標非常明確，且每一成員都知道該如何完成目標時，其工作結構即屬於高度結構化，這種情況有利於領導；但是當群體目標模糊、不確定，且成員也不確定該如何達成目標時，工作結構屬於低度結構化，這種情境對領導較為不利。

3. 職權（position power）：指領導者所擁有的正式職權的多寡，其中包括甄選、解僱、訓練等影響力的大小。當領導者擁有高度的決策授權時，他們可以利用加薪或減薪等來獎懲部屬時，表示擁有高度的職權，這有助於他們對員工的領導。從領導者的角度來看，強勢的職權要比弱勢的職權更為有利。然而，職權並不像任務結構與領導者與成員的關係來得重要。

根據前述「領導者與成員關係」的好和壞、「任務結構」的高和低、「職權」的強和弱會產生八種領導情境（從最有利到最不利）（**圖5-3**）。

任務導向型的領導者，在領導情境對他們非常有利和不利的情況下，員工會有較佳的績效表現；而關係導向型的領導者在領導情境對他們中等有利的情境下，員工的績效表現較佳。領導者可以根據此領導模型探取不同的努力，以增進其領導績效，例如，爲了改善情境對領導者的有利程度，他們可以將工作結構化，讓部屬清楚知道該完成哪些工作項目及如何達成工作目標。

(三)領導者參與模式

領導者參與模式，是由維克多·弗羅姆（Victor Vroom）、菲力浦·耶頓（Phillip Yetton）和亞瑟·加哥（Arthur G. Jago）所發展出來的領導模式，是預測什麼樣的情境需要何種程度的全體參與。

該模型認爲對於某種情境而言，五種領導行爲中的任何一種都是可行的。它們是：專制I（AI）型、專制II（AII）型、諮詢I（CI）型、諮詢II（CII）型和參與II（GII）型。具體描述如下：

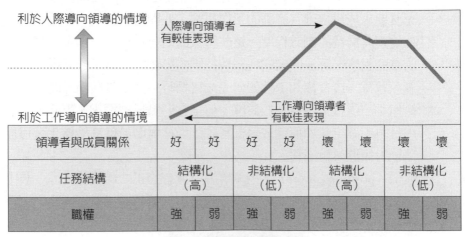

圖5-3 費德勒的權變模式

資料來源：參考自洪明洲（1999）。《管理─個案·理論·辯證》，頁140。台北：華彩軟體公司。

1. 專制I型：決策者當下根據自己所擁有的資訊解決問題或做出決策。
2. 專制II型：決策者由部屬提供必要的資訊，再下決策。
3. 諮詢I型：決策者把問題個別地告訴相關部屬，分別從他們那裡蒐集意見及建議，自己再獨自做最後的決定。
4. 諮詢II型：決策者把部屬召集起來，從中蒐集他們對問題的看法及建議；自己再做最後的決定。
5. 參與II型：決策者把部屬們聚集起來，一起討論問題，共同評估可能的解決之道，最後產生一個共識方案。（**表5-5**）

由此可知，上述三種領導模式（路徑─目標模式、費式的權變領導模式和領導者參與模式）指出，任何領導型態不一定是永遠正確的，強調領導行為的效能，決定於情勢，故領導者應該採取「適應性」的領導型態。

表5-5　領導者參與模式的權變因素

權變因素	說明
品質要求	這一決策的技術質量有多重要？
承諾要求	下屬對這一決策的承諾有多重要？
領導者的資訊	你是否擁有充分的信息做出高質量的決策？
問題結構	問題是否結構清晰？
承諾可能性	如果是你自己做決策，下屬是否一定會對該決策做出承諾？
目標一致性	解決問題所達成的目標是否被下屬所認可？
部屬衝突	下屬之間對於優選的決策是否會發生衝突？
部屬信息	下屬是否擁有充分的信息進行高質量的決策？
時間限制	是否因為時間緊迫而限制了你對下屬的包容？
部屬分布範圍	把分散在各地的下屬召集在一起的代價是否太高？
動機─時間	在最短的時間內做出決策對你來說有多重要？
動機─發展	為下屬的發展提供最大的機會對你來說有多重要？

資料來源：〈領導者─參與模型的權變因素〉，MBA智庫百科，http://wiki.mbalib.com/zh-tw/%E5%BC%97%E7%BD%97%E5%A7%86%E7%9A%84%E9%A2%86%E5%AF%BC%E8%80%85-%E5%8F%82%E4%B8%8E%E6%A8%A1%E5%9E%8B

四、新領導理論

大體而言，昔日領導理論的觀點大多聚焦於特質論、行為論和權變理論等，而專家學者將上述三種觀點加以融合、截長補短，建構出新的領導理論以因應未來環境的快速變遷。新領導理論包括三大向度：轉化型領導（transformational leadership）、交易型領導（transactional leadership）與非交易型領導。它不僅更強調人性的價值面，同時更增加組織效能的提升。

(一)轉化型領導

轉化，指的是針對舊有的領導方式做改變。轉化型領導的概念最先由唐頓（Downton）所提出，而正式將其作為一種領導行為的研究，則為政治社會學家詹姆斯‧伯恩斯（James MacGregor Burns）。伯恩斯以馬斯洛（Maslow）的需求層次論來對轉化領導做詮釋。他認為轉化領導的領導者能瞭解部屬的需求，為成員開發潛能、激發動機，培養部屬成為領導者。

轉化型領導者提出更高的理想及價值，如正義、公平、自由等，企圖喚起組織成員的自覺，將部屬的需求層次提升至更高層次，以達成領導者所設定的目標及讓部屬的追求自我實現。

轉化領導的意義為，領導者運用個人的魅力去影響部屬，取得部屬的崇敬、信任並將部屬動機層次提升，分享願景並鼓勵部屬共同去完成，以激發部屬對於工作及自我實現更加努力，而讓部屬所表現成果超乎預期。

(二)交易型領導

交易型領導是埃德溫‧賀蘭德（Edwin P. Hollander）於1978年所提出。它是基於社會交易的觀點，領導者和部屬之間的關係是一種現實的契約行為。賀蘭德指出交易型領導是領導者和部屬透過磋商達到互惠的過程，領導者與部屬在最大利益和最小利益的原則下，來達成共同的目標。

交易（互易）領導，即為領導者基於工作目標的達成及角色詮釋的

基礎上，適時運用協商、利益交換、獎賞處罰等方式激勵部屬努力工作，完成任務目標的一種領導歷程。

　　交易型領導的行為風格，主要包括權變報酬和例外管理兩個維度。權變報酬式的領導行為，是指領導者給予下屬適當「獎勵與避免處罰」作為激勵誘因。例外管理，分為積極的例外管理和消極的例外管理。積極的例外管理，是指領導者主動修正下屬的錯誤，讓部屬知道犯錯的根本原因，並且指導員工加以修正，以確保部屬達成工作目標；而消極的例外管理，是指當領導者與部屬共同設定工作標準後，領導者並不試圖改變任何工作規則，只留心部屬的偏差行為，一旦有偏差行為產生，領導者才給予糾正並採取權變式的懲罰措施或者其他修止行為。交易型領導者與部屬交換的主要是獎勵、晉升、福利等物質層面的價值（曹仰鋒，〈6種有效的領導風格〉）。

(三)非交易型領導

　　非交易型領導即放任型領導，係指領導者在部屬的事務運作中忽略相關部屬之需求，採取袖手旁觀態度，不提供意見，亦不加以干涉，避免進行決策及涉入部屬間的衝突事件，一律由部屬自行處理，且對於任務目標達成並不給予回饋及滿足需求，即使成員遭遇到任何困難，亦由成員自行設法解決。

　　根據研究顯示，成功的領導主要取決於被領導者是誰，以及情況為何。任何領導風格，從專制到放任，根據人和情況不同都有可能成功。管理經理人者可以依據不同情況而使用不同的領導風格，但沒有一種領導特質適用於所有情況，也沒有一種領導風格永遠最好。換言之，因人、因時、因地的權變使用領導風格，可以提升領導效能，達成目標（粘淑芬，〈談領導風格〉）。

五、女性的領導風格

　　《哈佛商業評論》（*Harvard Business Review*）曾針對1,000名男性主管和900名女性主管所做的民意調查結果顯示，85%的男性主管和女性主

管都認為男性較不習慣在女性主管的領導下工作，也因為這樣的想法，使得很多上司較不願升遷女性主管（**表5-6**）。

美國教授朱迪・蘿瑟納（Judy Rosener）的研究結果指出，社會化與職場路徑讓女性產生不同的領導方式，男性領導者著重交易型的領導，亦即以懲戒獎賞來區分部屬的工作優劣表現；但女性領導者則注重轉化型的領導，傾向使部屬的個人利益轉移至對達成團體目標有助益的層次，並將女性特質適當的融入領導技巧中。此外，女性領導者還被認為是問題解決者，以及願景創造者，對自己與他人都有極高的工作表現期望，並以可信、公平、信賴以及誠實的態度，來呈現出她們對於人際關係往來的高度關心。

表5-6　女性領導常見的特質

特質	說明
強調人際關係網絡的建立	不論在工作組織或人際關係上，女性領導者與他人連結相互包容，從而影響並協調部屬。
著重分享	不論資訊、權力、技術或知能，女性領導者都喜歡與他人分享，這種喜好分享的傾向，是來自於對網狀關係的重視。
鼓勵參與授權	女性領導者常能接受部屬所提出的意見或觀點，也努力創造各種機制，使他人參與管理或決策過程並分擔責任。
注重合作與教導互惠	女性領導者不但接受他人的教導以達成自己的專業成長，更常常教導他人，因此常令人有師傅或教導者的感覺或形象。
傾向採用合作的衝突管理策略	女性領導者認為衝突是找出問題、解決問題的主要動力，因此傾向採用合作的衝突管理策略，以尋求良好關係的保持而達到雙贏的情境。
重視直覺與良好溝通	女性領導者傾向採用直覺式的問題解決模式；而由於女性具有較佳的口語及表達能力，因此，女性在溝通上的優良表現，也常為女性領導者締造領導的順境。
善於生活規劃與時間管理	女性領導者常會抽空做一些與工作無關的事情，如喜歡閱讀、樂於接受新知、著重興趣培養、重視家庭生活，並會適時適度地扮演各種角色，儘量維持工作、家庭與生活三者的平衡關係。
重視專業成長與生涯規劃	女性主管對於自己的生涯通常有自己的想法與規劃，認為專業成長的提升有助於她們在領導生涯上的發展。

資料來源：林政雲、楊秋南、邱照麟、馮麗珍、王桂蘭。〈國小女性校長領導風格之研究〉。國立教育研究院籌備處第103期國小校長儲訓班專題研究，http://www.naer.edu.tw/ezfiles/0/1000/attach/13/pta_846_3304291_29843.pdf

　　性別差異、早期社會化經驗以及獨特的生活經驗，造就了女性獨特的價值、興趣與行為；故當女性位居領導者時形成女性獨特的領導方式。研究發現，當女性表現出傳統角色期望，如柔順的、感性的、呵護的女性特質時，會被認為是不佳的領導者；但當女性主管展現如進取、成就導向、競爭、獨立等特質時，又會遭負面評價，致使女性領導者陷入「雙重受縛」的處境，形成領導過程中權力運用的一大阻礙（林政雲等，〈國小女性校長領導風格之研究〉）。

結　語

　　領導的影響力（INFLUENCE），即代表著誠信（Integrity）、栽培（Nurturing）、公平（Fairness）、傾聽（Listening）、瞭解（Understanding）、激勵（Encouraging）、引導（Navigating）、連結（Connecting）及授權（Empower）。所以，鋼鐵大王安德魯·卡內基（Andrew Carnegie）墓誌銘上寫著：「這裡躺著一個人，他明白如何集合比他能幹的人在他身邊。」這就是領導。而班尼斯的名言：「管理者把事情做對，領導者做對事情。」指出，作為一個領導者，想要領導別人，就必須不斷地成長，因為領導與成長二者是成正比的，成長帶來往前的力量、活力及挑戰。所以，《領導者的祕訣：偉大的領導者應該知道與要做的事》（*The Secret: What Great Leaders Know And Do*）兩位作者肯·布蘭佳（Ken Blanchard）和馬克·米勒（Mark Miller）提供領導者一個非常有用的成長做法：獲得知識增長，包括對人與對事；接觸別人，分享你的觀點；打開你的世界，學習更寬廣；擁抱人生智慧之路。

第六章

組織變革

- 企業生命週期
- 組織變革的類型
- 組織變革模型
- 裁員管理
- 壓力管理

> 擁抱變革,但要堅持個人價值觀。
>
> ——第十四世達賴喇嘛(Dalai Lama)

　　美國開國元勳之一,百元美鈔的肖像班傑明·富蘭克林(Benjamin Franklin)曾說,人生有兩件事不能逃避,一是死亡,二是納稅,但對企業來說,還有第三件不能逃避的事,就是變動,因應變動,已經成了企業的新常態。大大小小的變革,從組織重整、業務調動、專案計畫變更、資訊系統改版到上班時間調整,甚至辦公室搬遷等等,這都是組織變革的一部分。知名的變革領導大師哈佛商學院教授約翰·科特(John Kotter)說:「變革最根本的問題,就是改變人們的行為。」而戴姆勒·賓士(Daimler-Benz)汽車前董事長兼執行長裘根·崔瑞普(Juergen Schrempp)也說過:「沒有雄心壯志或是老想湊合過日子的人,不可能改變現狀。」

　　組織變革是因應外在環境變遷或內部組織危機所進行的必要性調整,可以是較單純的策略改變,也可以是劇烈的企業再造或體制轉型等,而組織變革管理是利用行為科學的知識與技巧,對組織進行計畫性變革,涵蓋的議題包括:行為改變技術、領導風格的影響、策略改變、組織文化改變、全面品質管理的組織變革等。

第一節　企業生命週期

　　過去的成功,往往會變成今日的包袱。組織變革通常是複雜的,必須耗費大量時間與精力進行管理,其過程有時是痛苦的,甚至會以失敗告終,或只取得局部的成功,但持續地變革已成為時代所趨,變革管理(change management)已然是行政管理中重要的一環。

　　生命週期(life cycle),係指有機生物的生老病死的生命階段。世界上任何事物(植物、動物或人)的發展都存在著生命週期(出生、成長、老化、死亡),企業也不例外。企業生命週期如同一雙無形的巨手,始終

左右著企業發展的軌跡（**圖6-1**）。

　　一個企業要想立於不敗之地，必須掌握企業生命週期的變動規律，並及時調整企業的發展戰略，面向市場推動該企業的穩定、健康發展。在工業化社會，產品的生命週期常常是二、三十年。從某種角度談，建立一個組織，唯一目的是生產某項產品，一旦組織建立後，可以二、三十年不變，就是生產那個產品。因此在二十世紀談變革管理，大概一輩子碰不到兩次，因為每變一次，就可以維持二十年。但是進入二十一世紀，消費者的「喜新厭舊」，讓產品的生命「縮短」，趕不上流行趨勢的腳步跟進，就會「滅頂」（楊瑪利，1999/07：184）。

　　根據伊恰克‧阿迪茲（Ichak Adizes）的企業生命週期理論（life-cycle approach）指出，企業生命週期是循環的，可預測的，辨識組織生命週期階段，可以讓經理人預見即將面對的問題並及時採取適當的措施（**表6-1**）。

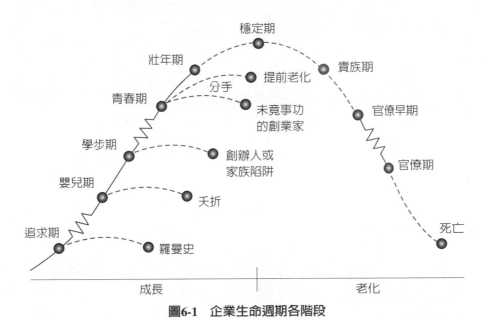

圖6-1　企業生命週期各階段

資料來源：Ichak Adizes 著，徐聯恩譯（1996）。《企業生命週期：長保企業壯年期的要訣》（*Corporate Lifecycles*），頁 113。長河出版社出版。

表6-1　組織生命週期階段特性

組織生命週期	組織特性
開始 （Start-Up）	・企業年限短、規模較小 ・結構正式化程度較低，組織結構較簡單 ・集權程度高 ・多角化程度低 ・勇於面對經營風險
擴張 （Expansions）	・成長速度快，規模擴大 ・結構正式化程度較前一階段高，重視單位功能 ・集權程度降低 ・多角化程度提高 ・重視溝通與協調機制
成熟 （Maturity）	・企業規模組織較大 ・成長趨於緩慢 ・已成正式的結構化組織 ・趨向分權化 ・建立管理系統、重視幕僚組織與控制能力
轉變 （Diversification）	・企業已達一定規模程度與經營年限 ・成長面臨瓶頸，透過其他市場或經營策略來突破 ・制度化程度高，面臨組織僵化 ・產品與市場多角化程度高 ・尋求企業改造與經營轉變
衰退 （Decline）	・企業規模縮小 ・成長減退 ・組織過度官僚與僵化 ・需要重新制定策略

資料來源：陳瑜芬、吳明政、賴銘娟（2006）。〈應用實質選擇權探討企業在不同生命週期的人力運用策略〉。《中華管理評論國際學報》，第9卷，第4期（2006年12月），頁5。

一、阿迪茲的理論

阿迪茲將企業在其經營的過程中，分為成長期、重生與成年期、老化期三個時期九大階段，通稱為企業的生命週期。

(一)成長期

企業成長階段逐步由追求期邁入嬰兒期，再由嬰兒期走到學步期。

階段1：追求階段（courtship stage）

這個時期企業尚未出生，它只是個創業構想。

階段2：嬰兒階段（infant stage）

這個時期以行動為導向，沒有什麼政策、制度、手續或預算，企業組織非常有彈性，員工能隨時加班。重要的不在於一個人有多偉大的構想，而是他做了什麼。

◆階段3：學步階段（go-go stage）

這個時期企業不再缺乏現金、業績更是逐步上升而產生自滿，因而會想做太多事情而遇到麻煩。

(二)重生與成年期

企業從成長期逐步踏入了成年期，這個時期包括兩個階段：

階段4：青春階段（adolescence stage）

這個時期最明顯是衝突與不一致。這些衝突導致許多沒有結果的會議，並可能引起創辦人離職，導致企業的死亡。

階段5：壯年階段（prime stage）

這個時期是企業最輝煌的日子，公司具有平衡的自制力與彈性。到了壯年期的頂端，它的宿命便會下滑，就像水果，青的還沒熟，熟了，開始爛。

(三)老化期

企業到了成年期後就逐步走上老化期，這個時期包括四個階段：

◆階段6：穩定階段（stable stage）

這個時期在鐘型企業生命週期的最頂端，也可以說企業老化的第一個生命週期。企業仍然強健，但是正逐步失去彈性，但更圓熟老練。這是企業成長與衰退的轉折點，創業精神漸喪失。

◆階段7：貴族期（aristocracy stage）

這個時期的組織氣氛是沉悶的。公司現在講究的是程序而不是成效。你做什麼不重要，重要的是你是怎麼做的。只要你在公司待得夠久且循規蹈矩，你就會過得很好，也會獲得晉升而不管你做了什麼，對公司有無具體貢獻。同時，此一時期希望透過購併來成長，最常購併的是學步期企業，因為技術新、新產品有市場成長的潛力，但是如果學步期的企業購併貴族期企業，那真是「人心不足，蛇吞象」。

小辭典　貴族期的企業特徵

貴族期企業重視形式與傳統，內部表面和諧，但文化上否認現實、偏安江左、氣氛沉悶，更重要的是缺乏內部改造的能力。這樣的企業一旦業績與利潤直線下降，邁入官僚早期階段，內部便會上演清算與鬥爭的戲碼。

資料來源：徐聯恩（1996）。〈企業變革標誌：結構變革〉。《EMBA世界經理文摘》，第123期（1996/11），頁66。

◆階段8：官僚早期（early bureaucrat stage）

這一時期的業績和市場持續萎縮，爭論集中在誰為問題負責而不是該採取什麼補救的辦法。諷刺的是，沒有人承認他們該為公司的經營困難負責，大家相互猜忌、卸責諉過，注意力集中在內鬥，對外部顧客卻不屑一顧。

◆階段9：官僚期與死亡（bureaucrat stage & death）

這一時期的企業無法自力更生，需要外來的補助才能維持生存。它存在的理由不是對顧客的貢獻，而是它已經存在的事實。制度齊備但無法發揮預定功能。當不再有人對官僚期企業有所期望時，它死亡的日子就不遠了（Ichak Adizes著，徐聯恩譯，1997）。

第二節　組織變革的類型

變革一詞的英文為change，而該字導源於古法文changer，原意為彎曲或轉彎，就像樹枝或藤蔓趨向陽光一般，也有人將其譯為變遷或改變。依據彼得‧聖吉（Peter Senge）於其著作《變革之舞》（*The Dance of Change*）一書裡的說法，change一字的本質在今日已具備豐富的意涵，包括科技、顧客、競爭者、市場結構、社會、政治環境等外在變化，以及為了調適環境變化而產生的內部變化（如策略）等，均為其所涵蓋。

一、變革管理的意義

對組織而言，變革一直是項嚴酷的考驗，會影響到組織的生存與發展。《韓非子‧五蠹》書上說：「事因於世，備適於事，世易則事異，事異則備變。」指的是當世道變了之後，我們做事情，思考問題的觀念和方法也得變，要與時俱進，順應潮流，跟上變化，才能在變革中再求生、再起死回生。

個案 6-1　執行力

大陸東北一家國有企業破產，被日本財團收購。廠裡的人都翹首盼望著日方能帶來讓人耳目一新的管理辦法。出人意料的是，日本人來了，卻什麼都沒有變。制度沒變，人沒變，機器設備沒變。日方就一個要求：把先前制定的制度堅定不移地執行下去。結果不到一年，企業扭虧為盈。

啟示錄：日本人的絕招是什麼？執行，無條件地執行。

資料來源：石鐘韶（2004）。〈管理的3大魔戒〉。《企業管理》（2004/08），頁32。

變革管理，意即當碰到組織成長遲緩，內部不良問題經常產生，愈無法因應經營環境的變化時，企業必須做出組織變革策略，將內部層級、工作流程以及企業文化進行必要的調整與改善管理，以達企業順利轉型。誠如唐納‧薩爾（Donald N. Sull）所著的《成功不墜：最適者再生》（*Revival of the Fittest*）一書所言，當企業到達巔峰時，便容易耽於組織慣性，慣性往往來自過去的成功，而改變是要組織放棄過去認為是對的事情。因此，若外在環境改變，從心智到行動也都要跟著轉型。傑克‧威爾許在接掌奇異（GE）公司時，奇異公司還是一個穩定成長的公司，但他及時做出變革，大規模檢討自己的部門，且在市場上位居前三名者才可留下，其餘一律淘汰或賣掉。這個做法在當時引起很大的爭議，然而事實證明，他的確是個有遠見、洞察機先的人，提前解決奇異公司的難關，直到現在還是管理學上令人津津樂道的個案。

二、變革的類型

英特爾（Intel）創辦人安迪‧葛洛夫（Andy Grove）在《10倍速時代》（*Only the Paranoid Survive: The Threat and Promise of Strategic Inflection Points*）書上說：「成功的企業往往已經埋下了失敗的種子。因為別人對你的成功眼紅，都想打你的主意，如此被人東邊一拳，西邊一腿，如果不夙夜匪懈，精益求精的話，遲早要被人打敗的。」（信懷南，1996/11：134）

世界級領先的全球管理諮詢公司麥肯錫（McKinsey & Company）提出的下列7S模型（McKinsey 7-S Framework）的變革類型（**圖6-2**）。

1. 策略（Strategy）變革：改變企業的經營方式，以創造新的核心競爭力為目標。
2. 結構（Structure）變革：改變組織原有的結構。
3. 制度（System）變革：改變組織內的作業流程。
4. 管理風格（Style）變革：高階管理者領導風格的改變。
5. 員工（Staff）變革：改變人力資源的結構與屬性。
6. 共同的價值觀（Shared Value）變革：改變企業內部文化。

圖6-2　麥肯錫7S架構

參考資料：編輯部。〈麥肯錫7S架構 McKinsey 7-S Framework〉，《經理人月刊》，http://www.managertoday.com.tw/glossary/view/123

7.技能（Skill）變革：導入新科技或新技術，以提升品質、降低成本，提升營運績效。

在模型中，策略、結構和制度被認為是企業成功的「硬件」；管理風格、員工、技能和共同的價值觀被認為是企業成功經營的「軟件」。麥肯錫7S模型提醒企業的經理人「軟件」和「硬件」同樣重要，各企業長期以來忽略的人性，如非理性、固執、直覺、喜歡非正式的組織等，其實都可以加以管理，這與各企業的成敗息息相關，絕不可忽視。

綜觀而言，組織並非一個靜態的實體，因此，要保有組織的功能，必須建立起一套有系統的變革知識。

 第三節　組織變革模型

　　早在1996年，哈佛商學院教授科特（Kotter）就指出，有將近七成的大型轉型變革計畫都悽慘收場，之後的其他研究也都指出類似的結論。知名管理學者加里・哈默爾（Gary Hamel）與米歇爾・薩尼尼（Michele Zanini）表示，這些企業之所以失敗，主要是因為推動變革的人不對，實施變革的方式也錯了（EMBA世界經理文摘編輯部，2014/12：96）。

一、組織變革模型

　　對組織而言，危機是引發變革最有力的動機。組織變革的核心是管理變革，而管理變革的成功來自於變革管理。

　　在組織變革模型中，最具影響力的應該是由心理學家庫爾特・勒溫（Kurt Lewin）提出的有計畫的變革模型，包含解凍（unfreeze）、變革（change）、回凍（re-freeze，制度化）三階段變革理論。

　　勒溫提出，變革需要公司先打破現狀，也就是解凍，在經歷行動（變革），並且達到新的理想狀態後，再將其穩定在這個狀態當中，也就是再回凍，用以解釋和指導組織如何發動、管理和穩定變革過程（**表6-2**）。

表6-2　組織變革管理的時機

1.企業成員認同感下降，不認同企業價值與遠景，私心大於公益。
2.組織不同部門的衝突加劇。衝突造成的後果是：部門本位主義取代了團隊合作。
3.組織決策權集中在少數高層人員手中，大多數成員無力改變現況，便成得過且過。
4.組織既得利益階層排斥學習新技術與新知識，甚至不支援自發性的員工學習。

資料來源：宋晁宇，〈變革管理〉，CPC管理知識中心，http://mymkc.com/articles/contents.
　　　　　aspx?ArticleID=21205

(一)解凍（刺激人員改變原來的態度、行為）

這一階段的焦點在於創設變革的動機。承認組織現況不好，發布原先被掩蓋的不利訊息，以化解變革阻力，打破組織慣性，營造有利變革的條件。鼓勵員工改變原有的行為模式和工作態度，採取新的適應組織戰略發展的行為與態度。套句《孫子兵法》書上的記載：「勝兵先勝而後求戰，敗兵先戰而後求勝。」勝者先洞悉情勢，製造有利條件後才大膽出手，而敗者則是盲目出戰，再看情況決定下一步，自然失去許多獲勝的優勢。

(二)行動（提供並促使人員學習新的行為模式）

這一階段應該注意為新的工作態度和行為樹立榜樣，採用角色模範、導師指導、專家演講、群體培訓等多種途徑，亦即利用溝通引進學習型組織，使組織成員逐漸接受觀念。古人說：「因勢利導，水到渠成。」只要解凍做得好，自然而然就會有向心力，萬眾一心，計畫推行起來也較為順利。

(三)回凍（再強化和支持人員所學得的新方法、新行為與態度，使之穩固）

這一階段是利用必要的強化手段使新的態度與行為固定下來，使組織變革處於穩定狀態。從事確定變革策略，擬訂明確的目標、環境評價、行動方案與各種配套措施，避免「人走政息」的五分鐘熱度，導致組織快速腐化質變、長期動盪不安。因此，組織要建立許多規範，例如：制度化、內化和常態化。變革不能只有個案而應該要深耕，等到成員都可以接受此一模式時，才算真正成功。

這三個步驟中，最重要的是解凍，所謂「組織者人之積也，人者心之器也。」當領導團隊思考出好的方法及方向，並著手推動變革時，接著就要考量是否能讓員工接受。大多數的人擁有保守心態，只要環境還可接受，就不想隨意求新求變，這往往是失敗的前兆，而領導者應該掌握此人性，並從中出發，尋找最合適的相處模式，敦促改革的前進（毛治國，〈變革管理〉）。

組織行為

科特（John P. Kotter）與柯恩（Dan S. Cohen）共同著作的《引爆變革之心》（*The Heart of Change*）一書指出，企業在推動變革時，通常能夠成功掌握變革的企業都會增強急迫感、建立領導團隊、設定對的願景、溝通、授權行動、創造短期勝利、切莫鬆懈和持續變革這八大變革程序，才能獲得員工的長期投入，成功讓公司脫胎換骨（**表6-3**）（EMBA世界經理文摘編輯部，2002/08：98-99）。

二、溝通機制建立

大多數企業變革的結果是這樣的：企業費盡全力推動組織改革，到了應該歡呼收割時，卻發現內部運作仍然維持老樣子。追究其原因，原來是員工的行為並沒有改變。心態一變，其他就比較容易（**表6-4**）。

表6-3　成功變革的步驟

類別	步驟	說明
搭建平台	1.建立危機意識	幫助大家意識到變革的必要，以及馬上採取行動的重要。
	2.成立領導團隊	確保成立一個強而有力的領導團隊，一個具有領導才能、公信力、溝通技巧、權威、分析技能和危機意識的團隊。
做出決定	3.提出願景	讓大家清楚認知變革後的未來與過去會有什麼不同，預見願景落實的步驟。
實施變革	4.溝通願景	盡可能讓全體成員理解並接受變革願景和策略。
	5.授權員工參與	盡可能為那些願景投入變革的人掃除障礙。
	6.創造近程戰果	儘快取得一些看得見成果的勝利。
	7.鞏固戰果並再接再厲	取得初步成功後要更加努力，不斷地進行變革，直到將願景變成現實。
鞏固成果	8.讓新做法深植企業文化中	堅持新的行為方式，確保它們成功並日益強大，直到取代舊傳統成為企業文化。

資料來源：約翰・科特（John Kotter）、赫爾格・拉斯格博（Holger Rathgeber）著，雷霖譯（2007）。《冰山在融化》（*Our Iceberg Is Melting*），頁112-113。台北：聯經出版。

表6-4　變革行動的15個問題

1. 我們對變革成功的描述是否清楚，能夠鼓舞人心，能說服並激發人員在情緒上接受此變革行動？
2. 變革行動提出的方案，是否對我們的組織具有吸引力，是否在我們的文化中可行？
3. 高階領導人的溝通和行動是否和這項變革行動連結？
4. 我們是否有能夠在現今及未來情況下適任的團隊領導人？
5. 組織各層主管是否積極加強採行變革？
6. 我們是否挑選了可靠的團隊成員並邀請值得信賴的意見領袖參與？
7. 我們是否知道誰將因為變革行動而受到最大的攪亂？我們有沒有研擬計畫以應付阻力，促使他們投入？
8. 我們能培育或取得這個變革行動需要的人才和專長嗎？
9. 我們是否已經辨識出將有助於驅動結果的行為，以及鼓勵這些行為的方法？
10. 此變革行動的治理架構設計是否得當而可以做出及執行健全、有效率且及時的決策？
11. 我們能不能在保護事業績效的同時，準時達成變革而不致因此導致人員及其他資源的過度負荷？
12. 我們是否有目標、指標和制度可以預測結果，並在太遲之前做出行動修正？
13. 我們的組織（架構、文化、獎酬制度等等）是否做出相應而能支持變革的調整？
14. 我們能不能以速度強化我們的體制，利用新技術以準時達成變革成果？
15. 我們是否設計了快速反饋迴路，以供快速學習並改進我們的解決方案？

資料來源：Patrick Litre Al文。李芳齡譯（2014）。〈變革行動，你該問的十五個問題〉。《EMBA世界經理文摘》，第340期（2014/12），頁78-79。

　　企業變革中，需要面對的最大挑戰就是員工的情緒。變革意味著不確定、未知與風險，以及繼之而來的壓力、恐懼與威脅，而人是習慣的動物，面對未知的改變，難免會焦慮、恐懼，甚至抗拒。社會心理學家傑瑞德・傑立森（Jerald M. Jellison）指出：「變革最難的挑戰，就是處理人的問題。」而美國管理協會（American Management Association, AMA）針對五千多位全球企業領導人的調查就發現，員工無法接受變革的原因，多半出在領導人過度聚焦在變革本身，忽略了同樣關鍵的一環：讓員工改變行為。

　　企業變革經過解凍、行動、回凍三部曲這並不容易，當中最怕遇到員工的阻力。員工的行動慣性會對變革產生不安全感，因此，經理人無法強迫員工改變，只能從觀念出發，影響或說服員工的改變，亦即當員工有了下列這些認同感，才能有效改變行為。

1. 從屬下的角度看變革：主管要向屬下推銷改變前，最好先想清楚，變動將對屬下帶來哪些影響、他們的生活會有什麼不同、為什麼這些改變很重要。例如，要求員工早上提前半小時開店，影響的不只是他們的通勤，還有小孩托兒、上學的安排等。如果能事先想清楚這些影響，你就可以用更體恤的方式向員工說明公司的變動，這會有助於減輕他們的壓力，讓改變順利進行。

2. 詳細說明，推銷變革的理由：先把團隊找來，向他們詳細說明變動的背景和整體情勢，逐一交代必須進行的改變，並解釋為什麼這些改變對公司很重要。諸如，「為什麼我們應該改變」、「我們應該改變什麼」、「我們應該從何開始」、「誰應該負擔責任」等四個問題，以刺激員工思考變革的必要性，並且開始採取行動。（EMBA世界經理文摘編輯部，2000/06：128）

3. 接受員工的各種反應：變動會為屬下帶來壓力，問他們有什麼建議，可以讓轉變的過程對大家更好。

4. 推銷變革的好處：企業必須提供足夠的激勵誘因，指出變革會為屬下帶來哪些效益和附加價值。

5. 與每個成員進行一對一談話：除了團隊會議，主管也要跟每個成員個別談話，瞭解每個人的想法與心態。你應該傾聽他們的擔憂，並且設法讓每個人都做出繼續努力的承諾。

6. 讓屬下參與變革的過程：主管應鼓勵員工參與引進變革的過程。變革計畫應該及早預告，讓員工有回饋意見的機會。

7. 積極進行溝通：在變革的過程中，必須有計畫、經常地進行進度溝通，幫助員工預期接下來的改變。

8. 適時宣布好消息，激勵屬下：不必等到整個計畫結束才宣布成功，而是應該在達到每個里程碑時，把它當成打氣的好機會，適度讚揚你的成員。（吳怡靜，2010/10/06-10/19：232-234）

　　組織變革本質上是一種情緒的過程，而員工的情緒因素乃是一隻變革怪獸。變革是無止境的，變革怪獸永遠潛伏著，唯有持續變革的企業，才能常保繁榮與成功（李芳齡，2001/06：130）。

170

 # 第四節　裁員管理

　　組織變革上，基本上可以分為三種：第一種是組織結構的變革；第二種是技術的變革；第三種是人員的變革。裁員屬於第三種的變革，是組織變革下揮之不去的夢魘。

　　以往企業界只重視投資報酬率（Return On Investment, ROI）而忽略了管理報酬率（Return On Management, ROM），使得企業官僚制度、人員不夠精簡等問題成為組織肥胖、階層過多的主因。因而，企業經營一旦遇到困難便以裁員方式來求得企業短期利益。但是企業沒有謹慎規劃，裁員可能為企業換得一時的成本節省，卻影響長期的員工向心力和公司競爭力，得不償失。

一、組織精簡

　　組織變革最引人矚目的部分是結構變革（restructure），也就是部門裁併、關廠、人事精簡、結構扁平化與流程改造。1993年，路‧葛斯納（Louis Gerstner）接掌國際商業機器公司（IBM）的首次會見經營團隊時，他提出其中的一項期望：「如果IBM真的人員過於龐大，讓我們儘速在今年第三季之前調整至最適規模，以競爭者的成本結構為標竿，達到最佳狀況。IBM不能再堅持不裁員的政策。」（EMBA世界經理文摘編輯部，2002/12：94）

　　一般在組織變革過程中，企業縮減在組織體制中已不具附加價值的員工，稱為裁員（法律用語稱「資遣」）。組織精簡，就是指公司裁掉大量的管理人員和專業人才，其手段包含：大幅裁員（幅度5～15％）、全面性的裁員、深入性的裁員，通常涵蓋好幾個組織層級、減少人員以達到降低成本的目的和強調儘速完工。

　　不少公司的確因大量裁員而改變他們的財務狀況，然而這是有代價的。一位艾克森（Exxon）石油公司的員工談起他被裁員的經驗說：「雖然企業照顧員工並沒有明文規定，但當我離開時，我覺得被騙了，自信心

組織行為

受創不打緊，我覺得我犯了唯一錯誤，就是太為公司著想了，從不為自己留點後路，結果注定要失望。甚至有些人因而患了憂鬱症、酗酒、吸毒、家庭陷入困境及身心失調等現象。」（**表6-5**）（Robert M. Tomasko著，卓越出版部譯，1992：47）

奇異（GE）公司前總裁傑克・威爾許有一句名言：「任何人，如果他很樂意裁員，那麼他就沒有資格做企業領導人；反之，如果他不敢裁員，他也不夠格做一個企業領導。」美國社會學家哈維・貝瑞納（Harvey Brenner）曾就失業對美國社會的衝擊進行研究。他估計失業率提升一個百分點，在六年間會間接導致三萬七千人因為失業使身心受戕害而提早抑鬱而終，這一評估也指出失業（非自願性失業）的痛苦僅低於坐牢、喪偶，是人生最痛苦的境遇之一。荷馬壓力量表（Holmer Scale）顯示，配偶死亡的壓力指數是100，離婚是73，被老闆開除是47（中時晚報編輯部，2001/02/23）。

表6-5　被解僱者之選擇標準

> 　　雇主具《勞動基準法》第11條經濟解僱事由時，其除須遵守解僱之限制相關規範外，勞動法令上並未明定。一般選擇基準不外乎為斟酌工作年資、資格能力、負擔扶養義務狀況等因素（即一般所謂「社會性觀點」）之員工。
> 　　對於解僱限制之相關規範如：
>
> 一、依《憲法》第7條及《就業服務法》第5條規定，不得做差別歧視解僱之限
> 　　制（非含移工）。
> 二、依《勞動基準法》第13條規定，女性分娩前後停止工作期間及職業災害醫
> 　　療期間，不得解僱之限制。
> 三、依《勞動基準法》第74條及《職業安全衛生法》第39條規定，不得因勞工
> 　　申訴雇主違反規定而遭解僱之限制。
> 四、依《工會法》第35條及《勞資爭議處理法》第8條規定，對於不當勞動行為
> 　　及勞資爭議調解、仲裁或裁決期間，不得解僱之限制。

資料來源：蕭俊傑（2014）。〈勞動教室——裁員解僱時，誰會被選定？〉。《台糖月刊》，第2025期134卷2期（2014/02/10），頁32。

二、旋轉門症候群

美國《財星》雜誌研究表明，企業培養新人的成本達到離職員工薪水的1.5倍。為被裁或離職員工建立返聘機制，不僅僅是一種人性化管理模式，也可以為企業再次開拓業務提供方便。摩托羅拉（Motorola）、麥肯錫諮詢（McKinsey & Company）、貝恩諮詢（Bain & Company）等企業，就建立完整的返聘機制（周桂清，2014/07：43）。

旋轉門症候群（revolving door syndrome），是指當企業執行裁員之後，可能會造成某些尷尬局面，就是裁掉員工之後，又覺得人員不足，通常那是因為人離開了，但工作還在，本以為公司內部員工會自動調整適應，然而，事實並非如此，有時，當生產運行到一半時，一群人突然同時提出退休或離職，最後公司還要花錢聘請他們回來當顧問，以進行未完成的計畫，有時又要花一大筆在招募、甄選、訓練新員工的費用，令當初那些想靠裁員以節省開銷的公司更頭痛，用一句話來形容，做出了搬石砸腳的決定。

一項研究報告中指出，一個有創新的公司存在兩種組織型態，一種是有形的，可以在公司組織圖表中看出來，它分配權責，能夠順利引導公司成員完成預定目標；另一種是無形的，稱為「影子公司」，它的目標指向未來，指向新產品的研究發展，為將來的企業收益奠下基礎。而一個公司裡的員工就可能同時扮演兩個角色，一個是正式的頭銜，另一個是私下的角色。很不幸地，在企業裁員時，擁有去留生殺大權的還是經理人，個人在影子組織中的角色被遺忘了。雖然許多高階主管已經試圖尋找其他的方式，但是只要發生大量裁員，那麼它就無意於摧毀了新產品的開發工作。結果一旦景氣復甦時，公司又急著四處找人。

美國林肯電機（Lincoln Electric）公司標榜公司絕不裁員。林肯電機的政策規定，只要員工在公司工作三年以上，除非工作表現不佳，員工不會因為景氣而遭到裁員，但是附帶條件是，在必要時，公司可以調整員工的職務，包括將他們調至職銜或薪資較低的工作。過去遭遇不景氣時，該公司便曾將五十名員工調派為業務員。由於林肯電機成立多年來，一直遵

守不裁員的承諾，在公司年資達三年以上的員工不需擔心遭到裁員，因此員工的流動率不到5%。（EMBA世界經理文摘編輯部，2001/09）

要避免精簡後的一些後遺症，就要精準地裁減不必要的幕僚和管理層而不是一視同仁，在所有部門進行解僱。要用步槍瞄準，而不是用霰彈槍掃射（**表6-6**）。

三、裁員前的準備

經驗顯示，大規模裁員都會傷害員工與企業之間的信任、默契與士氣，不但在企業沿革史上留下傷痕，甚至產生難以克服的後遺症。因此，一般我們只會見到企業採取人事凍結、遇缺不補、鼓勵早退，以較爲和緩的方式進行人事精簡（徐聯恩，1996/11：65）。

裁員（解僱）應符合最後手段性原則，係現行法之價值判斷，於裁員（解僱）時仍應適用。根據《人力資源雜誌》（*HR Magazine*）、《勞動力》（*Workforce*）以及《公司》（*Inc.*）等雜誌的歸納，企業在裁員前必須做好以下準備：

表6-6　裁減資遣向誰開刀？

・績效不佳（無法勝任）的人（達到質的契合）
・閒適人員（達到量的契合）
・健康不佳的員工
・技能過時的員工
・沒有發展潛力的員工
・工作表現不如同儕的員工
・幕僚管理職人員／業務人員
・三高（高職位、高薪資、高年資）族群
・拒絕變革者
・組織中的特定部門或崗位的員工
・組織改組多餘的人力
・可外包職種的員工
・新進基層人員
・移工

資料來源：丁志達（2014）。「103年勞動關係教育種子師資培訓：教學技巧與教案製作」手冊。台北：勞動部編印。

1. 組成裁員委員會。這個委員會將負責擬定裁員計畫，必須由不同部門的代表組成，尤其要包括有員工受到裁員的部門主管，以求觀點公平。

2. 詳細規劃。委員會必須思考公司的整體情勢，以決定合併或裁減哪些職務，以及適當的裁減人數，並且規劃裁員後的調整，確保公司仍能保有原來的核心競爭力。委員會可以參考自己公司或業界其他公司過去的做法。

3. 擬定裁員名單。挑選被裁員者的標準，包括年資、經驗、考績、能力、薪資、員工為全職或兼職等。年資、經驗是最客觀的標準，比較適用於藍領工作；考績則是為公司留住人才的重要標準，比較適用於白領工作。考慮被裁員工所具有的技能及經驗，以及留下來的員工是否具有取代他們的能力，在挑選被裁員者的整個過程必須公平列出標準，否則將導致員工反彈。

4. 擬定執行細節。決定如何對內、對外發布裁員消息，除了員工外，公司應主動通知主要客戶等受裁員影響的人，不要讓他們從別處耳聞裁員行動，否則會影響他們對公司的信任。

5. 公司事前必須和主管充分溝通，並且給他們支持和訓練，是很重要的。包括如何告知個別員工被裁員的消息（例如主管必須選擇顧及員工自尊的告知地點）、必須傳達的重要訊息（例如公司提供被裁員工的福利）、如何管理士氣和生產力可能都跌至谷底的留任員工，並且準備好面對員工的情緒反應，以及調整自己的心態。

整個準備過程應該儘量讓員工也有發表意見的機會，而不是公司決定好一切，員工只能被迫接受（EMBA世界經理文摘編輯部，2001/09）。

讓被解僱員工感覺受到尊重並不容易，需要公司的投資及承諾，更需要經理人的學習，才能達到有尊嚴的解僱，使被解僱員工有信心繼續向前邁進。

個案 6-2　大陸航空的裁員做法

　　以裁員為例，許多公司常犯一個錯誤，那就是廣泛裁員卻沒有更換任何高階主管。事實上，很多企業之所以面臨今天的困境，主要就是高階主管決策錯誤或管理風格帶來的結果。因此，如果沒有解決問題的源頭，只是用裁員來刪減成本，並不會產生太大的效果。

　　大陸航空（Continental Airlines）公司前總裁兼營運長格雷格・布利尼曼（Greg Brenneman）說：「裁員是整個轉型過程中最困難的部分，但我們完全誠實地對待所有人。首先，你必須正視對方，告訴他們：『是的，有些人將失去他們的職務，但我保證以最大的誠意對待你們，我們會提供不輸給其他公司的資遣費。』而且，我們真的這樣做了。」

資料來源：Stan Pace & Jim Hildebrandt文，李芳齡譯（2001）。〈命中核心的企業變革〉。《EMBA世界經理文摘》，第184期（2001/12），頁36-37。

四、留職者的心態

　　西方政治學經典《君王論》的作者尼可洛・馬基維利說：「不可避免的傷害必須一次處理完畢，以免日後反覆糾纏。如此才能消除人們心中的疑慮，並在後續的施恩行動中贏得人心。」因此，根據《人力資源雜誌》（*HR Magazine*）分析，除了公司本身以及被裁員工之外，裁員還會影響留任員工對公司的信心，增加他們的工作量，提高他們離職的機會，尤其是當公司沒有妥善處理裁員時。

　　成功的變革，不只需要大幅裁員或組織之重整，更需要兼顧公司文化發展及員工能力的成長。美國最具影響力的《商業周刊》（*Business Week*）曾報導，學者薩拉・摩爾（Sarah Moore）等人從1996年到2006年長期訪談波音（Boeing）公司的3,500名員工。結果發現，這十年中被裁減的員工，反而比沒有被裁減的員工情況好。

這段時間屬於波音的不穩定期，公司經歷了購併及多次裁員，現在留下來的員工憂鬱指數將近被裁員員工的兩倍。每次裁員留下來的員工，可能要調整職責，也可能要適應新主管與同事。相反地，被裁員的員工則好像結束了一段惡夢般的婚姻，雖然新工作的薪水不見得比較好，但是相較之下，他們睡得比較好，比較少慢性病的問題，也比較少借酒澆愁。

當初參與研究的3,500名員工，現在只有500位還在波音工作，其中有人告訴研究小組：「我還在波音工作，至少這個星期還在。」從這個回答不難看出，沒被裁員的員工心裡的不安，覺得自己有可能步上被裁員同事的後塵（**表6-7**）（EMBA世界經理文摘編輯部，2009/12：138）。

表6-7　法院對裁員解僱的判例

1	雇主進行裁員解僱時，被解僱者之選擇應有一定標準，不可任由雇主恣意為之。裁員解僱時，應以勞工之工作年資長、年齡大、扶養義務重之勞工優先留用，若雇主進行裁員解僱時，未考慮上述條件，恣意為之，實已違反社會正當性，其解僱行為自屬無效。（參見桃園地院88年勞訴字12號民事判決）
2	按事業單位因虧損或業務緊縮，為謀求事業單位之永續經營及保障其餘勞工之權益，解僱部分勞工既屬無可避免，則其選定解僱或留用勞工之情形，除有明顯不合理，或歧視特定勞工族群，如年資較長、身心障礙、女性、懷孕、職災，或擔任工會或勞工代表之勞工等情形外，於年資、考績、工作能力等條件相仿勞工間之選擇解僱或留用，應賦予雇主相當之裁量選擇權，使雇主能依其經營管理上之合理考量做選擇，俾便企業經此整理解僱而得改善經營體質、提高營運績效永續經營。（參見高等法院92年重勞上字第17號民事判決）
3	公營事業人員有關裁減法律尚未制定前，經濟部為強化其所屬事業機構之經營能力，提高經營績效，適用行政院核定修正公布之《經濟部所屬事業機構專案裁減人員處理要點》裁減人員，並不生抵觸憲法問題。……上訴人因符合最近六年之年度考核，考列乙等四次以上者之條件，亦有考勤卡影本可稽，被上訴人依據規定，召開專案裁減人員會議，決議資遣上訴人，並經報請經濟部辦理第三次專案裁減而將上訴人資遣，揆諸上開解釋意旨，即無不當。（參見最高法院91年台上字1297號民事判決）
4	在公司虧損之情形下，應資遣、留用本國勞工或外勞，雇主當可斟酌公司業務情況自行決定，此觀我國《勞動基準法》第11條、第12條所賦予雇主終止勞動契約權，並未區分本國或外籍勞工，均有適用自明。……《就業服務法》第42條所制定之特別規定，應優先於《勞動基準法》之適用，蓋聘僱外國人工作，乃為補足我國人力之不足，而非取代我國之人力，故雇主同時僱有我國人及外國人為其工作時，雇主有《勞動基準法》第11條第2款得預告勞工終止勞動契約之情事時，倘外國勞工所從事之工作，本國勞工亦可以從事而且願意從事時，為貫徹保障國民工作權之精神，雇主即不得終止其與本國勞工間之勞動契約而繼續聘僱外國勞工，俾免妨礙本國人之就業機會，有礙國民經濟發展及社會安定。（參見最高法院94年台上字2339號、97年台上字1459號、高等法院92年重勞上字25號民事判決）

（續）表6-7　法院對裁員解僱的判例

5	按《勞動基準法》第11條第2款規定，其立法意旨係慮及雇主於虧損及業務緊縮時，有裁員之必要，以進行企業組織調整，謀求企業之存續，俾免因持續虧損而倒閉，造成社會更大之不安，為保障雇主營業權，於雇主有虧損或業務緊縮，即得預告勞工終止勞動契約。……次按《就業服務法》第42條所定「優先留用本勞」之原則，係指「同一職務」而言，非指事業單位需將外勞裁至一個不剩時，方可裁減本勞。是於企業裁減本勞時，如尚留有外勞，只要工作職位並非相同，則其裁減本勞即不得指為違法。（參見最高法院95年台上字1692號、高等法院96年勞上更一字15號民事判決）
6	《就業服務法》第42條所定「為保障國民工作權，聘僱外國人工作，不得妨礙本國人之就業機會、勞動條件、國民經濟發展及社會安定」，乃宣示保障本國勞工工作權之意旨，非謂事業單位於有虧損或業務緊縮之情事時，需將外籍勞工裁至全無時，始可裁減本國勞工。（參見最高法院96年台上字1579號民事判決）

資料來源：蕭俊傑（2014）。〈勞動教室──裁員解僱時，誰會被選定？〉。《台糖月刊》，第2025期134卷2期（2014/02/10），頁32-33。

第五節　壓力管理

　　現代社會進入高科技、高文明發展的時代，現代人生活隨處有心理壓力，在工作場合也不例外。工作壓力可視為因職場環境而造成工作者身心適應不良的一種動態歷程。職場上所產生的壓力對員工與組織兩者之間都有很明顯的負面影響。加拿大生理心理學家漢斯·薛利（Hans Selye）甚至認為唯有死亡，壓力才會終止。

小辭典　壓力面試

　　壓力面試（stress interview）是指有意製造緊張，以瞭解求職者將如何面對工作壓力。面試人透過提出生硬的、不禮貌的問題故意使候選人感到不舒服，針對某一事項或問題做一連串的發問，打破沙鍋問到底，直到無法回答。其目的是確定求職者對壓力的承受能力、在壓力前的應變能力和人際關係能力。

資料來源：蘇華、蕭坤梅合撰（2008）。〈如何做好壓力面試〉。《企業管理》，第322期（2008/06），頁73。

　　成就動機論（achievement motivation theory）倡導者約翰・艾肯森（John W. Atkinson）在其著作《對付壓力》一書中，把壓力定義為：「個人需求遠超過個人能力所能應付。」研究顯示，壓力和人們對其工作的掌控程度有密切關係，人們對自我控制壓力的容忍度極高，但對外力加諸的壓力容忍度比較低，因此，壓力的感受是因人而異。

小辭典

牢騷效應

　　哈佛大學心理學教授梅約（George Elton Mayo）透過「談話試驗」活動中總結出：凡是公司中有對工作發牢騷的人，那家公司或雇主一定比沒有這種人或有這種人而把牢騷埋在肚子裡的公司要成功得多，這就是著名的「牢騷效應」。在美國的有些企業，有一種叫做發洩日（Hop Day）的制度設定。就是在每個月專門劃出一天給員工發洩不滿。在這天裡，員工可以對公司同事和上級直抒胸臆，開玩笑、頂撞都是被允許的，領導者不許就此遷怒於人。這種形式使部屬平時積鬱的不滿情緒都能得到宣洩，從而大大緩解了他們的工作壓力，提高了工作效率。

編輯：丁志達。

一、職場壓力源

　　2014年8月11日，63歲的美國著名喜劇電影演員羅賓・威廉斯（Robin McLaurim Williams）因憂鬱症在家自縊身亡，他曾給無數人送去了歡笑，唯獨憂鬱留給了自己。

　　早在2000年的國際勞工組織（International Labor Organization, ILO）的一項職場精神健康調查報告中即指出，在英國、美國、德國、芬蘭和波蘭等國，每十名員工中就有一人蒙受憂鬱、焦慮、工作壓力或倦怠的情境之苦；科技進步、全球化趨勢、組織重組、公司政策的變動，以及工作負荷過重或工作環境的不安全性等都是造成職場壓力源（stressor）的原因。世界衛生組織（World Health Organization, WHO）在2010年亦提到全球受憂鬱症困擾的人口約有1.2億人左右，預測到了2020年，憂鬱症更將成為影響人類健康與生活功能的第二大疾病。在這個高度競爭、凡是講求

個案 6-3　郵務士自首　3年丟包3萬封

　　把郵件投下清水斷崖的花蓮郵局侯姓郵務士至花蓮地檢署自首。侯男供稱因不堪工作負荷，三年前就開始在清水斷崖丟包郵件，累積至今估算高達三萬多封。檢方訊後認為侯男同時涉及《郵政法》、《刑法》等罪，因自首認無羈押必要，諭令請回。

　　花蓮地檢署主任檢察官許建榮表示，侯姓郵務士供稱因郵件送不完，三年前就開始至清水斷崖丟包郵件，每月至少丟包一次，每次約二到三袋，一袋約有三、四百封郵件，多是廣告信件、帳單等，因認為該區域人煙罕至，平時不會有人到崖邊檢查，才選擇到斷崖丟包。

　　據瞭解，侯男與失智阿嬤相依為命，前陣子阿嬤生病住院，由姑姑接回玉里鎮住，但侯男平時沉默寡言，有壓力也不輕易向外人說，懷疑是太過壓抑才鑄下大錯。

資料來源：阮迺閎（2015）。〈郵務士自首　3年丟包3萬封〉。《中國時報》（2015/01/21）。

　　效率的工商業社會中，壓力時常壓得人抬不起頭、喘不過氣。壓力不僅會導致負向情緒的表現，長期下來亦會影響健康，導致如憂鬱症、高血壓、心臟病等身心疾病，而因壓力引發的負向情緒，如果沒有適當的處理，除了同樣會造成身心疾病外，也可能影響人際關係（**表6-8**）。

表6-8　憂鬱的壓力來源

1.工作節奏加快帶來的不適應，總覺得力不從心。
2.職場競爭加大，令其缺乏職業安全感，不得不居安思危。
3.職業發展和晉升空間壓力，使其身心在職業壓力下飽受折磨。
4.工作與家庭衝突，往往把更多精力和時間投入到工作中，容易引發家庭危機。
5.複雜的人際關係，職場潛規則，難以溝通的同事，苛刻跋扈的上司等。

資料來源：康洪彬（2014）。〈面對可能出現的抑鬱，你怎麼辦〉。《人力資源》，總第371期（2014/09），頁85。

二、工作壓力的涵義

　　壓力（stress）一詞本屬物理學名詞，意指物體受外力作用引起變形的一種力量，爾後才逐漸推廣至其他領域。工作壓力（work stress），是指個人在工作中知覺到個人能力與環境不能配合，而影響到身心健康及健康行為的一連串過程，它是現代社會的副產品，同時也是影響現代人日常生活作息以及工作效率的重要因素。來自工作的壓力也常常使人覺得透不過氣來，例如：工作場所的氣氛、個人的能力不足、對工作沒有興趣、組織內人際關係不好等等（**表6-9**）。

　　壓力會引發認知、心理和生理上的反應。在職場上，面對長官的要求、部屬的表現、自我的檢核，各種壓力從四面八方湧來。除了心理上的焦躁不安外，生理上則有胃痛、頭疼等症狀，內外煎熬地像是無止盡的循環，看不見逃脫的出口。若個人持續承受著過重的工作壓力，將進一步使個人產生各種身心的不適狀況，也會產生職業倦怠，個人所承受的工作壓力越大，職業倦怠感就越高；相對地，個人所承受的工作壓力較低時，職業倦怠感也較輕。

表6-9　工作壓力的內容

‧工作受限太多或太少，無法發揮。
‧工作內容枯燥乏味。
‧工時過長，時常加班。
‧工作繁重，無法正常休假。
‧待遇福利不佳。
‧工作配備、設備太差。
‧考核及賞罰不公。
‧時間緊迫的壓力。
‧嚴苛的交差期限。
‧和同事之間的關係。
‧被裁員的威脅。
‧來自上級的壓力。

資料整理：丁志達。

　　一旦個人產生職業倦怠之後，後續的影響將接踵而至。最常見的情形是使得個人時常緊張、易怒、疲倦、工作無成就感，甚至產生情緒上的耗竭，進而產生退出職場的離職念頭。《別再為小事抓狂：小事永遠只是小事》（*Don't Sweat the Small Stuff...and It's All Small Stuff*）系列書的作者理查‧卡爾森（Richard Carlson）認為，面對這些無法避免的情境，抱怨、逃避都沒有用，真正的問題是「如何處理」。他建議，應該要學習用新態度、心平氣和的方法來冷靜因應。正如正向心理學（positive psychology）專家尚恩‧阿克爾（Shawn Achor）說的：「壓力是好是壞，端看你如何管理。」（表6-10）

表6-10　組織內工作壓力源

組織環境			
組織與管理		人際關係	
1.領導與管理方式 2.員工參與 3.組織氣氛 4.教育訓練 5.薪資福利 6.公平與歧視 7.組織文化		1.與上司、同事、下屬間的關係與支持性等 2.團隊合作 3.溝通管道	
工作條件			
作業環境	工作內容	職務角色	工作時間與地點變動
職業場所內的物理、化學環境，例如： 1.噪音 2.採光 3.通風 4.溫度 5.化學物 6.空氣品質 7.輻射線 8.衛生設備 9.擁擠	1.工作量 2.體力負荷 3.工作步調 4.時效性 5.精密性 6.工作控制 7.挑戰性 8.單調重複 9.心理負荷	1.角色衝突 2.工作權限 3.工作承諾 4.責任問題 5.自主權	1.輪班時間 2.工時長短 3.通勤時間 4.出差

資料來源：行政院勞工委員會勞工安全衛生研究所編印（2010）。《企業壓力預防管理計畫指引》，頁36-37。

> **小辭典**
>
> ### 正向心理學
>
> 　　美國賓州大學心理學系教授馬丁·塞利格曼（Martin E. P. Seligman）有鑑於過去心理學界致力於心理疾病與問題的治療，卻忽略了追求個體圓滿與社區繁榮的理想而提出正向心理學（positive psychology）。
>
> 　　正向心理學成為21世紀的顯學，原因在於現代人越來越不快樂，外在環境越來越差，而正向心理學是幫助個人找到內在的心理能量，這樣的能量隨時可以作為對抗挫折的緩衝，掌控住逆境與困難，使得個體在遇到困難時，不會輕易落入憂鬱的狀況中。
>
> 資料來源：郭淑珍（2010）。〈正向心理學的意涵與學習上的運用〉。《銘傳教育電子期刊》，第2期（2010/07），頁56-72。

三、壓力的身體危險訊號

　　國際商業機器公司（IBM）的小華生（Thomas J. Watson, Jr.）生病時，在醫院中說：「多活幾年比經營IBM更重要。」加拿大生理心理學家漢斯·薛利（Hans Selye）提出三十一項容易辨認的訊號，訊號愈多，壓力越大，我們可以根據這些訊號，評量自己是否處於高壓力的徵兆。薛利認為，當生理或心理壓力警訊各超過四項或以上時，代表你在這方面的壓力過大了，需要提醒自己多注意，適時給自己減壓，不要讓壓力指數繼續再增加。因此，每個人對承受壓力都有自己的最大容忍量，也就是臨界點，當快要到臨界點時，自己會感到許多的徵兆，例如：情緒控制不住、失眠、易怒、生病，有些人甚至有自我傷害或傷害別人的念頭（**表6-11**）。

四、職場壓力風險因子

　　有一項工作壓力的研究發現，女性經理人比男性經理人更常有頭痛、焦慮、憂鬱、睡眠障礙、飲食障礙等問題。女性有壓力時，也比男性較常用抽菸、喝酒和藥物來面對問題。一般而言，形成職場壓力的風險因子，約有下列數端：

表6-11　31項容易辨認的壓力訊號

1.易怒、過度興奮或情緒低落。
2.心臟怦怦跳。
3.口乾舌燥。
4.行為衝動、情緒不穩。
5.很強的衝動想哭、奔跑或躲起來。
6.精神無法集中。
7.有不真實、虛弱、頭昏眼花的感覺。
8.精神變得脆弱。
9.浮動的不安感（害怕某些事情，但又說不出是什麼事）。
10.情緒緊張，過度敏感。
11.戰慄、擔心、發抖。
12.容易被驚嚇的傾向。
13.發出高頻率、神經質的笑聲。
14.口吃、談話困難。
15.磨牙動作。
16.失眠。
17.坐立不安。
18.出冷汗。
19.頻尿。
20.瀉肚、消化不良、噁心，有時甚至會嘔吐。
21.偏頭痛。
22.月經失調。
23.腰痠背痛、頸部疼痛。
24.食慾不振或過度進食。
25.抽菸量增加。
26.鎮定劑用量增加。
27.酗酒或麻醉毒品上癮。
28.做惡夢。
29.神經質行為。
30.神經失常。
31.容易發生意外事件。

資料來源：陳彰儀（1999）。《組織心理學》，頁244。台北：心理出版社。

1.要求（工作負荷）：若工作量過多或工時過長，將使身心無法負荷。

2.控制（工作的自主性）：當員工的心理負荷高但工作自主性低時，壓力的症狀及反應就會產生。

3.支持：指個人面臨壓力情境時，藉由人際互動所獲得的關心與協助，有助於減少壓力對個人的影響。

4.人際關係：同事是重要的支持來源，但若與同事產生摩擦甚至導致衝突時會增加個人的壓力感。

5.角色：角色壓力主要來自於工作上的要求過度或不足，或要求不明確，甚至是相互矛盾的要求而造成個人無法有適當的行為反應。

6.變革：當組織發生變革時，意味著成員將面對不確定的未來，亦無法預知因應新體制需花費多少心血，因而可能產生抗拒行為。

7.公平：指員工主觀地認知組織在分配資源、決定各種獎懲措施時是否受到公正的對待。

8.環境：包括了物理的工作環境安全、員工生活型態健康與否，以及社會心理危害（即職場壓力源）等三方面彼此交互影響（**表6-12**）。（行政院勞工委員會勞工安全衛生研究所編印，2010：46-47）

　　雞蛋，從外打破是「食物（荷包蛋）」，從內打破是「生命（孵化小雞）」。職場上亦是如此，從外打破是「壓力」，從內打破是「成長」。受到壓力的英文字是stressed，這個字從後面倒過來拼寫是desserts，desserts是甜點。所以，受到壓力如能逆向思考，壓力可能就是甜點，危機會是轉機（Stressed is just desserts if you can reverse）（**表6-13**）。

表6-12　組織中的員工壓力紓解對策

對策	說明
員工保健與協助方案	提供員工事前預防措施及在員工出現壓力症候群後，協助其解決身心適應問題。
組織的人事甄選與安置計畫	人員晉用與職位安排需適才適所；獎勵與晉升需合理公平；確立工作輪調制度，協助開展員工多元能力。
組織工作再設計或工作豐富化	讓員工的工作有更多回饋性，提升員工工作的自主性，藉此提升員工的成就感，減少其焦慮不安。
開放與支持的組織氣氛營造	創造有利條件以鼓勵員工發揮能力及創意，型塑容忍多元、相互關懷與體諒的工作環境。

資料來源：李保康文，李新鄉指導。〈工作壓力與調適心得分享〉，http://eshare.stust.edu.tw/EshareFile/2013_12/2013_12_1e9f80d3.docx

表6-13　減輕壓力51妙招

類別	說明
從「頭」做起：正面積極地思考與控制自我的意見	
1.接納	接受生活中的不圓滿
2.價值觀	知道什麼是對自己最重要的事情
3.樂觀	看事情的光明面
4.活在當下	活在此時此刻
5.心念想像	一種內在平和的心象
6.想像的遨遊	來趟神遊，讓心情持久高昂
7.自我對話	說出聲音來
8.寫作	將你的問題寫在紙上
9.微笑	戴著一張快樂的臉
10.幽默	笑口常開，壓力不上身
從「心」出發：恰當地表達自己與建立支持性關係	
11.溝通	建立良好的聯繫
12.積極自我表達	該做的你就去做
13.親密關係	增加你的抗壓安全網
14.友誼	苦惱時刻的抗壓安全網
15.家庭關係	紓解壓力是相對的
16.親子關係	子女能減少迎面而來的壓力
17.撫摸	利用觸覺馴服壓力
18.性愛	用浪漫放輕鬆
19.支持團體	從人群中得到力量
20.宗教信仰	一個心靈支持系統
從「生活」中立基：簡化日常例行性生活	
21.組織	讓你的生活有條理
22.時間管理	值得事先做好計畫
23.財務規劃	思想高於金錢
24.解決問題	如果打破了，就修好它
25.做下決定	滿懷信心去做選擇
從「身上」找回自己：主掌你的身體	
26.放鬆反應	在壓力的路徑上阻止它
27.深呼吸	訓練自己把緊張呼出
28.漸進式肌肉放鬆	對壓力施加壓力
29.放鬆錄音帶	轉到安靜的頻道
30.伸展運動	活動肌肉以消除緊張
31.自律神經系統訓練	說吧，身體會聽的

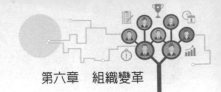

（續）表6-13　減輕壓力51妙招

類別	說明
32.音樂	藉一首歌來改變心情的曲調
33.按摩	要能搔到癢處
34.水療法	洗去你的憂慮
35.靜坐冥想	無處堪與太虛幻境相比
36.太極拳	為現代壓力提供一種古老的解答
37.瑜伽	恢復活力的姿態
從「習慣」中奠定健康：保持自身健康	
38.營養	給予身體對的燃料
39.用藥	給高壓力者的處方
40.運動	動動身體，修補你的心情
41.跳舞	找出自己的節奏，終結憂愁
42.走路	走在壓力之前
43.遊戲	感覺又像個孩子般
44.嗜好	追求你的熱情
45.回歸自然	回應野外的呼喚
46.寧靜	降低生活音量
47.養花蒔草	撒下寧靜的種子
48.閱讀	計畫一次大逃難
49.度假	通達內心平和的護照
50.當義工	幫助別人就是幫助自己
51.寵物	使你平靜下來的夥伴

資料來源：卡爾·薛曼（Carl Sherman）、《預防雜誌》（*Prevention Magazine*）編輯群合著（2004）。《減輕壓力51妙招：生活減壓手冊》，頁003-008。台北：新自然主義。

五、壓力管理的策略

　　人的工作效率會隨著壓力大小改變，在適量壓力下，人的注意力最集中，能輕鬆完成工作並達到最佳績效，但一旦壓力過大，就會出現疲勞、精神崩潰與工作耗竭等情況。因此，企業主應注意員工的壓力水平。

　　工作怠倦可導致睡眠問題、記憶力衰退、病假增加，而且與抑鬱症及焦慮症有關。美國心理學者建議當壓力來臨，運用calm down（平靜下

來）來管理壓力。C代表change（改變），A代表accept（接受），L代表 Let it be（讓他去吧），M代表Manage your life style（做好壓力的生活管理）。「CALM」簡單來說就是：「改變能改變的，接受不能改變的，忘記必須忘記的，做你該做的！」這不只是口號，更需要大家一起身體力行（人事處心理諮商科，2013：44-47）。

現代人終其一身，都離開不了壓力，必須學會與壓力共處。因此，企業亦可提供員工壓力和情緒管理的資訊與設施，諸如，定期舉辦相關講座、紓壓按摩和服務、社團活動或家庭日、員工旅遊、郊遊、員工協助方案、慶生會、聯歡晚會或化妝舞會等，讓整個企業能夠有適當的壓力與情緒管理的管道，將有助於使企業的工作氣氛更活潑有力，員工潛力也更能發揮。

 個案 6-4 瓦倫達效應

美國著名的高空鋼索表演者卡爾・瓦倫達（Karl Wallenda）多年表演從未出過事故，但在一次關係個人及演技團聲譽的重大表演時，面對社會名流，他卻從10公尺高的空中摔下來喪命。他的妻子事後說：「我知道這次一定要出事。這之前的每次成功表演，他總想著走鋼絲的事件本身，而不去管這件事可能帶來的一切。而這次上場前，他總是不停地說，這次太重要了，不能失敗。」

心理學家把這種為達到目的而患得患失的心態命名為瓦倫達效應（Karl Wallenda Effect）。可以說，瓦倫達的失利就在於他在成功目標的巨大壓力下出現了「心魔」──只想成功，害怕失敗。結果是越擔心越緊張，終致動作失常而出事。

啟示錄：因面臨壓力太大而心態失常，這是導致悲劇發生的最常見原因之一。看淡壓力，持平常心是修行，也是處事泰然的先決條件。

資料來源：毛世英（2014）。〈打破莫非定律的詛咒〉。《人力資源》，第370期（2014/08），頁87。

結　語

　　變革是一項高難度的挑戰。面對外在環境的不斷變動,處理得好,就會成功發達;處理得不好,將會置個人與他人於險境。一個成功組織勢必要對來自於內、外在環境之變革壓力作出適當回應,以運用變革管理的知識與技能,求得組織的永續生存與發展,塑造出一個具有爆發力的新企業。但變革會造成員工的壓力,因而,在組織管理方面,應協助員工從工作中得到成就感,強化工作自主性,訂定公平獎勵制度及提供教育訓練。另一方面,企業也應支持員工建立健康生活,例如體能活動、營養、健康檢查、準時下班等。個人在面對組織變革中,誠如臨濟宗第四十八代傳人星雲法師所說的:「面對它、接受它、處理它、放下它。」凡此種種,都意味著「個體」在因應壓力時所居的「主導」地位。

第七章

人際溝通

- 交流分析
- 自我揭露
- 溝通技巧
- 傾聽技巧
- 培養幽默感
- 情緒智商

> 蝸牛角上爭何事？石火光中寄此身，隨富隨貧且歡樂，不開口笑是癡人。
>
> ——〈對酒〉‧白居易

　　獨自航行大西洋五十五天的探險家卡爾‧杰克森（W. Carl Jackson）歷險歸來後，描述了他獨處時的心情說：「在第二個月時，我發現有了寂寞感，使我感到很痛苦，我一直認為，自己是一個自給自足的人，但此時，我終於明白沒有旁人作伴的生活，是毫無意義的。我有一個強烈的需求，想要跟別人說話，一個真實的、鮮活的、有呼吸的人類。」

　　人際關係（interpersonal relationship）是一種與生俱來的能力，但它是經由人與人之間相互學習而來的。溝通（communication）是人際關係的基石，透過溝通，我們得以將自己的意見、態度、信念和感受傳遞給他人，不但讓他人瞭解我們，也使我們更加認識自己，這就是人際關係的起點（傅清雪編著，2009：7）。

 # 第一節　交流分析

　　人際關係中，個人對自己的看法、對別人的信念，以及願意對別人做自我揭露（self-disclosure）的程度都會對人際關係產生重要的影響。

小辭典　**交易郵票（Trading stamps）概念**

　　當我們接受了別人衷心的讚美，等於收到了金色郵票，金色郵票的兌現，便把這種快樂情緒感染他人。反之，當一個人受到責怪或被人否定時，便收到褐色郵票，儲存了褐色郵票，便容易把這種不快樂的情緒加諸他人身上。後者即是一種不平衡的行為表現。

編輯：丁志達。

　　交流分析（transactional analysis）是20世紀60年代由美國心理學家艾瑞克・伯恩（Eric Berne）所創立的一種瞭解並改變人際關係、促進人類有效溝通的技巧，旨在發展一個成熟的個性，使每個人透過成人狀態來達到個人的目標的技術。而在伯恩所創始的溝通交流分析理論中，亦有探討一個人的溝通型態及自我與他人之間的互動方式。

　　伯恩提出人格當中存在著一部分的自我概念（self-concept，指個人對自己的看法），根據彼此之間的互動情形，可深入瞭解個體的行為，並深入分析人與人之間互動的狀態，主要包括心理地位、自我狀態及溝通方式。

一、心理地位

　　伯恩認為在人的生命歷程中，是個體在幼小時候會得自於父母或重要的大人所給予的腳本（scripts），而後不知不覺承繼其腳本，並形成自己的人生腳本，決定了一生所發生的大大小小的事情，形成好（OK）的生理地位，傳遞著人際的訊息，並與人互動之溝通型態。

　　伯恩把人際關係中的人己知覺分為四種：

1. Ⅰ型：我好—你好（I am ok, you are ok.，有信心、積極的勝利者）。
2. Ⅱ型：我好—你不好（I am ok, you are not ok.，自大、孤獨、具攻擊性的陰沉人）。
3. Ⅲ型：我不好—你好（I am not ok, you are ok.，自卑、易受控制的混混之輩）。
4. Ⅳ型：我不好—你不好（I am not ok, you are not ok.，封閉、仇恨、情緒化的澈底失敗者）。

　　在這四種模式中，Ⅱ型、Ⅲ型、Ⅳ型的三種生命態度是以感覺為主，是種無意識的決定，不利於人際關係的發展；而Ⅰ型則是有意識的語言決定，他強調在溝通的過程中必須注意滿足對方的需求。我們所追求的目標，即希望能達成Ⅰ型：我好—你好的溝通狀態。這種類型的人認為世

界上的人，包括自己或別人基本上都是好的。當然，可能有些小缺點，雖然不是十全十美，但大體上都是好的。他們對自己有信心，也對別人有信心，他們喜歡自己，也喜歡別人，他們知道自己雖然不是完美的，但還算不錯，而他們也不會要求別人是完美的，因此，他們喜歡與人溝通、交往，人際關係也較好。

二、自我狀態

伯恩在《人們玩的遊戲》（*Games People Play*）一書中，提出了P（Parent，父母）、A（Adult，成人）、C（Child，兒童）人格架構這個著名的理論。他認爲個體與他人或面對其所處的社會環境溝通時，就是個體本身已有屬於自己的一套父母親特性的自我狀態（Parent ego state，我所做、所想、所感受的事務模仿自父母）、成人特性的自我狀態（Adult

個案 7-1　與人相處之道

亞里斯多德（Aristotle）說過：「喜歡孤獨的人，不是野獸，便是神靈。」我們不是神，也絕非獸，嚮往孤獨，只因怕受到傷害。但是不要忘了非洲有句諺語：「獨行，可以走得快；結伴，才能走得遠。」關閉了與人交往的大門，也就是關閉了合作之路。

一個人的能力有限，與人相處則可取長補短、同舟共濟。同時，與人交往的融洽程度，能夠體現一個人的胸襟開闊度、心理包容性與協調溝通力。多看他人長處。君子尊賢而容眾。尊賢易，容眾難，想做到這點，要將尺有所短，寸有所長和三人行，必有我師銘記在心。不要總想著自己的優點，用自己的長處去和別人的短處比，不要總覺得自己了不起。

資料來源：甘正氣（2013）。〈與人相處，點穴五「處」〉，《人力資源》，第326期（2013年12月），頁81。

ego state，我的行為、思考和感受的方式是針對此時此刻所發生的事件做反應）與兒童特性的自我狀態（Child ego state，我的行為、感覺、想法，重演我小時候的樣子）之信念與行為來跟他人溝通，簡稱為「PAC人格結構理論」。

1. P（父母）代表的是加諸於人的外在架構，可以用「法」字說明，又可分為關懷型父母自我狀態（Nurturing Parent, NP）和控制型父母自我狀態（Controlling Parent, CP）兩種模式。
2. A（成人）代表的是理性的思考分析，可以用「理」字說明，又可細分為尋求事實的成人自我狀態（Fact Adult, FA）與注重理性數據的成人自我狀態（Question Adult, QA）兩種模式。
3. C（兒童）是憑感覺、接觸的行為模式，可以用「情」字解說，可細分為順從型兒童自我狀態（Obedient Child, OC）與叛逆型兒童自我狀態（Rebellious Child，RC）兩種模式。（**表7-1**）

以上諸多模式並無優劣、對錯，完全取決於如何相互搭配，NP（關懷型父母自我狀態）對RC（叛逆型兒童自我狀態）即是一種合適的組合。

三、溝通方式

根據伯恩的觀點，溝通是某一個人自我狀態的刺激，以及另一個人自我狀態的反應。溝通的型式主要有三種（徐南麗，〈有效溝通〉）：

(一)互補式溝通

指某人的刺激行為和對方的反應行為互相平行。此種溝通是開放的，每個反應也是在預期中，因此，雙方能不斷地相互溝通。例如：

甲說：妳做的蛋糕真好吃。（成年語氣，甲：A↔乙：A）
乙說：謝謝你的讚美，我很高興且樂意為大家準備好吃的東西。
　　　（成年語氣，乙：A→甲：A）

組織行為

表7-1　人格結構分析

自我狀態		正向功能	負向功能	使用字眼
父母型	慈愛型父母	善解人意、體貼關懷、原諒、包容、賞識他人的優點、信任的、維護傳統文化	溺愛、嘮叨、食古不化	你應該…… 你必須…… 你給我聽著…… 你真笨…… 不許……
	批判型父母	批評、糾正、處罰	偏見、吹毛求疵、不信任、苛責、喜自責的、小題大作的、控制的、霸道的	你真爛…… 快一點……
成人型	德性成人	受「父母」影響，配合當時情境、注重倫理道德之維護及其時代意義的實踐策略	缺乏彈性、工作狂、不苟言笑、數據化	根據…… 建議你…… 我要…… 我考慮…… 我個人的看法……
	理性成人	配合現況、收集具體資料、做理性分析與決定、有計畫、有效率、有見解、有建設性		
	感性成人	受「兒童」影響，配合現況注重生活情趣之培養與童年樂趣之流露		
兒童型	適應兒童	合作、有團隊精神、順從、妥協	壓抑、拖延、叛逆、無奈、不滿現實	我應該…… 我必須……
	小教授	小聰明、直覺敏銳、大膽假設、愛幻想、有創意、幽默感	膽大心細、小時了了、眼高手低、愛做白日夢	我好想…… 要是…… 好棒…… 我好笨……
	自然兒童	天真、熱情、爽快、自由自在、好奇的、愛冒險、多話的	自私、糾纏、哭鬧、易分心、喜逸惡勞的、衝動、膽小的、善變、依賴、無耐心	我覺得…… 我不敢…… 但願……

資料來源：蔡稔惠（1985）。〈交流分析團體的理論與實務〉。《中華心理衛生學刊》，
　　　　　第2期，頁151-165。

(二)交錯式溝通

是指雙方以非平行（交錯）方式溝通，產生差距，可能造成溝通受阻或中斷，使用時不可不慎。例如：

甲說：妳做的蛋糕真好吃。（成年語氣，甲：A→A）

乙說：那麼多年了，你才發現我做的蛋糕好吃。（父母語氣，乙：C→P）

(三)曖昧式溝通

是指送出的刺激（信息）表面是一回事，骨子裡卻意味著另一種意思，有弦外之音，不直接表達、不真誠。曖昧溝通通常有傷害性，最好避免使用。例如：

甲：這件衣服多少錢？（故意顯現出自己高貴有錢，甲：表面是A→A；但暗地裡A‧C）

乙：很便宜，一件才5萬元啦！（你買得起嗎？乙：表面是C→A，暗地裡A→C）

每個人都是集這三種自我於一身的，在不同的情況表現出不同的自我。就人格理論來說，交流分析很清楚地描繪出人的心理結構，它以自我狀態模式來描述人格的三個部分，這個模式還幫助我們瞭解不同的人格會怎樣影響人的行為。

第二節　自我揭露

研究組織行為不可避免的都會涉及人的問題，而要做好管理的工作，首先就要對自己、自己的行為有相當的瞭解，然後才能處理自己與他人的互動。換句話說，明瞭自我與他人的行為是人際關係互動的關鍵。

個案 7-2 主觀意識

多年前，曾擔任過迪士尼公司（The Walt Disney Company）的一名副總裁史蒂芬・伯克（Stephen Burke）受命督導巴黎迪士尼主題公園的營運。伯克帶著傳統的想法就任新職，想當然耳地嚴格實施園內禁售含酒精飲料的政策，卻因此觸怒了許多法國人。

在當地生活幾個月後，伯克才瞭解法國人中午用餐時，喝一瓶含酒精飲料和美國人吃吉士漢堡（cheese burger）一樣的尋常。另外，伯克也發現，在美國實行的無導遊旅遊模式，對歐洲遊客來說極為不便。這些觀察所得，絕非一名只用蜻蜓點水方式去分支機構視察業務的經理人能得到的。

資料來源：編輯部（2000）。〈如何管理駐外人員〉。《EMBA世界經理文摘》，第163期（2000/03），頁145。

我們如果想增進自我知覺，能夠正確地認識自己，周哈里窗（Johari Window）模式是一種有用的分析工具（圖7-1）。英國心理學家喬瑟夫・魯夫特（Joseph Luft）和哈利・英格漢（Harry Ingham）於1969年提出了以兩人名字命名的一扇周哈里窗來幫助我們發現自我知覺和他人知覺之間的差異，以增進有效的人際互動。

周哈里窗主要包括兩個方向來看自我：一個是自己看自己，另一個是別人看自己，而這兩個部分各自又包含「知道」與「不知道」兩個部分，於是便把自我分為四部分，分別是：

1. 公眾我（open self，開放我）：自己知道，同時別人也知道自己，包括姓名、行為、態度、感情、願望、動機、星座及想法等。例如，同事知道你的姓名、職業、外貌、長相、身高、體重、宗教信仰、婚姻狀況、教育、經濟等。人與人的相處若能擴大此領域，彼此相處會因多瞭解對方而更融洽，若縮小此領域則過於封閉，人際關係可能就較薄弱。

	自己知道 （Know to Self）	自己未知 （Not Know to Self）
他人知道 （Known to Others）	開放我 （Open Self）	盲目我 （Blind Self）
他人不知 （Unknown to Others）	隱藏我 （Hidden Self）	未知我 （Unknown Self）

圖7-1　人際關係的認知模式：周哈里窗

資料來源：丁志達（2015）。「提升主管核心管理能力實務講座班」講義。台北：財團法
　　　人中華工商研究院編印。

2.祕密我（hidden self，隱藏我）：自己知道，別人卻不知道的我，
　包括過去不堪回首的往事、曾經吸毒、曾經留級、曾經考試作弊、
　曾經離婚、曾經自殺、身體上的隱疾、特殊專才等。一般人都屬於
　選擇性的揭露者（discloser），會表露一部分自我但卻隱藏有些部
　分，也會因為不同的互動對象而選擇性表露。祕密我的大小與個人
　的自我察覺、自我省察的能力有關，通常內省特質較強的人則可能
　他的祕密我會比較小。

3.背脊我（blind self，盲目我）：別人知道，自己反而不知道的自
　我，包括個人特有的、自己不自覺的、習慣性動作、口頭禪、一些
　令人難以忍受的怪癖等，自己平常都不自覺，但是別人卻知道的。

4.潛在我（unknown self，未知我）：自己和別人都不知道的我。包
　括個人未曾覺察的潛能（指精神分析學的創始人佛洛依德所提的潛
　意識層面）、受壓抑下來的記憶、慾望、痛苦、經驗等。這個冰山
　下的部分可以透過心理治療、催眠或頓悟、潛能激發等促使未知領
　域成為已知，包括壓抑下來的記憶及未發掘的潛能。

　　當我們瞭解這四部分的自我後，我們應當接著要知道四個自我並非
如圖所示的大小一樣或大小不變的。任何一個自我的擴大，都可能使得其

他三個部分的自我縮小。換言之，自我可在被自覺後做調整。如果我們也都同意「知己知彼」是較為理想的人際關係，則我們應當多傾聽別人（瞭解他人的「祕密我」）；多給予他人回饋（減低他人的「背脊我」）並多多觀察（開發他人的「潛在我」）以增進對他人的瞭解（擴大他人的「公眾我」）。反之亦然，我們應適時表達、表現自我（減少自己的「祕密我」）；留意別人的反應及回饋（修正「背脊我」）；多方面嘗試，探索潛能（發展「潛在我」）以拓展「公眾我」（黃逸玫，1989/06：7）。

魯夫特和英格漢認為，開放自我愈小，人際溝通愈不好。因此，學習適度地開放自我，表露內在的想法與需求，是與他人建立良好關係的必備條件。換言之，適當的自我揭露對人際關係的建立相當重要。

使用周哈里窗原理的目的，是希望人們能清楚掌握自己的四個部分，並且透過有效方法使「開放我」能夠越來越大，而其他三部分越來越小，進而瞭解自己，掌握人生。

小辭典　自我揭露

　　自我揭露是將內心感受和訊息與他人分享的過程。個人自願而非被迫或無意間透露給他人，希望藉此可以拉近彼此的關係，避免被拒絕，而較容易為他人所接納，達成人際間的溝通目的。要對別人開放自己，需先瞭解自己，才能將自己的想法與感受表達出來。因此，覺察自己對各種情境的反應及好惡等，是對別人表露自己及建立穩固關係的第一步，而透過省察自己、與人互動比較、他人的回饋等，都能增加自我覺察能力。

編輯：丁志達。

 ## 第三節　溝通技巧

有一位企業家說：「在太空時代，最重要的空間是存在於耳朵跟耳朵之間。」也就是說，人與人之間的溝通是最難超越克服的。教育心理學上有所謂比馬龍效應（Pygmalion Effect），溝通時，給予對方積極、正向

的期待，會有促使其在不知不覺間表現出符合你期望行為的效果，使得溝通會如你所預期，結果也會令你滿意，相對亦然。

一、溝通之道

　　溝通一詞，根據《辭海》的釋義，為「疏通意見，使之融合」之意。依據《左傳・哀公九年》記載：「秋，吳城邗溝通江、淮。」可解釋為開溝渠使兩處水流相通。英文的溝通（communication）一詞，源自於拉丁語彙的communis與communicatus二字的結合，有分享（to share）、共同（common）或建立共同感受（to make common）之意，即指一方經由語言或非語言的管道，運用語言、文字、訊號、肢體語言動作等媒介，將意見、態度、知識、觀念、情感等訊息傳達給對方相互交換訊息的歷程，而這個訊息傳達的過程，可以發生在個人與個人之間，也可以發生在團體或組織之間。良好的溝通不僅僅是傾訴，傾聽也同樣重要。

　　世界零售業的精神大師山姆・沃爾頓（Sam Walton）說：「光是坐在辦公桌前，是無法『做全世界生意』的。在第一線的員工，也就是那些真正與顧客交談的人，才是唯一知道實際情況的人。最好要挖掘出第一線員工對市場的瞭解。」因而，沃爾瑪（Wal-Mart）公司採用的有效溝通的方法有：

1.管理團隊每週開週會：每星期六早上七點，沃爾瑪的管理團隊會齊聚在總部討論本週的心得，提出必須調整的事項。
2.店長每週舉行電話會議：每星期六早上區經理會召集店長進行電話會議，讓各店長瞭解最新的公司消息。
3.門市員工每天站著開早會：在每家沃爾瑪門市，全體成員每天早上都會站著開會，這場會議十分簡短，重點在於傳達新資訊。
4.全體員工利用網站溝通：沃爾瑪設有內部網路的網站，每位員工都可以隨時登入。
5.高階主管每週巡視門市：以瞭解實際的營運狀況。（**表7-2**）
　（Michael Bergdahl文，但漢敏譯，2006/10/26-11/01：29）

表7-2　有效溝通十誡

1.溝通前應先將觀念澄清。
2.檢討溝通的真正目的。
3.應考慮溝通時的一切環境情況，包括實質的情境及人性的環境等。
4.計畫溝通內容時應盡可能取得他人之意見。
5.溝通時應注意內容，同時也應注意語調。
6.盡可能傳送有效之資訊。
7.要具備必要之追蹤獲取有用的回饋。
8.溝通時不僅著眼於現在，也應著眼於未來。
9.應言行一致。
10.成為一位「好聽眾」。

資料來源：伊藤肇著，周君銓編譯（1981）。《聖賢經營理念》，頁266。台北：大世紀出版。

二、語言溝通

　　依據美國溝通大師尼杜・庫比恩（Nido Qubein）的觀點，一個人在工作上的成功，有85%是取決於能否有效與人溝通。就組織而言，一個成功的組織必須隨時與組織及組織內不同層級、部門人員之間溝通才能有效地進行工作。人際溝通可分為語言溝通及非語言溝通，這兩種溝通形式都必須經過訊息的編碼、傳送、接收、譯碼以及回饋的過程。

　　唐朝詩人岑參在〈逢入京使〉詩上說：「馬上相逢無紙筆，憑君傳語報平安。」（譯文：在馬上與回京的使者相逢，卻沒有紙和筆寫封家書，就煩請你帶個口信，說我在他鄉很好吧。）就語言溝通媒介而言，有口語表達、書面溝通和電子資訊設備三種。

1.口語表達：指溝通的送訊者透過講述說明或報告的方式，以表達本身想法或陳述公司立場，使收訊的一方能有所瞭解，例如各種會議、個別面談、口頭報告、演講、請示等。

2.書面溝通：是溝通的一方或雙方以文字的書面資料進行溝通，以表達本身想法或陳述公司立場，使收訊者有所瞭解。包含公函、書信、公布欄、公報、報告、手冊等。

個案 7-3　會錯意鬧人命

　　有位男士開車載女友上山賞楓，雖然山路崎嶇蜿蜒，艱險陡峭，這位男士仍然非常體貼地一手開車，另一手攬著女友的腰；但是他一路開著車，心中也一直在嘀咕想著：「要不是山路這麼險峻，能用兩手抱著，該多好呀！」這時候，旁座的女友也在心裡想著：「山路這麼險峻，只用一隻手開車，萬一有個閃失，那後果真不堪設想！」因此，忍不住就說：「親愛的，你怎麼可以只用一隻手呢？」

　　男友一聽，心中大喜，就把方向盤上的手也放掉了，車子也墜落到山谷下了。

　　啟示錄：語言溝通，在表達詞意時必須因情境不同，口語表達的分寸要有所拿捏，才不會因對方解讀不同而會錯意，造成溝通誤解。

資料來源：周燦德（2000）。〈增進人際溝通效果的有效策略〉。《國立國父紀念館館刊》（2000/11），頁120-121。

3.電子資訊設備：資訊時代下可快速傳遞訊息，且能進行遠距訊息交換的溝通類型，包含電話、手機、傳真、電子郵件（簡訊）、視訊會議等。（劉慈諳，〈教育行政溝通初探〉）

　　奇異（GE）公司前總裁傑克·威爾許說，領導人要讓全體員工擁抱公司的策略與價值觀時，即一再強調，經理人與員工溝通時，應注意說法要前後一致、簡單，還要一再重複地溝通。

三、非語言溝通

　　談判大師傑勒德·尼倫伯格（Gerard I. Nierenberg）強調：姿態會說話。曾有人發現日本的小學老師和小朋友溝通時總是蹲下身子，藉著縮短空間距離來達到拉近心理距離的效果，讓孩子無形中感覺老師和他是那麼

地親近，而且沒有由上對下的壓力，可以自然而不必害怕地溝通，效果自然也就更好。根據調查，人與人的溝通中有60～90%的溝通都是非語言的，這意味著肢體語言（body language）所傳達的訊息通常又較口語更切合實情（**表7-3**）。

　　法國小說家娜塔麗・薩洛特（Nathalie Sarraute）曾提出趨性理論（tropisms），是指我們日常生活中有一類動作很難加以定義或察覺，甚至難以去辨識它的存在，它們是隱含在我們的姿勢動作中，口頭語言之外與情感表達之中。非語言溝通（nonverbal communication），指文字（書信表達）、畫畫（含符號）、說話的語氣、面部表情（喜怒哀樂）、身體的動作姿勢（手舞足蹈）等之訊息，如大聲吼叫表示生氣。

表7-3　管理者經常表現出的非語言線索

非語言溝通	收到的訊息	接收者的反應
管理者與員工談話時注視別處	分心	老闆太忙了或根本不在乎
管理者對部屬的招呼沒有回應	不友善	這個人很難接近
管理者不友善的眼神（例如：怒目相視）	生氣	出現生氣、害怕或逃避，端視不友善的目光是誰發出的
管理者眼神游移不定	不把部屬當一回事	此人自認比我聰明或優越
管理者深深嘆息	厭惡或不滿	我的意見沒價值，對他來說我一定很愚蠢，或很無聊
管理者呼吸沉重（有時伴隨著揮手）	生氣或壓力大	無論如何要遠離他
管理者在溝通時不與對方有眼神接觸	懷疑或不確定	這個人想要隱瞞什麼？
管理者兩手交叉並斜靠椅背	漠不關心或懷有成見	這個人已經決定了，我的意見根本不重要
管理者越過眼鏡睥視	懷疑或不信任	他或她根本不相信我說的話
管理者在與部屬說話時卻繼續閱讀報告	興趣缺缺	我的報告不重要，無法讓上司專心聆聽

資料來源：C. Hamilton & B. H. Kleiner (1987). Steps to better listening. *Personal Journal*. 引自James Campbell Quick、Debra L. Nelson合著，林家五譯（2011）。《組織行為》，頁215。台北：新加坡商聖智學習亞洲私人公司出版。

　　非語言溝通，是描述人類所有溝通事件中超越口頭與書面文字之所有訊息，一種非說、非寫的形式。非語言溝通包含三種運作方式，溝通時的環境空間所表示的特殊訊息；溝通時的肢體語言，表現出溝通者內心潛藏的特殊訊息；溝通時的聲調語音，表示溝通者的心向及欲傳遞訊息的真實意義，也就是利用我們的身體各部分、手勢、聲音、服飾、距離及物理環境等來傳達訊息之方法。善用非語言行為（nonverbal behavior），可以有助於人際關係與溝通。

　　研究非語言訊息學者指出，肢體語言動作主要有五種：象徵（emblems）、說明（illustrations）、情感表達（affect displays）、調整（regulators）和適應（adaptors），即用動作的象徵表達心意。所以，非語言溝通不只是一般常識，它更是一種科學研究，它指引我們運用各種溝通模式及技巧來促進溝通的進行，它使溝通管道鮮活，充滿生命力，也添加了豐富的動態吸引力，運用適切的非語言表達來輔助口語的表達，可使經理人與員工互動形式更佳（**表7-4**）。

表7-4　肢體語言溝通術

類別	說明
正面的身體語言	以你的姿勢做開始，挺直背部但不能僵硬，放鬆臂膀，令你看起來不會太緊張。
	身體跟你的說話對象一致，這顯示你正在參與對話。
	保持雙腳分開一點而不翹起，這顯示你感到輕鬆。而且，調查顯示，當你不翹起雙腳，你會接收更多資訊。
	靠近一點，這表示集中，你是真的在聽著。
	同步與你交談的對象的肢體語言，這顯示你正同意並喜歡他的說法，或真誠地嘗試去喜歡對方。
	保持手臂在兩旁放鬆，顯示你對對方是開放的，與腳部一樣，保持雙臂不翹起，從而接收更多訊息。
	當你說話時，同時用雙手表達，這會增強你和聆聽者之間的信任。另外，有證據顯示說話時利用手部語言能促進你的思考過程。
	經常記得要穩固地握手，但不要握得太緊。一個穩固的握手大概是這些肢體語言中很重要的肢體語言動作，因為它會為整個對話設定基調。誰又會想與一個「軟弱」的人說話？
	在交談前，留意不同文化背景的問候和收尾。

（續）表7-4　肢體語言溝通術

類別	說明
正面的頭部動作	適當地點頭和微笑，向說話者表現出你明白、同意和聆聽著說話者的意見。
	適當地運用笑聲是一個很好的方法去轉換心情，亦再一次地顯示你正在聆聽。
	保持良好的眼神交流，當他或她正說話時，看著對方的眼睛。而當你說話時也要保持眼神接觸，因為這會顯示你對對話內容很有興趣，但也要小心你的眼神接觸，假如你不停凝視對方，你的眼神接觸可能被視為瞪眼（又或是挑釁或奇怪）。
	注意有沒有眨眼太多。快速眨眼會表達出你因為現在的對話感到不舒服。
	同步對方的面部表情，因為一旦重複，這顯示你同意或喜歡或嘗試去喜歡對方。
	控制聲量。保持低音量，不能以問題做每個句子的結尾。深呼吸，慢慢地清晰地說話。
額外的小建議	在會議中寫筆記。這會展現你正投入參與和關注對方所說的話，但記得要定時擁有眼神接觸，讓說話者知道你正與其在一起。
	留意其他人的肢體語言，由於他們可能透過肢體語言向你去總結整個會議。假如你觀察對方，對他們的肢體語言線索做出反應，人們很大機會會邀請你參與將來的對話。
	以穩當的握手和眼神接觸做會議的結尾，顯示你剛才很享受和希望再次見面。

資料來源：*Inc.Magazine*；引自Vanus Cheung撰文。〈肢體語言溝通術，18招打造第一次見面完美印象〉。《商業周刊》，http://www.businessweekly.com.tw/KBlogArticle.aspx?id=9664

 第四節　傾聽技巧

　　傾聽對方談話也是一種尊重的表示，溝通互動時，一般人常不自覺地會多說少聽。根據卡內基訓練（Dale Carnegie Training）統計，70%的人都是不及格的傾聽者，但傾聽（listening）卻是現在職場上最容易被忽視的競爭力，也是維繫好的人際關係很重要的因素。傾聽是瞭解的開始，也是溝通的開始。暢銷書《老人與海》（*The Old Man and the Sea*）作者歐尼斯特‧海明威（Ernest Miller Hemingway）提醒我們：「大多數的人

從不認眞聽別人說話。不聽清楚就難與人做良好的溝通。」因此，如果我
們能夠學習讓自己在人際溝通互動中成為一個最好的傾聽者，那麼我們也
必將是人群關係中最受歡迎的人。

一、說文解字

傾聽是去瞭解所聽到的內容，聽見（hearing，注意與接收聲音的能
力／聲波撞擊耳膜的生理行為）只是接受到聲波的震動，傾聽與聽見的差
別極大，前者能瞭解說話者的心情起伏，後者則是聲音的顯現。眞正會
說話的人是會聽的人，在溝通的過程裡，「聽」比「說」更重要。其實
「聽」字為「耳」、「王」、「十」、「目」、「一」、「心」所組成，
意即，聽國王（上司）講話要洗耳恭聽，要用十隻眼睛，不可分心。英國
一艘豪華郵輪鐵達尼號（Titanic）在1912年4月10日首航時，撞上冰山，
幾千名遊客不聽船長的警告，等到船身傾斜時才逃命，有的掉入海中，有
的踐踏死亡，造成1,513條人命喪生，這都是「不聽」所造成的後果。

二、積極傾聽的歷程

積極傾聽（active listening），是指積極、主動地去瞭解對方的話語
及情緒之過程，有別於「聽而不聞」或「有聽沒有到」。心理學家丹尼‧
戴維托（Danny DeVito）認為，傾聽至少包含了下列五個階段：

1. 接收（receiving）：在人際溝通過程中，傾聽不僅包含接收所傳達
   的口語內容，同時也包含注意對方的非語言訊息。例如，臉部表
   情、說話音調的變化、身體動作等等。
2. 理解（understanding）：在理解訊息的階段，除了必須注意對方所
   表達的意見和想法之外，也必須觀察對方傳遞的情緒線索，亦即瞭
   解對方言談時的情緒狀態。
3. 記憶（remembering）：記憶訊息，亦即將我們所接收與理解的訊
   息停留在腦海中一段時間。人們的記憶並不是訊息的完全複製品，
   而是以自己的方式重新建構所接收的訊息。因此，我們所記憶的是

我們「認為」自己所聽到的訊息，而不一定是對方真正曾經說過的話。

4. 評估（evaluating）：傾聽者必須判斷說話者內心在想什麼。當我們對說話者愈瞭解時，就愈能成功的推測出他的意圖，也就是更能做出適當的反應。

5. 反應（responding）：傾聽者可以藉由反應來傳達自己對說話者的情緒與想法。

以上接收、理解、記憶、評估和反應等五個階段，形成了傾聽的過程。善用積極傾聽的原則與技巧，對於我們的人際溝通會有很大的助益。社會研究大師休·麥坎（Hugh Mackay）曾說過，傾聽是份禮物。懂得傾聽他人，就等於贈予對方一份豐厚的大禮，而對方在需要的時候當然也會適當回禮，這便是良好溝通的第一步。（陳皎眉，2013：202-204）

 ## 第五節　培養幽默感

幽默的溝通語言，是化解人際緊張的萬靈丹。美國隨筆作家阿格尼斯·雷普利爾（Agnes Repplier）說：「幽默帶來領悟和寬容，冷嘲則帶來不友善的理解。」最高超的幽默術，是在正常人「應該要不高興」的時候，還能扭轉氣氛，輕輕的把已經點燃的火藥引信踩熄。

一、什麼是幽默？

2007年6月初，美國拉斯維加斯（Las Vegas）國際消費電子展（International Consumer Electronics Show, CES）的會場上，微軟（Microsoft）的創辦人比爾·蓋茲（Bill Gates）發表了他的退休告別演說：「下個數位十年」，因為六月底他即將離開微軟退休去了。這場演講以「我在微軟的最後一天」爆笑求職短片開場，自嘲即將失業。他打電話給U2的主唱波諾（Bono），波諾回答說：「比爾，我跟你說過了，我這裡不缺樂手。」希拉蕊（Hillary Diane Rodham Clinton）的回答是：「比

個案 7-4　幽默的主管

　　幾位公司的高級主管在招待所聚餐慶祝業績上揚。由於都是一級主管，所以公司特別加派了一位新進的職員隨桌幫忙。

　　當上完菜後，那位年輕的職員為眾主管逐一斟酒。那曉得由於緊張過度，他一個不小心，把整瓶酒全倒在一位禿頭主管頭上，而這位主管正是公司的總經理。這時，在場的人全都愣住了，不知如何是好。而那位闖禍的職員更是滿臉鐵青，全身發抖。在這尷尬時刻，只見那位總經理用餐巾擦了擦他的頭，然後笑著對年輕的職員說：「老弟啊，你以為用這種方法就可以治好我的禿頭嗎？」

　　啟示錄：一個幽默的表現不但化解了緊張的氣氛，也顯出仁慈和寬廣的智慧。在最近碰到的不如意事情中，試著以智慧及輕鬆的態度，從容自在地面對。

資料來源：魏悌香（2002）。〈幽默的主管〉。《講義》（2002年六月號），頁148。

爾，我還沒有決定找誰當副手，但是我認為你不大適合從政。」這個消遣自己的求職短片，引來全場爆笑連連，或許觀眾不會完全記得演講的所有內容，然而，卻永遠忘不了這個精彩的開場白，最重要的，它達到激發喜悅、創造歡樂、自娛娛人的效果，這就是幽默的特性與價值（洪繡巒，2009/11：35）。

　　何謂幽默感？幽默感是雙向的能力，一是瞭解他人表達幽默的能力，一是自己向他人表達幽默的能力，缺乏其一，都不算真正的幽默感。誠如英國文豪威廉‧莎士比亞（William Shakespeare）說的：「甜中加甜，不見其甜；樂中加樂，才是大樂！」幽默常會使人忍不住捧腹大笑；幽默也常會帶給人會心的微笑；幽默常帶給人很大的想像空間；幽默帶給人放鬆的感覺；幽默也常帶給人溫馨的感覺。

　　有一次，美國329家大企業的行政主管參加一項幽默意見調查，發現

高達97%的主管人員相信「幽默是商業界具有相當的價值」。60%的人相信「幽默感能決定一個人事業成功的程度」。

幽默不是譏笑，不是冷嘲熱諷，不是將自己的嘻笑建築在別人的痛苦之上。幽默是出乎對方意料之外的答案，彼此心照不宣，會心一笑，無傷大雅。例如：

曾經擔任外交部長的錢復，被總統提名擔任國民大會議長。立法委員質詢他：「你是搞外交的，懂法律嗎？到國民大會能夠勝任嗎？」部長笑著說：「謝謝你的質疑。我過去在國外是學法律的，回國時也在大學教法律，你這麼說，教過我的老師和被我教過的學生聽到，都會很傷心的。」議場裡的委員全都笑了起來，沒有人再質疑他的能力。所以，奧地利精神分析學家西格蒙德‧佛洛伊德（Sigmund Freud）說：「最幽默的人，是最能適應的人。」

二、培養幽默感

幽默感可以增加你的吸引力，當你與人相處感到拘謹時，幽默感能幫助你消除你們之間的生疏與陌生；當你不小心犯了小錯時，幽默又能輕鬆地化解你的尷尬，讓你體面地從困境中解脫出來；機智、雋永的幽默更可以化干戈為玉帛，可見，幽默是你開啟交際大門的鑰匙。

在企業裡，一些無傷大雅的笑話，無關大局的小道消息，可以給半淡枯燥的工作帶來活潑的氣氛，使大家緊張的心情得以放輕鬆，不失為減壓的好方法。如果你對這種閒談總是機械性地生硬的回避，給予排斥，甚至不屑一顧，無異於在拒絕與同事之間的「親密接觸」。在大家的心裡，你能把你聽來的「密事」告訴他們，說明你對他們是信任的，這有利於進一步拉近你們的關係。

幽默感並不是先天的，也有後天培養的。培養幽默感可以從以下幾點入手：

1.主動接納各種不同的人、事、物，使性格開朗。
2.時刻保持愉快的心情有助於幽默感的萌生。
3.積累幽默素材，比如看漫畫和笑話，從中體會幽默的感覺。

個案
7-5　　　一笑解千愁

　　某大企業在慶祝二十週年慶時，有一位部門主管上台致詞時說：「欣逢公司二十週年慶，有幸能在公司服務二十年之久。不過，我有件心中久藏的祕密，藉這個機會坦白並向董事長致歉。當初我應徵時，董事長問我當時在別家公司的月薪多少，當時我答說：七千元。現在事過境遷，說出來也無妨，其實當時我每個月才賺六千元。」他的話引來了全場哄笑。隨後董事長致詞時說：「我很感激你的告白，其實當時我準備付你月薪八千元呢！」

　　啟示錄：幽默不但化解了彼此的尷尬，也增加了趣味性，使得彼此之間的距離更為拉近。

資料來源：哈佛管理叢書編纂委員會（1995）。《一分鐘管理精華：一笑解千愁，主管應有幽默感》，頁97-98。台北：哈佛企管公司出版部。

　　4.幽默可以從給身邊的人講笑話開始。

　　有人問美國第35任總統約翰‧甘迺迪（John Fitzgerald Kennedy）是如何在二次大戰時成為英雄的。他沒有趁機大事表功，只淡淡地說：「那由不得我，是日本人炸沉了我們的船。」總之，要想獲得好人緣，先修好自身的品德，心胸寬廣、做人厚道、謙虛和善、真誠待人以及和好人緣的人結交，這些品德必不可少，再就是要廣交朋友，學會跟不同性格的人打交道。全方位的去瞭解他人，針對不同性格的人採用不同的方式對待，多關心他人，同時注意培養自己的幽默感，在交際交往過程中，幽默往往會給你的好人緣之路，助一臂之力。

三、同理心

　　溝通時自須掌握人性面普遍性的共同心理，善用情境的影響特性，

瞭解溝通策略的心理效應，才能使溝通如「飛鴻在天，魚在水」般的流暢順意。同理心（empathy），是指設身處地站在對方的立場，用對方的心情來體會他的心境（如感覺、需要、痛苦、快樂等），亦即「感同身受」、「將心比心」，並給予適當的反應。簡單來說，就是觀察和確認他人的情緒狀態，並予以適當的反應。

善用同理心，可以更加瞭解對方的想法與感受，在溝通的過程中減少對方的防衛心、增加信賴感，進而有助於人際之間的溝通。

以下方法可增進同理心的能力：

1.專注傾聽說話者語言和非語言的訊息。
2.真誠關心、接納他人。

 個案 7-6　天堂與地獄

　　有一個人想要瞭解天堂和地獄有何不同，他先去地獄參觀，正好地獄的人正在用餐，在他們面前的餐桌上擺滿了豐盛美味食物，但是每個人都呆若木雞的坐在位子上並未進食。每個人手上拿著一雙十幾尺的長筷子，雖用盡了各種方法，嘗試用他們手中的筷子去夾菜往自己的口裡送，反而吃不到食物，弄得飢火中燒，極端難受。

　　天堂中的人則不同，大家也是使用過長的筷子，但由於大家夾菜互相餵食，所以大家嘴中咀嚼得津津有味，都吃得很快樂。

　　啟示錄：天堂與地獄的區別在於人與人相處的態度。人際溝通並非只一味的從私己有利角度思考、計較，只企圖要說服對方贊同自己，須知，對方何嘗不做如此計畫；因此，唯有先從心裡有他，才能讓自己走入對方的心裡，也唯有在相互接納後，認知的共識，心裡的共鳴才能相輔相成。

參考資料：周燦德（2000）。〈增進人際溝通效果的有效策略〉。《國立國父紀念館館刊》（2000/11），頁114-115。

3.想像自己在相同情境下的感受。

4.根據他人的話語、肢體語言、行為舉止等，來揣測其情緒。

5.把自己所知覺到的感受或情緒狀態反應出來，讓他知道，並表達出願意繼續分享。

第六節　情緒智商

情緒（emotion）是一種心理感受，通常與生理反應一起出現。引起這些反應的刺激，可能來自以體內、來自以外在的思緒或來自於環境。各種不同反應牽扯到認知（cognition）、生理（physiological）和行為（behavioral）。

情緒智商（Emotional Intelligence Quotient, EQ）這個名詞，最早是由哈佛大學（Harvard University）教授霍華德‧嘉納（Howard Gardner）等幾位心理學家的研究，經由美國著名心理學家丹尼爾‧高曼（Daniel Goleman）更進一步地將情緒智商的概念推廣於世，並掀起了全世界的情緒智商革命。情緒智商的觀念，提供了另外一種對於人生發展的思考面向，它有別於傳統的智商（Intelligence Quotient, IQ），兩者之間也無必然之關聯性。

情緒智商，乃是著重於一個人控制情緒的能力，其中則包括處理情緒的技巧及面對各種情境時的適當反應。自從情緒智商這一概念提出以來，已受到社會各界人士的高度重視，人生成功的方程式也由此改寫為20%的IQ（智商）＋80%的EQ（情商）＝100%的成功。情緒智商教育已成為上世紀最重要的心理學研究成果，特別是在人類逐漸跨入網絡時代的今天，隨著人際交往的密切，情緒智商更將成為每個渴望自我完善、自我實現的人理應關注的重要課題。

個案
7-7　情緒智商闖大禍

　　大韓航空公司副社長趙顯娥，為南韓「韓進集團」已故創辦人趙重勳的孫女、韓進物流運輸集團會長趙亮鎬的長女。為了一包堅果點心沒有照著標準作業程序（Standard Operation Procedure, SOP）把夏威夷豆倒在盤子上，而是直接整包拿給她而在自家飛機上發飆痛罵一名空姐，甚至將座艙長趕下飛機，造成班機延誤起飛。南韓和各國媒體連日報導此事，被稱為「堅果返航」事件。

　　南韓韓聯社報導，趙顯娥在紐約當地時間2014年12月5日凌晨從甘迺迪機場搭乘韓航飛往仁川的班機，班機正要進入跑道時，空姐為坐在頭等艙的趙顯娥送上一包堅果點心，不料這項服務引起趙顯娥暴怒，喝斥空姐服務不周。趙顯娥堅稱，按照韓航規定，空姐必須先詢問客人，確定有需要後才以盤子盛裝端給客人，但該名空姐竟然連問都沒問，直接給她一包堅果。趙顯娥還召喚座艙長，要求她確認韓航的服務內規。座艙長以平板電腦連線查詢，卻因訊號問題遲遲無法連線，暴跳如雷的趙顯娥再次飆罵，並命令座艙長下機查清楚。

　　這架韓航班機為此從跑道掉頭返回登機口，延誤起飛時間，但機長當時並未向機上約250名乘客做任何說明。該架班機最後比預定時間晚了十一分鐘才抵達仁川。

　　南韓法院2015年2月12日判決，趙顯娥違反《航空保安法》等五項罪名確立，判刑一年，不得緩刑或易科罰金。法官吳勝宇認為，趙顯娥在機上只是一名乘客，不能仗勢威脅機組員，下令更改航道。吳勝宇痛斥她「毫不體諒他人，把員工當奴隸，無法控制情緒」，不但讓被害者身心受創，也傷害南韓國家聲譽。

資料來源：林翠儀編譯（2014）。〈韓航千金耍官威　趕空姐下機〉。《自由時報》
　　　（2014/12/09）；陳韻涵（2015）。〈堅果返航判一年　韓航千金落淚〉。《聯
　　　合報》（2015/02/13），A21國際版。

一、情緒的意義與內涵

　　情緒是一種個體受到某種刺激（內在或外在）所引起的一種身、心激動狀態，情緒是主觀意識的經驗，會影響行為且不易自我控制。古希臘時期的哲學家亞理斯多德說：「任何人都會生氣，這沒什麼難的。但要能適時適所、以適當的方式對適當的對象，恰如其分地生氣，可就難上加難。」

　　早期學者將情緒定義為個人受到外界刺激之後所產生的情感經驗（例如驚訝、愉悅、生氣等），並導致特定行為的出現。高曼在其著作《EQ》中，將情緒定義為：「感覺及其特有的思想、生理與心理的狀態，以及相關的行為傾向。」《牛津英語詞典》（*Oxford English Dictionary*）中指情緒為：「心靈、感覺或感情的激動或騷動，泛指任何激越或興奮的心理狀態。」故其內涵相當複雜，一般所含的喜、怒、哀、樂、懼、恨、惡、欲都是屬於情緒。

　　中國古代就有所謂七情六欲的學說。《禮運》記載，何謂人情？喜、怒、哀、懼、愛、惡、欲七者，弗學而能。所謂六欲，則指凡夫對異性所具有之六種欲望。《釋禪波羅蜜次第法門‧卷九》記載：「六欲者：一者色欲；二形貌欲；三威儀姿態欲；四言語音聲欲；五細滑欲；六人相欲。」現代心理學則把情緒分為四類，稱為基本情緒，包括快樂、悲哀、憤怒、恐懼（**表7-5**）（黃敏偉，〈情緒的意義與情緒經驗〉）。

　　情緒智商可分為個人能力與社交能力兩類，兩類再區分為五種情緒智商。個人能力類包括：自我察覺（self-awareness）、自我規範（self-regulation）、動機（motivation）三項；社交能力類則包括：同理心（empathy）、社交技巧（social skills）兩項。這五種情緒智商個別都對工作表現有獨特的貢獻，其中每種能力又都能以另一種能力為基礎成階梯狀排列。例如，自我察覺是自律和同理心的基礎；自律和自我察覺又有助於動機的形成；另外四種情緒智商在社交技巧上都會發揮作用。

　　1.能夠察覺、認識自己的各種情緒消長。自覺乃是情緒智商的基礎（自我察覺）。

組織行為

表7-5　情緒的類別

類別	內容
憤怒	生氣、微慍、憤恨、急怒、不平、煩躁、敵意，較極端則為恨意與暴力。
悲傷	抑鬱、憂鬱、自憐、寂寞、沮喪、絕望以及病態的嚴重抑鬱、憂傷。
恐懼	焦慮、驚恐、緊張、關切、慌亂、憂心警覺、疑慮以及病態的恐懼症與恐慌症。
快樂	如釋重負、滿足、幸福、愉悅、欣慰、驕傲、感官的快樂、興奮、狂喜以及極端的躁狂。
愛	認可、友善、信賴、和善、親密、摯愛、寵愛、癡戀、驚訝、震驚、訝異、驚喜、嘆為觀止。
厭惡	輕視、輕蔑、譏諷、排拒。
羞恥	愧咎、尷尬、懊悔、恥辱。

資料來源：國立台灣師範大學資訊工程學系，〈看清何謂EMOTION〉，http://www.csie.
ntnu.edu.tw/~u84359/public_html/eq/EQ3.html

2.能夠克制自己的情緒（自我規範）。

3.能夠自我激勵，面對要務重任時會力圖振作（動機）。

4.能夠察覺他人的情緒變化，能以同理心看待他人的情緒（同理心）。

5.面對他人情緒時能夠自我調適，進而管理他人的情緒，與他人和睦相處，人際關係良好，能領導他人（社交技巧）。

二、情緒的成分

刺激引起情緒，但同樣的刺激不一定會引起同樣的情緒，因為一個人的情緒會受個人因素、家庭因素及情境因素的交互影響。一般來說，情緒具有下列四種成分：

(一)生理的變化（physiological changes）

當個人經歷強烈的情緒時身體也會產生變化，例如，心跳加速、血壓升高、腎上腺素分泌增加、血醣增高、消化速度減慢、瞳孔放大等等；又如，當我們感覺害怕，心跳會加快、呼吸急促、手心出汗、雙腳不由自

216

主的發抖等。這些生理反應，通常是不自主的，而且不同的情緒可能都會引起類似的生理變化。

(二)非語言表達（nonverbal manifestation）

情緒除了會引發生理產生變化之外，個人的肢體動作也會伴隨改變。從他人的姿勢、動作、表情、音調等，我們也可以猜測此人處於何種情緒狀態之下。舉例而言，當你生氣時，會用眼睛直視、語調升高、音量放大、雙手握拳，這些非語言的表達透露自己的情緒。

(三)認知的詮釋（cognitive interpretation）

因不同的情緒，可能引起類似的生理反應。藉由生理的變化，並不能使個人覺知自己處於何種情緒之中，必須透過認知的詮釋過程，才能明瞭個人的情緒狀態。所以，美國心理學家斯坦利·沙赫特（Stanley Schachter）和傑羅姆·辛格（Jerome Everett Singer）提出的情緒二因論（two-factor theory of emotion）認為，情緒包含兩個要素：生理喚起和認知詮釋，兩者缺一不可。

(四)語言表達（verbal expression）

語文表達情緒的方式有很多種：單字或詞的表達（例如：我很生氣）、用句子描寫情緒的表達（例如：我氣得快要炸掉了）、描述自己想要做什麼來表達（例如：我想好好的痛哭一場）和用對自己產生的影響來表達（例如：我覺得我是個不受歡迎的人）。有些人能夠清楚地表達自己的情緒，但是有些人描述情緒的方式則會令人感到迷惑（痞客邦，〈人際溝通與情緒〉）。

三、逆境商數

不論在公司經營或個人生活上會帶來影響的，除了智商、情商之外，逆境商數（Adversity Quotient, AQ）也扮演非常關鍵的角色。逆境商數是一個人面對逆境的能力。正因為景氣有高低起伏，人生也有順境逆境，因此，逆境商數高低往往能在關鍵時刻決定一個人或公司的未來發展（圖7-2）。

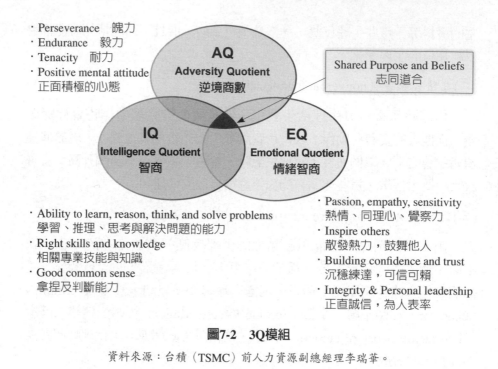

- Perseverance 魄力
- Endurance 毅力
- Tenacity 耐力
- Positive mental attitude
  正面積極的心態

AQ
Adversity Quotient
逆境商數

Shared Purpose and Beliefs
志同道合

IQ
Intelligence Quotient
智商

EQ
Emotional Quotient
情緒智商

- Ability to learn, reason, think, and solve problems
  學習、推理、思考與解決問題的能力
- Right skills and knowledge
  相關專業技能與知識
- Good common sense
  拿捏及判斷能力

- Passion, empathy, sensitivity
  熱情、同理心、覺察力
- Inspire others
  散發熱力,鼓舞他人
- Building confidence and trust
  沉穩練達,可信可賴
- Integrity & Personal leadership
  正直誠信,為人表率

圖7-2　3Q模組

資料來源:台積(TSMC)前人力資源副總經理李瑞華。

　　在職場上,說穿了,不外乎做人和做事。做事就是敢於做決策,能解決問題;做人則是敢於搞好人際關係,做好人脈管理。彼得‧杜拉克的研究發現,當一群尖端科技人員的智力智商(IQ)、專業知能均相同的情況下,影響其事業成就的最大因素在其「人脈資源」。一個人的人脈關係必須用心經營,如同一棵小樹苗,你若能不斷地灌溉、施肥、除草,每棵樹都長成茂密大樹、葉蔭成林,縱使是屋漏逢雨亦能有所庇蔭(**表7-6**)(周燦德,2000/11:112-113)。

四、人際互動層次

　　組織內的每一項工作都是靠團隊合作才能完成,未來將更需要團隊成員的通力合作。因此,人與人之間的互動將更頻繁、更複雜,必須具備足夠的人際關係,才能得以勝任工作。但每個人都有主觀性思考,佛學上曾把人跟事物之間的互動層次分為三種層次:

表7-6 逆境商數的特質

根據《工作的逆境商數》（*Adversity Quotient@Work*）作者保羅・史托茲（Paul G. Stoltz）研究證實，一個人的逆境商數（AQ）越高，便越能化危機為轉機，並且越具有以下的特質：

- 在逆境中能夠迅速恢復精力。
- 表現傑出，而且能維持表現。
- 非常樂觀。
- 在必要時願意冒險。
- 可以成功地進行改變。
- 很健康而且很有活力。
- 願意接受困難、複雜的改變。
- 很堅強。
- 能夠以創新的方法尋找解決之道。
- 能夠很敏捷地解決和思考問題。
- 能夠學習、成長、進步。

相反地，一個人的逆境商數越低，便越容易向挫折低頭，並且越具有以下的特質：

- 容易放棄。
- 容易迷失。
- 沒有發揮所有潛能。
- 感到無助。
- 不健康。
- 被問題苦苦糾纏。
- 逃避具有挑戰性的工作和情況。
- 不會善用有益的想法和工具。
- 喜歡休息。

資料來源：編輯部（2001）。〈你的AQ有多高？〉。《EMBA世界經理文摘》，第173期（2001/01），頁54-56。

　　第一層次：以我觀人、觀事、觀物，稱之為主觀，亦即對人、事、物常常以「我」的角度來觀之，此一層次事實上占我們對事物看法的絕大比例，但這是最低層次的。

　　第二層次：以人觀人、以物觀物、以事觀事，稱之為客觀，亦即把個人的主觀從情境問題中盡可能抽離，而以第三者的立場做對照性關照。

　　第三層次：以人觀我、以事關我、以物觀我，稱之為反觀，亦即從對方的角度回首看我們自己，也叫做「相對性思考」，在輔導上稱為「同

理心」，強調不可只用自己的或絕對的角度去看問題，畢竟離開問題的背景後很多「情境現象」就失去了意義（周燦德，2000/11：113）。

日本江戶初期的劍術家宮本武藏說：「如果光是用眼睛去『看』，而不用眼力去『觀察』的話，是無法洞悉的。」所以，凡事多用眼睛去看，耳朵去聽，嘴巴去問，兩耳間的腦筋去思考，才能澈底瞭解狀況，也就是說，將來職場上的工作者都必須具備表達、溝通、協調、談判、說服、激勵等人際能力，以求因應之道。

結　語

蒙古人有一句諺語說：「人在和藹的話前屈服，馬在柔軟的草地上打滾。」溝通是人們日常生活中不可或缺的一環，透過溝通技巧，適時與他人建立起良好的關係，是人際運作最重要的部分。要增進人際溝通，要多體貼別人，每個人都有不同的價值觀及做事的方式，不要主觀認定哪一個對，哪一個錯。事實上，很多事都沒有所謂的對錯，只是習慣不同。另外，多講別人的優點，肯定別人，也都有助於人際溝通的改善。

第八章

團隊行為

- 團隊勝出，英雄淡出
- 團隊組成的必要條件
- 團隊的開端管理
- 團隊運作要素
- 專案管理概述

> 在天願作比翼鳥，在地願為連理枝。
>
> ——〈長恨歌〉·唐·白居易

21世紀是一個倡導團隊出擊的時代，在市場經濟激烈的競爭中，昔日單打獨鬥、一將功成萬骨枯的時代已不復存在，取而代之的是集思廣益與眾志成城的理念。俗話說：「三個臭皮匠勝過一個諸葛亮。」團隊合作，在運動場上是一項共同認知，而在企業組織裡不容置疑地，團隊合作也是重要的觀念。

 用卡通征服人類

個案 8-1

美國《國家地理雜誌》（*National Geographic Magazine*）曾刊登了一篇文章，題為「迪士尼的奇幻世界」（The Magical Music of Disney），其中有創辦人華特·伊利斯·迪士尼（Walt Elias Disney）的這樣一段話：

有一天，一個小男孩問我：「你還畫米老鼠嗎？」我必須承認，我已經不再畫畫了。「那麼，你是不是負責構想所有的點子和笑話呢？」小孩子接著問。我說：「沒有，我不做這些。」小孩子望著我說：「迪士尼先生，你到底在做些什麼呀？」這可把我愣住了。

「嗯！」我說，「有時候，我把自己當作一隻小蜜蜂，從製片場的一角飛到另一角，收集花粉，給每個人打打氣。」我猜這就是我的工作。我當然不認為我是個生意人，也絕不相信自己的價值會遠超過畫家。

資料來源：曉寧編著（2000）。《團隊出擊：世界著名企業、團隊致勝實錄》，頁35。廣東：珠海出版社。

人的價值，除了具有獨力完成工作的能力外，更重要的是要具有與他人共同完成工作的能力。大雁可以飛行很遠的距離，在飛行途中，當大雁以「V」字形飛行時，整群的大雁會比一隻大雁飛行至少多了71%的距

離，原因在於領頭雁不斷地更替，飛行幾分鐘就會換到其他大雁的下風處補充體力；後面的大雁透過鳴叫，鼓勵領頭雁保持較高的速度。現今對於團隊重要的相關課題，便是如何透過開放的環境，讓組織成員都可以自由地分享知識與資源，自由交互討論。舉一個負面的例子，如果團隊成員中的某些成員，為了保持其在團隊中的地位與重要性就留了一手，藏私某些作業的細節或者是實際知識、技術祕訣（know-how），這樣就會嚴重傷害團體的和諧完整，也會嚴重阻礙團體與組織的發展，自然也傷害了他們自己。所以，開放的環境，相互鼓勵，吐故納新，是團隊合作中重要的因素（Paul Glen著，徐鋒志譯，2003）。

個案 8-2　團隊合作改造大陸航空

　　美國的大陸航空（Continental Airlines）曾經瀕臨破產，還被顧客評選為服務最差的航空公司，在1994年的時候經由新上任的總裁戈登·貝森（Gordon Bethune）大刀闊斧的改革，績效大幅改善。

　　貝森一上任，檢討組織內的問題，就發現問題的癥結之一是，員工非常不快樂。在不愉快的氣氛下工作怎能帶給顧客最好的服務？所以貝森決定，改革的切入點就是改變工作方式，增加員工的向心力。於是，貝森決定在大陸航空內推行團隊合作，以改變工作氣氛及員工的合作方式。首先，由重要的部門主管例如總營運長、總財務長、公共關係主管及營運主管共同建立管理團隊。所有重要決策都需要取得團隊成員同意，再由各高階主管將團隊合作的觀念逐漸灌輸到各部門。

　　貝森認為，建立團隊的挑戰，就在於整合大家的價值觀。團隊會發生衝突，往往是因為大家對成功的定義不一致，導致員工朝不同方向前進，導致組織缺乏效率。建立團隊時，最重要的是建立共同的規則，包括成功的定義、保持成功的方法並讓員工瞭解獎勵辦法。員工有了共同遵循的方向，更容易團隊合作，朝經理人希望的方向前進。

　　貝森並將目標調整為提高顧客滿意，採取「共同工作方案」來鼓勵員工團隊合作，為顧客服務，包括：讓員工每天接收到公司最新的重要資訊，以感受到自己是團隊的一份子；每月寄發員工通訊月刊；每半年貝森和公司主管會到七個主要的城市正式演講，員工還可以把現場錄影帶拿回去看；以及建立報酬制度，與員工分享百分之十五的稅前利益。

　　當員工瞭解公司所有的情況，擁有共同的規則及價值觀之後，他們就可以節省花在內部溝通的精力。當大部分公司花掉一半的時間在內部溝通時，大陸航空的員工卻花了百分之百的時間在團隊工作，思考如何對抗競爭者，以及創造更好服務的方法。這些力量結合起來是非常可觀的。結果證明，大陸航空的團隊合作，不但改變了員工的態度，也成功改寫了大陸航空的歷史。

資料來源：編輯部（2000）。〈團隊合作改造大陸航空〉。《EMBA世界經理文摘》，第163期（2000/03），頁10-12。

第一節　團隊勝出，英雄淡出

　　《論語・述而篇》記載：「三人行，必有我師焉。擇其善者而從之，其不善者而改之。」群體（group），是指由兩個或兩個以上的人相互影響，相互依存，為了共同目標而結合的組織體。1994年，美國聖地牙哥大學（University of San Diego）的管理學教授斯帝芬・羅賓斯（Stephen P. Robbins）首次提出了團隊（team）的概念，並將其定義為：「為實現某一特定組織任務與目標而藉由相互協作的個體所組成的群體，此群體運用每一成員的知識和技能協同工作以解決問題，並達成組織的特定目標。」此一定義，指出了團隊與群體的差異性。它是為了實現某一目標而由相互協作的個體所組成的正式群體。

小辭典

兩種團隊

團隊分為兩種，一種是適合長期運作的真實團隊（true teams）；另一種為完成某項任務而成立的任務團隊（task teams）。兩者的特性、所需人才、領導方式都不一樣。真實團隊就如同一對合作耕田的牛，因追求共同目標而共事；而任務團隊則包含了各領域的專才，為完成計畫而各自努力貢獻所長。例如，相對論（theory of relativity）的創立者阿爾伯特・愛因斯坦（Albert Einstein）可能是個很好的任務團隊成員，但如果將他放在真實團隊，不但無法發揮潛能，可能反而造成很大的麻煩。如何妥善運用這兩種團隊，考驗經理人的智慧。

資料來源：編輯部報告。《EMBA世界經理文摘》，第137期（1998/01），頁5。

美國第36屆總統林登・貝恩斯・詹森（Lyndon Baines Johnson）說：「如果我們同心協力，沒有不能解決的問題；如果我們各行其道，則解決不了幾個問題。」因而，有人說，這是一個「團隊勝出，英雄淡出」的年代，在現代的工作環境中具有團隊工作精神是非常重要的。有效的團隊工作可以提高工作效率，使組織獲得更多效率（efficiency）與效能（efficacy）。基於每個人都有自己的特長，因此最好能將不同才能的人遴選在一個團隊裡，這樣就可以得到多方的意見，從而找到一個最佳的問題解決方案。譬如，廣告團隊裡，有業務經理、媒體規劃人員、媒體採購人員、藝術總監、文案人員和企劃人員等。每個人都有自己的專業領域，除非人人發揮所長，團隊將無法運作。毫無互動的團隊成員，根本發揮不了作用。

一、高績效團隊的特性

團隊，已經是現今企業中最常見的組織型態之一，團隊成員常因為企業某項任務而聚集，而這些來自四面八方的成員，如何在共同的目標下發揮個人專長並且讓整個團隊產生綜效（synergy，1＋1＞2的效果），就是團隊管理的重點（**表8-1**）。

組織行為

個案 8-3　學習松鼠、海狸、野雁的特性

知名管理大師肯・布蘭佳（Ken Blanchard）和雪爾登・包樂斯（Sheldon Bowles）合著《共好！》（Gung Ho!）一書，運用了動物的智慧與特性，來倡導團隊合作與提升企業績效。如果經營者能利用動物的特性治理公司，善用「松鼠的精神」（做有價值的工作）、「海狸的方式」（掌控達成目標的過程）與「野雁的天賦」（互相鼓舞），將能建立一個有共識、高績效的團隊。

啟示錄：大自然動物身上都有各自生存本領。從牠們身上其實可以觸發不少經營管理思維。

資料來源：謝佳宇（2011）。〈以「動物哲學」克敵致勝：向動物學管理〉。《管理雜誌》，第446期（2011/08），頁56。

表8-1　典型的團隊類型

團隊類型	說明
問題解決型團隊	來自同一部門的5～12名員工，每週聚在一起幾個小時來探討如何提高工作質量、效率或者改善工作環境等等。
自我管理型團隊	10～15名成員，履行其上級交給的任務。
多功能團隊	由相同技術水平但是不同工作領域的人組成團隊來完成一項任務。
虛擬團隊	團隊的成員是分散的，但是透過電腦網路技術聯繫在一起來完成某一任務。

資料來源：中鋁網，〈如何有效鼓勵團隊合作？〉，http://big5news.cnal.com/management/01/2009/09-04/1252027446141018.shtml

一個高績效團隊，大致包含下列幾個特性：

1.明確目標：建立團隊的首要事項，就是設定目標，將團隊所要達成的事情明確記下來，使團隊成員清楚地瞭解所要達到的目標以及目標的意義。

2.相關技能：團隊成員具備實現目標所需要的技能，並能夠良好進行合作。

3.相互信任：團隊成員對他人的品行和能力都確信不疑。

4.共同承諾：團隊成員具備對完成目標的奉獻精神。

5.良好溝通：團隊成員間擁有暢通的資訊交流。

6.談判技能：團隊內部成員間的角色經常發生變化，同時團隊成員具有充分的談判技能。

7.合適的領導：團隊領導者往往擔任教練的角色，他們對團隊提供指導和支持而不是試圖去控制下屬。

8.內部與外部的支持：包括內部的合理結構及外部必要的資源條件來支持。

團隊有助於鼓勵合作行為，並為跨功能部門的活動提供便利性。而一旦團隊開始運作，團隊就能夠將理想和價值觀轉變為共同的行為基礎，並能培養各階層管理人員多方面的能力以因應各種難題（**表8-2**）（許慶復主講，2012：255-256）。

二、籃球隊的團隊合作

團隊比較嚴格的定義，是一群人為了共同的工作目標，一起努力，共同面對問題、解決問題，並為最後的結果共同承擔責任也共享成果。

表8-2　組織需要建立團隊的考量

1.團隊能將互補的技能和經驗整合起來，使得團隊能夠應付多方面的挑戰。
2.團隊能夠獲得整合更多、更有效的訊息，以建立解決問題的交流方式，使得團隊能更快速、準確和有效地運用組織的溝通網絡，以面對嚴峻的挑戰。
3.團隊有利於提升績效表現，透過共同努力克服障礙，團隊成員彼此建立信任，增強共同追求團隊目標的動力。
4.團隊能為成員帶來樂趣，而此種樂趣往往與團隊的績效表現連結在一起。
5.團隊能夠因應內外環境變化。因團隊重視業績、成果、挑戰和獎勵等特性，能夠培養團隊成員解決問題的意願。

資料來源：許慶復主講（2012）。「團隊建立與領導」講義，頁256；101年度薦任公務人員晉升簡任官等訓練課程。國家文官學院編印。

籃球比賽時五人一隊,其中一人為隊長,候補球員最多七人。比賽時,五名隊員的位置角色分別為小前鋒(small forward)、大前鋒(power forward)、中鋒(center)、得分後衛(shooting guard)和控球後衛(point guard),各自就其角色擔負搶攻和(或)防守的分工職責,又須和隊友密切合作求取全隊和個人成績。美國加州洛杉磯大學(University of California, Los Angeles, UCLA)籃球聯盟的前教練約翰‧伍登(John Wooden)在他四十一年的教練生涯中,曾帶領UCLA在美國大學聯盟錦標賽(National Committee Association America, NCAA)中獲得了十次全國冠軍,創造了包括七次蟬聯冠軍、八十八場比賽連勝、三十八場季後賽連勝、四個賽季所有比賽保持全勝的神奇紀錄,至今無人能敵。伍登常說:「球隊獲勝的三要素是:體能、球技和團隊合作。其中團隊合作最難捉摸。」

個案 8-4　團隊分享成果

有一年,紐約島人隊(New York Islanders)得了冰上曲棍球比賽的冠軍,所有的隊員都十分興奮。頒獎時,島人隊的隊長代表上台領了獎盃,他們的教練上前在他的耳邊說了一些話。

頒獎典禮之後,記者訪問島人隊的隊長時,順便打趣地問他:「剛才教練在你的耳邊講什麼悄悄話?」隊長說:「他告訴我,不要忘記讓每一位隊友都抱一下冠軍盃。」

一個成功的團隊,鼓勵是一件非常重要的事。鼓勵不是為了討好誰,而是因為鼓勵本來就是他(們)該得的!

資料來源:黑幼龍(2001)。《創造自己的機運》;引自戴智彰,〈追求成功的團隊〉,http://www.tschurch.org/news/news020224_2.htm

三、團隊合作的交互作用

團隊的觀念起源於1960年末期，並於1980年代起急速發展。品管大師威廉・愛德華茲・戴明（William Edwards Deming）曾教導日本經理人將團隊融入企業的組織架構與文化中，以追求公司長期的成功。

團隊是由一群願意付出承諾的人所組成，包括成員之間的承諾，以及對共同目標的承諾。因而，團隊合作是下列五大要素的交互作用形成。

1. 有效溝通：主管與成員之間或是成員與成員之間清晰且積極的溝通才能建立團隊合作的概念，讓所有成員和主管清楚明白組織的共同目標，並一起合力達成。
2. 求勝態度：良好的團隊態度是成員能擔負起他們在團隊中的角色和責任，團隊態度須高昂到勢必獲勝。

 個案 8-5

團隊管理制度化

《西遊記》裡的唐僧團隊，說到底，實際上是一個雜湊的班子，人員來自五湖四海，本身並沒有什麼優勢，但這個團隊在實戰中卻顯示出了驚人的執行力，其原因就是他們的團隊精神很強，自始至終有一個目標凝聚和鼓舞著這個團隊，那就是西天取經。在這一目標的感召下，唐僧作為一個團隊的管理者，不僅對團隊成員分工明確，而且大力推行管理的制度化。戴在孫悟空頭上的金箍兒，就是員工的管理制度，如果不遵守，就用念「緊箍咒」來處罰，即使你是最優秀的人才也得循規蹈矩。這就迫使孫悟空死心塌地地跟著唐僧，充分發揮能力優勢，一路降妖除魔，戰無不勝。

資料來源：李鋼。〈西遊記對企業管理的借鑑〉。中國鞋業互聯網，http://www.chinashoes.com/AllNews/2009/01/08/435541.shtml

3.團隊中心：成員明白並接受他們在團隊中的角色，克服自我中心，以整個團隊的利益為重。

4.動機：必須持續激勵成員達成團隊的共同目標（可透過擬訂長程的目標再細分為一系列的短程目標，鼓勵團隊漸進達成之）。

5.團隊紀律：公正和持恆的紀律是聯繫以上四大要素的黏合劑，常需要訂定切合團隊目標和具體可行的規範，以促成成員自律和他律。（李隆盛、賴春金，2006/10/10）

工作團隊（work team）在組織中，常被視為一種橫向的整合機制，其目的是當組織面對複雜而困難的問題或任務時，能整合不同專長的工作者，透過他們的努力，發展出適當的解決方案，以解決問題，達成組織目標。

第二節　團隊組成的必要條件

2004年雅典奧運會上，美國籃球隊輸給阿根廷、立陶宛和波多黎各沒有獲得金牌，很多人很納悶，清一色的美國國家籃球協會（National Basketball Association, NBA）頂尖水準的明星，怎麼可能被其他國家的隊員打敗呢？一句話道破了其中的奧祕：美國選派的是優秀球員，其他國家選派的是優秀團隊。

團隊具有五個重要構成要素：目標（purpose）、人（people）、團隊的定位（place）、許可權（power）和計畫（plan）。伍登教練提出，構成團隊的必要條件，第一層以最大競爭力為目標、以信念和耐心形成成功的意識；第二層以鎮定、自信奠定成功的態度；第三層以狀態、技能和團隊精神營造成功的團隊思維；第四層以自律、機敏、主動性和專注形成團隊成功的基本能力；第五層以勤奮、友誼、忠誠、合作、熱情構成團結能戰鬥的團隊精神。

個案 8-6　蘋果法則（分享與共贏）

有一個韓國家庭有三個兒子，有一回親戚送給他們兩筐蘋果，一筐是剛剛成熟的，還可以儲存一段時間；一筐是已經完全熟透的，如果不在三天內吃掉，就會變質腐爛。

父親把三個孩子都叫過來，說：「孩子們，你們說選擇怎樣的吃法，才能不浪費一個蘋果？」

大兒子說：「當然是先吃熟透了的，這些是放不過三天的。」父親說：「等我們吃完這些後，另外的那一筐也要開始腐爛了。這樣一來，我們吃的始終不是新鮮的蘋果。」二兒子又想了想，說：「那就應該吃剛剛成熟的那一筐，先揀好的吃吧！」父親說：「如果這樣，熟透的那筐蘋果不是白白浪費了嗎？你不覺得可惜嗎？」父親把目光轉向了小兒子說：「你有更好的辦法嗎？」

小兒子微微思索了一下，說：「我們最好把這些蘋果混在一起，然後分給鄰居們一些，讓他們幫著我們吃，這樣就不會浪費一個蘋果了。」父親聽了，滿意地點點頭，笑著說：「不錯，這的確是個好辦法。那就按你的想法去做吧！」多年後，這個選擇把蘋果分給鄰居的孩子當選為聯合國的祕書長，他的名字叫做潘基文。

香港實業家李嘉誠說：「我想和大家分享我所堅持和珍惜的信念：我相信幫助他人、對社會有所貢獻是每一個人必要的義務。」這就是「分享」與「共贏」的最好詮釋。

資料來源：宏善佛教網站，〈潘基文的蘋果法則〉，http://www.liaotuo.org/view-58057-1.html

個案 8-7　以狼為師

　　據說古羅馬的建城者，就是兩個狼孩兄弟，是被一隻母狼養大的。所以，直到今天，羅馬城的城徽依然是一隻母狼給兩個狼孩餵奶的圖騰。因為狼是草原上的強者，三個崇拜狼圖騰的草原游牧民族：匈奴、突厥和蒙古人都曾征服過歐洲人，而崇拜狼的民族則是我們人類社會的強者。

　　拿破崙的一句名言是：「一頭狼率領千頭羊，一定可以勝過一頭羊率領的千頭狼。」可見狼的經營快速而有效。狼有三大特性：一是敏銳的嗅覺；二是不屈不撓、奮不顧身的進攻精神；三是群體奮鬥。海爾集團董事局主席張瑞敏曾說，狼的許多難以置信的戰術很值得我們借鏡：

　　第一：不打無準備的仗，踩點、埋伏、攻擊，組織嚴密，很有章法。

　　第二：保存實力，該出手時就出手，置對方於死地。

　　第三：戰鬥中的團隊精神，協同作戰，為了勝利不惜碎身沙場，以身殉職。

　　第四：永不言敗，哪怕是瞎了一隻眼，斷了一條腿，狼依然是狼。

　　啟示錄：狼群捕捉獵物靠的是群狼的合作與分工，企業的經營更是需要群策群力、團隊精神，以狼為友、以狼為師，為經營管理注進新的思維。

編輯：丁志達。

　　在學理上，並非每一個工作團隊都稱得上是真正的團隊，一個團隊必須符合下列的條件，始能稱為團隊。

1. 團隊的績效表現，不只是決定於團隊成員個別的貢獻，也決定所有團隊成員的集體貢獻。
2. 團隊的責任是所有團隊成員共同承擔的，不只是每一位團隊成員承擔自己分內的責任而已。
3. 團隊成員對於團隊的使命懷抱一種共享的承諾感，不只是單單對於達成目標存在個別的興趣。

4.團隊必須具有一定程度的自主性，而不僅僅是被動地回應上級的命令或要求。（**表8-3**）（戚樹誠主講、盧懿娟企劃，2009/03：137）

團隊角色分配

高績效的團隊會賦予個別成員不同角色。成功的團隊擁有適合所有角色的優異人才，更會依個別的特殊技能與偏好來選擇指派其所扮演的角色，諸如，成員的經驗、技能、氣質、工作態度、人際關係、紀律觀念、情感力量以及潛力。研究證明，團隊中成員往往扮演以下九種潛在的團隊角色。

表8-3　團隊合作的六大障礙

類別	說明	
喪失互信基礎	・領導人的失信 ・彼此猜忌 ・烏合之眾	・領導人的自以為是 ・各懷鬼胎 ・一盤散沙
害怕衝突	・創造和諧的假象 ・和稀泥 ・缺乏自信 ・未能擇善固執	・太容易妥協 ・鄉愿，好好先生 ・缺乏使命感 ・缺乏道德勇氣
不敢做出承諾	・缺乏責任感 ・投入不夠 ・缺乏動機 ・計畫不周詳	・信心不足 ・目標不明確 ・資源不足
規避責任	・權責不清楚 ・分工不明確 ・標準太高	・賞罰未分明 ・責任感不足
忽視成果	・願景不明確 ・追求個人獲益重於團隊成就	・成果無法衡量 ・個人利益與團隊利益衝突
其他事項	・誠信問題 ・心態障礙 ・智慧不佳 ・信心不足 ・事必躬親	・個性問題 ・能力不足 ・經驗不夠 ・太過自信 ・專斷獨裁

資料來源：李良猷。「團隊管理實務班」講義，頁9-10。台北：中華企業管理發展中心。

(一)創造者—創新者（creator-innovators）

這種人具備想像力，而且善於啓發新觀念，他們通常非常獨立，而且喜歡自己安排工作時間，按照自己的方式、自己的步調工作。

(二)開拓者—倡導者（explorer-promoters）

這種人熱衷於拾取、捍衛新鮮點子，非常善於從創造者—創新者獲取新意，並利用各種資源來推廣新觀念，但這種人的缺點在於缺乏足夠的耐心與控制技巧來落實新觀念，所以無法保證所倡導的點子是否能依序而詳細的完成。

(三)評估者—開發者（assessor-developers）

這種人擁有強力的分析技巧。在面對不同的決策選擇，需要做詳盡的評估與分析以做最後決定時，他們最能表現其特有的才能。

(四)推進者—組織者（thruster-organizers）

這種人的專長在於設定操作程序，包括設立目標、建立方案、組織成員、建立能使工作限期完成的制度、使觀念能夠落實執行，確保在任期內完成任務。

(五)結論者—生產者（concluder-producers）

這種人和前述的推進者—組織者一樣較關切有關事務的結果，但他們的重點在於限期完成工作並保證達成客戶的託付，而且以能規律性地達到生產標準爲榮。

(六)控制者—監察者（controller-inspectors）

這種人對規則的建立與執行有相當高度的關切。他們非常善於檢查細節，以避免錯誤的產生。數字與事實是他們的最愛，包括字母的寫法都得一絲不苟才能放行。

(七)支持者—維護者（upholder-maintainers）

這種人對於所謂正確的做事方法有極強烈的信念，他們會爲團隊不

惜與外界奮戰，同時強力支持團隊內部的成員，他們對團隊的穩定性有極大重要性。

(八)報告者—顧問者（reporter-advisers）

這種人是非常懂得不將自我觀點強加於他人之上的良好傾聽者，他們非常懂得如何促使團隊在決策前多方尋訪資訊，並提醒團隊勿陷入倉促決策的陷阱。

(九)連結者（linkers）

這種人必須嘗試去理解所有觀點，居中扮演協調與整合的角色。他們不喜極端，並且希望在所有團隊成員間建立穩定的合作關係，同時也重視其他團隊成員的不同貢獻，並試圖超越成員間的差異性來整合人力與活動。（**表8-4**）

表8-4　拜爾賓（Raymond M. Belbin）的團隊角色分析

角色描述	團隊風格	主要優勢	主要劣勢
總裁	冷靜而自信 目標驅動	思想開放 自信	有限的創造者 有限的智慧
公司工人	組織良好 忠誠	努力工作 對工作有洞察力	僵化 缺乏想像力
團隊工作者	社會導向 推動團隊需求	謙卑 善於體貼他人	在面臨壓力時猶豫不決
塑造者	挑戰並測試想法	精力充沛 善於分析	經常過於緊張 脾氣暴躁
內線人物	非正統的思想者	富於想像力 個人主義	有時會不切實際
資源調查人	與他人溝通 推動團隊前進	性格外向 積極響應挑戰	思維過於跳躍 不重視細節
監視評估者	腳踏實地 無情	批判 謹慎	缺乏靈感
完成者	堅持到底的	責任心	不願意授權

資料來源：托尼‧米勒（T. Miller）著，黨軍譯（2004）。《人力資源的重新設計：人力資源部門如何貢獻可衡量價值》，頁43。上海：上海人民出版社。

在爲情境所逼的情況下，大多數人都能扮演上述的任一角色，但通常有二至三種最受個人喜愛。經理人必須針對團體所能產生的優勢有所瞭解，以此正確的遴選、安置團隊成員，並針對個人偏好的風格來指派工作任務（**表8-5**）（Stephen P. Robbins著，李茂興譯，2001：167-169）。

表8-5　團隊成員的類型

工作者類型	典型的特徵	優點	可能的缺點
創思者	個人主義 熱誠認真 異想天開	有天才 想像力豐富 聰明、知識豐富	不切實際 不注意細節 忽視規定
計畫者	外向 熱心 好奇	善於與人接觸 善於探索新事物 能迅速因應變化	新鮮感消失後容易失去興趣
考核者	嚴肅 冷靜 謹慎	判斷力強 細心、精明 講求實際	缺乏啓發性 缺乏激勵別人的能力
執行者	保守 負責 忠誠	有組織能力 有實務常識 工作努力、自律	缺乏彈性 對未經證實的構想不感興趣
完成者	有條不紊 正直、求好心切	貫徹始終 追求完美	為小事擔憂 不肯授權
組織者	注重社交 寬容、靈敏	善於處理人際關係 能因應情況 能激發團隊士氣	面臨緊急狀況時優柔寡斷
推動者	緊張 積極進取 充滿活力	具有克服惰性、低效率、 自滿、自欺的衝勁和意願	缺乏耐心 容易激動憤怒
協調者	鎮靜 自信 自制	能鼓勵別人貢獻意見 能接受別人的批評 有強烈的目標意識	創造力平庸
專業者	好學 用心 專心	以專家立場對團隊貢獻其 專業知識	對一般管理事務缺乏興趣 不易與團隊打成一片

資料來源：李良猷。「團隊管理實務班」講義，頁27-28。台北：中華企業管理發展中心。

 第三節　團隊的開端管理

　　沒有目標，就無法建立真正的團隊。躋身於名人堂的棒球捕手約吉‧貝拉（Yogi Berra）開玩笑的說：「如果你不知道自己要去哪裡，就會在當地結束旅程。」所以，團隊的開端管理，包含清晰的目標、正式的授權、足夠的資源和明確的直屬上級。茲說明如下：

1. 清晰的目標：凡是從願景開始，必須能夠被清楚地描述出來而不是模糊的方向。目標清晰，才能讓團隊成員的努力不致失焦。
2. 正式的授權：管理高層需公開對團隊領導人正式授權，並說明團隊成立的由來。無論如何，團隊的開始階段都必須有明確的授權，除了書面公文之外，最理想的是上級蒞臨團隊並親口進行指派（布達），說明團隊成立的原委。
3. 足夠的資源：團隊領導者要主動爭取並列出完成團隊目標所需資源有哪些，以獲得基本的人力與物力。在實際的組織運作中，許多團隊必須獲得其他相關部門的同意，始能獲得某些必要的資源，以減少未來可能的溝通障礙。（**表8-6**）

表8-6　資源需求的形式

類別	說明
人	我們需要哪些人來完成計畫中的每一個步驟？
時間	會需要多少時間？
物質	會需要多少物質？
預算	我們需要多少錢？
外來服務	我們需要外來的什麼協助？
設備	我們會需要哪些設備？
支援	我們需要哪些政治上或實質上的支援？

資料來源：金博‧費雪（Kimball Fisher）著，吳玫瑛、江麗美譯（2001）。《團隊EQ》（*Tip for Teams: A Ready Reference for Solving Common Team Problems*），頁303-304。台北：美商麥格羅‧希爾。

4.明確的直屬上級：任何團隊都需要一個明確的直屬主管。團隊的頂頭上司必須承擔責任，並且握有最終決策權。（戚樹誠主講，盧懿娟企劃，2009/03：138-139）

團隊發展的模式

美國心理學教授布魯斯・塔克曼（Bruce Tuckman）主張的團隊發展的階段（Stages of Team Development）模型為：

(一)形成期（forming stage）

此一階段是一個適應新環境與認識時期，形式上組成團隊，但成員之間陌生、有禮但是互信低。團隊剛組成，成員都有點不安，他們會花很多時間去認識彼此，瞭解別人對他們的要求是什麼。他們需要領導人給予方向，諸如：「對我期望什麼？」、「我適合這個工作嗎？」，這個時期的領導人必須：說明任務、標準和期限並制訂團隊目標，讓成員互相認識並鼓勵他們進行非正式的社交討論。

(二)動盪期（storming stage）

這一階段的每一個成員的個性就會顯露出來，成員開始表達其感覺，但大多視本身為原部門之一員而非團隊之一員。成員之間開始出現爭執，爭執內容包括：哪些是必須優先處理、任務的重要性、責任的歸屬和作業方式。這時期的成員常會質疑領導人。所以，這個時期的領導人必須：排除成員之間的紛爭和內訌、處理情緒問題、澄清和解釋任務始末、以同理心來面對和處理抗拒和排斥，鼓勵每一位成員參與，而成員們更應坦誠提供意見，以解決有關團隊任務和目標不確定性與衝突之看法。

(三)規範期（norming stage）

這一階段衝突已被解決，團隊顯現出和諧與統一的氣氛，整個團隊會開始合作，成員感覺是團隊一員，並理解如果接受其他成員觀點則可一起完成工作。成員們終於願意肯定彼此，並接納彼此的優缺點。他們會制定行為規範和績效標準，找出彼此支援的方法。這個時期的領導人必須：退居幕後位置、配合全體成員共同協商出各種規範和標準、鼓勵彼此合

作，相互支援，並且要協助澄清團隊規範與價值觀。

(四)執行期（performing stage）

這一階段主要重點在於解決問題，全體成員通力合作，完成被指派的任務，團隊在公開和互信的氛圍中發揮作用、展現高績效。這個時期的領導人必須：肯定團隊的成熟表現、允許成員自行決策，請他們自行找出對策、鼓勵團隊自我管理（**表8-7**）（Williams & Johnson著，高子梅譯，2008：121-123）。

表8-7　塔克曼的團隊發展四階段

類別	團隊發展階段			
	形成期	動盪（風暴）期	規範期	執行（表現）期
團隊特性	・不確定 ・臨時性 ・嚴肅性 ・目標不明	・衝突 ・團隊整理 ・目標仍不明 ・敵對 ・防衛	・投注於工作 ・衝突獲得解決 ・和諧 ・團隊榮譽感	・完全發揮功能 ・自我整理 ・富彈性 ・具創新
成員行為	・多話 ・有禮樂觀 ・恐懼焦慮 ・尋求歸屬	・不同意 ・可能抗拒團隊合作和家庭作業	・舒服感 ・歸屬感 ・分擔和樂在工作 ・努力工作	・一起發揮功能 ・瞭解他人 ・體驗個人成長
領導者工作	・提供清晰指引 ・促使成員熟悉 ・營造積極氛圍 ・指派直接、簡單工作 ・敏感於團隊對指令的需求	・打開衝突 ・邁向商議與共識 ・促使成員擔當更多工作責任	・讓團隊指派自己的工作 ・提供指令 ・辦理慶祝活動 ・鼓勵團隊更新目標與進展 ・傾聽與輔助	・諮商 ・啟發／提供新願景 ・因應需求／成員參與工作 ・促使共識和資訊流通 ・加強慶祝成就
產出	幾乎無	低	中至高	很高
主持人工作	・組織 ・教導 ・建立規範 ・訂定標準 ・設定目標 ・管理期望	・傾聽與觀察 ・執行規範 ・衝突管理 ・諮商 ・顧問 ・干預	・回饋 ・斷言 ・教練 ・鼓勵	・促進共識 ・教練 ・啦啦隊長 ・退入幕後

資料來源：李隆盛、賴春金（2006）。〈團隊建立與團隊合作〉。《T&D飛訊》，第50期（2006/10/10）。

(五)解散期（adjourning stage）

這一階段是團隊在達成共同目標之後結束或轉移到新的目標。在此時期，成員們可能感受到情緒的高漲、強烈的凝聚力以及對團隊解散的沮喪或惋惜。此時團隊領導人可以用儀式或典禮來表示團隊的解散，以頒發獎狀、獎金、紀念品、合照等方式來表示任務的結束與完成。

團隊發展的五階段都是按照順序發生，處於時間壓力下，或只存在短期間的團隊，這五階段也可能會加速進行（**表8-8**）（中山大學企業管理學系，2005：384-385）。

表8-8　團隊解決問題的程序

1.訂定目標：團隊需知道重點何在，所以須明訂目標（如降低職場意外事故件數），訂定目標時宜由成員參與。
2.釐清解決問題的理由：團隊應辨識清楚解決問題對組織和團隊有何好處。
3.明辨障礙所在：辨別清楚阻礙團隊達成目標的內、外在障礙。
4.規劃具體行動：行動該具體到可觀察的行為（例如以微笑、目視和問候歡迎顧客，並在顧客到達後一分鐘內提供服務）。
5.排定行動優先順序：依輕重緩急排定行動的優先順序。
6.採取行動：根據優先順序採取行動，並進行持續的檢討和改善。

資料來源：李隆盛、賴春金（2006）。〈團隊建立與團隊合作〉。《T&D飛訊》，第50期（2006/10/10）。

 ## 第四節　團隊運作要素

團隊的價值是由團隊成員使用多重觀點解決問題，以及在困難時期激勵彼此的能力來呈現，因而團體成員需要適當的工作技巧及人際技巧，以便討論和分享不同觀點而不至於引發衝突，並能維持好的社會關係和形成執行任務的團隊。

一、團隊運作應具備之要素

成功的團隊運作應具備下列要素：

1.團隊工作性質需要有清楚的方向及目標，任務必須是適合團隊工作的，工作是富挑戰性且重要的。
2.團隊需要公平及客觀的評價指標，成員表現評價應與團隊貢獻有關；且當團隊達到成功目標時，成員必須獲得獎勵。
3.組織的管理系統及組織文化必須是支持團體的。
4.為了使團隊社會關係良好，團隊需要社交技巧的訓練解決內在衝突，以及讓團隊平和運作。
5.團隊領導關係正向。領導者需要促進團隊互動，以及在問題發現時提供團隊協助。（曾華源，2013）

個案 8-8　波音公司的團隊合作

　　美國波音公司（BOEING）在生產「波音777」飛機時，要用更短的時間完成從設計到交貨的全部過程，要以更低的造價滿足客戶的需要，讓飛行人員感到舒適，而且要比任何其他飛機的燃料系統更加有效。這些要求的確很不容易實現，但有二百多個小組參與了「波音777」飛機的設計、工程、製造和裝配工作，成功地保證了上述目標的達成。

　　在這些小組中，團隊合作是不同部門、不同單位和不同國家的工程師在一起有效工作的關鍵。這一經歷給工程師、科學家和管理人員留下深刻的印象──全球企業的任何人必須彼此依靠，而彼此之間的夥伴關係是企業的重要資源。

資料來源：趙曙明（2005）。〈鳥瞰HR，趙曙明有話要說（續）〉。《人力資源》（2005年第11期），頁30。

二、促進團隊合作的要領

組織行爲學者利・湯普森（Leigh L. Thompson）認爲：「團隊是一個由若干個人組成的相互依賴的組織，這些個人共同負責爲組織提供一定的成果。」而所謂團隊合作，就是團隊成員爲了團隊的利益與目標而相互協作、盡心盡力的意願與作風。但絕大多數執行力不佳的組織都欠缺團隊合作的精神，而擁有卓越執行力的組織卻往往擁有合作良好的團隊。個人和組織要發揮綜效需借重有效的團隊合作。

西南航空團隊合作

美國知名企業西南航空公司（Southwest Airlines Inc.）在1994年年底開始推動一項名爲「援手」的計畫，其主要的目的是計畫在第四季選派公司各階層的志願者前往各個服務航站，爲面對同業競爭者強力競爭的同仁分擔工作和壓力。每一位志願者分配在兩個週末工作，項目包括：推輪椅、擔任現場地勤工作、爲班機整補、在售票櫃檯和登機門幫忙以及招呼旅客等。事後檢討發現這項計畫有效促使志願者與原航站工作人員更加相互瞭解和尊重對方，不但強化了西南航空在市場上的競爭力，而且也激發出員工的鬥志，共同合作面對競爭者的挑戰。

接著在1995年元月推廣「穿著我的鞋走一英里路」計畫，要求員工在休假日造訪不同工作崗位上的同仁，並且至少停留六個小時共同參與工作。結果在短短六個月內，有多達75%的員工先後參與這個計畫。一位參與這項計畫的地勤工作小組長的心得：「我參與地面支援小組成員的每日例行工作，讓我深深瞭解到這些成員每日的工作對我的管理工作的重要性。」

啓示錄：在企業中每項工作雖是相關但卻又各自獨立的運作，成員會花心思在自己的工作上，努力做好自己的工作，但是往往因爲沒有時間去參與或體驗其他成員的工作內容而無法有效的去思索及規劃要如何發揮合

作的動力，讓工作更有成效。所以，要發揮團隊的綜效，就要讓成員相互認識工作內涵，運用「穿別人的鞋子走路」的概念和做法，提供成員可以體驗其他成員工作的機會，來促進合作的機會。

資料來源：何文堂。〈促進團隊合作〉。溫世仁文教基金會，http://www.ceolearning.org/writings/paper.php?id=21541

在企業中許多的策略執行失敗，並不是策略規劃程序和內容不佳或是成員不夠努力所致，而是團隊無法分工合作的關係。所以，促進團隊合作的要領有下列幾項可供參考：

1.計畫周詳，謀定而後動。依據團隊定位、規模、任務、時限與資源之限制，規劃建立團隊的計畫，然後招兵買馬，凝聚向心力，建立贏的團隊。（**表8-9**）
2.分工清楚，定位明確。適才適所，界定個人（或各組）之任務與績效衡量基準，設定關鍵績效指標（Key Performance Indicators, KPI）或平衡計分卡（The Balanced ScoreCard, BSC），以及提出備援計畫。

表8-9　如何建立贏的團隊

・吸收幹練的人員（但要知道，只要能正確的領導，中等資質的人才也能有驚人表現，反之，全是菁英，亦未必能成功）。
・激發工作熱忱，使屬下產生自信心。
・對自己和部屬都要具有信心。
・運用管理技巧，使整個部門合作無間。
・設定高的績效標準。
・確使你的團隊達成設定的目標，絕不逃避承諾。
・沒有實質的成就，不要亂出風頭。
・如有實質成就，順其自然地讓整個組織的人都知道你的團隊之成功事實。
・與有權力或有影響力的人建立良好關係。

資料來源：李良猷。「團隊管理實務班」講義，頁26。台北：中華企業管理發展中心。

> **小辭典** **平衡計分卡**
>
> 　　平衡計分卡（The Balanced ScoreCard, BSC）的特色在於，將傳統上衡量企業的指標，從財務指標，轉為將顧客、流程、學習和成長等指標都納入衡量的重點。這個工具幫助企業把經營策略轉化為具體的目標，讓各部門根據企業策略，發展出關鍵績效指標，指引員工朝向同一個目標發展。
>
> 資料來源：編輯部。〈人力資源的終極武器〉。《EMBA世界經理文摘》，第178
> 　　　　　期（2001/06），頁102-103。

3.權責分明，控制嚴謹。權責要相稱，建立核定權限，定期檢討，針對落差採取修正行動，有效授權。

4.有效激勵，提高士氣。設法去瞭解每一位部屬並隨時留意他們的近況；瞭解能使部屬感到興趣的以及能激勵他們的誘因，這些誘因可能會改變，因此，要掌握它們變動的情形；適度地提升部屬工作的挑戰性，但應注意是否已達到他們能力的極限；分析部屬的長處與缺點，讓他們有機會去發揮所長並幫助他們克服自己的缺點。

　　身為經理人只要肯用心注意團隊互動的狀況，善用有效的機制來增進彼此合作，就能為團隊執行力注入活力（**表8-10**）。

表8-10　團隊合作失敗的原因

1.領導人沒有扮演好領導人的角色。
2.團隊領導人勇於責罵成員，卻吝惜於稱讚成員，以致成員只知道自己哪些地方做得不好，卻不知道自己哪些地方做得很好，造成士氣低落。
3.公司沒有提供團隊任何訓練，假定成員有能力應付所有問題。
4.團隊領導人在決定重組團隊或者改變團隊運作規則及程序時，沒有讓成員有參與決定的機會，甚至也沒有提前向成員溝通，以致成員感到措手不及，不受尊重。
5.公司派遣高階主管監督團隊，以致團隊縛手縛腳難有創新表現。
6.公司過度保護許多資料，以致團隊無法獲得所需資訊。
7.創立了繁複的內部運作程序，無論事情大小，成員都必須層層獲得公文許可，以致團隊效率不彰。
8.只要出現問題，就認定團隊會失敗；只要團隊在某些部分失敗，就立刻想要解散團隊，使團隊動輒得咎，以致不敢放手發揮。
9.成員不願和團隊分享資源，以致喪失團隊合作應有的加分效果。
10.團隊不願意傾聽個別成員的新想法或建議，以致無法隨著情形不同而適時彈性做調整。

資料來源：編輯部。〈團隊合作力量大〉。《EMBA世界經理文摘》，第184期；引自《勞
　　　　　動力》（Workforce）雜誌。

 第五節　專案管理概述

在國際趨勢上，專案管理已經逐漸凌駕工商或企業管理碩士（Master of Business Administration, MBA），成為掌握未來的關鍵能力。《專案管理》（*Successful Project Management*）作者傑克・吉多（Jack Gido）和詹姆士・克萊曼（James P. Clements）在書上的序言上說：「我們從山的這面開挖，你及你的同伴們則從另一面挖掘，當我們在中間不期而遇時，就表示隧道已經打通了；如果我們未曾相遇，那麼兩條隧道已被鑿成。」《聖經》（*The Holy Bible*）在〈羅馬書〉第十二章十六節寫道：「要彼此同心」，這句話正適用於任何一組的專案團隊，也道出專案管理的核心議題，因為專案本身並非一項獨立作業，而是一種群策群力的藝術，透過同心，方能齊力，藉由齊力，才能成事（**表8-11**）（Gido & Clements著，宋文娟譯，2004）。

一、專案的定義

近年來，市場的快速變遷與激烈的競爭、社會價值觀與商業行為模式的急遽改變、國際化、自由化腳步的加快，以及人與人之間的互動頻繁，使政府部門及公民營企業都必須面對突如其來的嚴峻挑戰。特殊個案如採用常規的運作管理是難以應付的，尤其需要在有限人力下有效處理一些非例行性、非永久性且有預算限制及執行時程壓力的特殊專案時，都需要組成專案團隊。因此，在建立管理制度時，如何成功執行專案管理更顯重要（王嘉男、朱彥貞，2014/02：64）。

表8-11　管理層別

層別	說明
日常管理	例行工作
專案管理	三月內可完成之改善
目標管理	一年內可完成之目標
方針管理	一至三年之發展方向
願景管理	三年以上之發展藍圖

資料來源：楊望遠。「專案管理」講義。

　　品管大師喬瑟夫‧朱蘭（Joseph M. Juran）曾經為專案（project）下一個定義：「專案，是必須排定時程去設法解決的問題。」依據美國專案管理學會（Project Management Institute, PMI）的定義，專案是指：「一項暫時性的任務、配置，以開創某獨特性的產品或服務。」它有別於傳統工作，強調彈性及因任務需求而成立，任務結束專案就終止。專案要清楚定義任務、確定目標、蒐集資訊、規劃工作內容、實際行動、任務檢核、時程及成本。專案管理者的責任是確保專案目標的達成以及有品質的方法，在預算內準時地完成工作範圍，以獲得顧客的滿意。為確保專案的價值，必須清楚提出專案的目的、達成目標的活動，也就是執行步驟或作業程序。

　　專案管理，就是「運用管理知識、技術、工具和方法來組織專案活動，始能符合專案的需求。」亦即專案管理就是遵循過去管理之道，依計畫、執行、追蹤、溝通和評估，加上近代的資訊科技和知識管理，來完成新的任務（結案）。簡言之，專案管理是一既有效率（把事情做對）又有效能（做對事情）地將專案成功完成的一種程序和方法；而其所關切的是如何將一項任務能如期、如質、如預算的達成，並充分滿足需求目標。

二、專案管理五大流程群組

　　總部設在美國賓夕法尼亞州（Pennsylvania）新城廣場（Newtown Square）的美國專案管理協會（PMI）在1987年推出的專案管理知識體系，內容說明專案管理的方法，以提升專案規劃與執行能力。該學會提出

小辭典　專案生命週期

　　專案生命週期（project life cycle），係指專案隨時間從開始到結束的整個過程。每個專案可分為幾個專案階段，而將所有專案階段聚集在一起，亦可稱之為「生命週期」。專案有生命週期，因為它經常是要去創造一個過去未曾存在的東西，專案生命週期是線性的、從頭到尾一貫到底、是不會循環的。

資料來源：中華專案管理協會。

的專案管理有五個流程群組（projects management process groups），分別爲起始、計畫、執行、監控與結案，其流程說明如下：

(一)起始程序組（initiating processes group）

它是指確認一個專案應開始進行或進入另一個階段，並獲得對它執行的承諾，主要選擇出值得做的專案，接著是發展專案的願景與建立專案的目標。

(二)計畫程序組（planning processes group）

它是指設計一套能讓專案據以執行的計畫，使專案能達成所設定之目標，主要清楚地定義在這個專案中有哪些工作要做，以及要辨識需要哪些資源及專業人力才能完成這個專案。主要產出是完成一套具體可行的專案計畫書（project plan），作爲後續專案工作執行的依據及成效控制的基準。

(三)執行程序組（executing processes group）

它是指運用人力及其他資源共同去完成預定的計畫，主要依據專案計畫書把所需執行的任務，經由專案團隊成員與各專案關係人之協調、溝通、合作與透過有效的管理方法與領導而達成，以滿足專案的預期目標。

(四)監控程序組（controlling processes group）

它是指藉監督與進度評量及採取必要的修正行動，以確保專案目標的達成。主要任務就是依據專案計畫所定的專案時程、品質及成本的基準來衡量專案進度、工作的成效與預算的支用，並採取必要的改進措施，以確保進度不落後、預算不超支，及範疇能在合理掌管下方能變更，並使其能與專案目標相符。

(五)結案程序組（closing processes group）

它是指正式接受一個專案或階段的最後結果，並有條不紊地結束所有的作業。專案最後的收尾動作，包括人員的歸建、相關剩餘資源與工作的善後處理、最終產品或結果的接受與移轉、文件的存檔與結案報告的撰寫等。

三、專案管理的知識領域

美國專案管理學會在2013年推出的《專案管理知識體系導讀指南》（第五版）（*Project Management Body of Knowledge, PMBOK*）（5th Edition），將利害關係人管理加入其中，成為第十大知識領域。它詳述十大知識領域的定義、如何制定相關文件與執行、監控並說明彼此之間緊密牽連的關係（**表8-12**）。

(一)整合管理（integration management）

整合管理是將專案的活動統一、連接及結合以達成專案目標，並滿足利害關係者的需求及期望專案的各流程通常交互影響。它的工作，包括制定專案的章程、初步範圍說明書、專案管理計畫文件、指導、管理和監控專案的進行等。

(二)範疇管理（scope management）

確保專案達到目標所需完成的工作事項沒有遺漏任一工作，也就是將工作劃分為適合執行與管理的單位，這是專案範疇管理的工作重點。

專案範疇管理的執行階段在規劃與控制。規劃上，最重要的是找出哪些工作隸屬於該次專案的範疇，以免工作範疇陷入無止盡的延伸，導致無法如期結案，並拒絕不在工作分解結構的多餘工作。

表8-12　專案經理人應具備的技能

1.有84%的專案經理認為溝通（communication）最重要。
2.有75%的受調查者認為組織（organization）的能力最重要。
3.建立團隊（team building）排名第三，有72%的專案經理認為此項最重要。
4.領導能力（leadership）被64%的專案經理視為最重要的條件。
5.能應付不同的環境，也就是要有輕功、軟功、內功、外功，見招拆招的本領，占59%。
6.技術（technological skills），有46%的專案經理認為它是最重要的條件。

資料來源：美國專案管理學會；引自杜功華（2000）。〈專案管理之功能〉。《專業經理人菁英雜誌》（2000/08），頁10-11。

(三)時間管理（time management）

　　管理顧名思義，便是針對完成專案所需的時間予以規劃、排程。它是要確保專案按時完成應完成事項，並估算工作所需工時與相關資訊，方便專案進行時的進度控管。管理可視專案規模，決定進度規劃的詳細程度，以切合專案的實際需求。

(四)成本管理（cost management）

　　專案執行階段所涉及的費用規劃、估算（人、機、材）的成本與控制，以確保專案在核准的預算內達成專案的目標。例如：限制設計的修改次數可降低專案成本。成本管理，除了盡可能要達成專案預估的成本之外，有時也必須考量專案或交付產品、服務的品質，視狀況調整。

(五)品質管理（quality management）

　　品質管理必須判斷哪些品質標準與專案相關，並且決定如何達到此一品質。專案要成功，除了在既定的時間與成本內達到目標，另一項重點就是品質是否符合需求。品質管理流程有規劃品質、品質保證及品質管制三項，以滿足利害關係者的需求。

(六)人力資源管理（human resource management）

　　專案要在一定時間內達到目標，並組合團隊，參與的成員所擁有的技能是否符合專案需要，專案執行過程的能力與績效也必須在此階段進行追蹤與協調。專案管理團隊（核心小組、經營管理小組或領導小組）成員身負協助專案經理管理專案之責，例如：規劃、控制及結束。人力資源管理必須分配專案成員的任務與職責，以及在專案過程中的請示、匯報的關係，並制定相關的管理計畫。

(七)溝通管理（communications management）

　　它以確保專案資訊在適當的時間及時的建立、蒐集及發布給對的人，也要記載、搜尋並做最終處置。專案執行中，人員的溝通方式、傳播與訊息管理都在此階段明確說明，以確保訊息能成功傳遞給利害關係者。

溝通的形式分為正式和非正式，也可能用書面或口頭的溝通，而溝通管理的要點，就在於及時而且用適當的方式產生、傳播、儲存、查詢整個專案所需的訊息。

(八)風險管理（risk management）

風險是不確定的因素，對專案的限制因素（如時程、成本、範疇或品質）有正向或負向的影響。風險管理，包含風險管理規劃、風險識別、分析、應對與控管，它的目標在於增加專案積極事件的影響，降低消極事件發生的機率，如颱風等天然災害提出因應方法，以便降低威脅，提高專案成功機會。

(九)採購管理（procurement management）

採購管理，主要針對專案要外包與採購的項目，在此階段要明確列出買賣雙方資訊（合約、報價單、產品、服務或結果等資源）來完成專案工作的流程。外包涉及雙方買賣之間的合約，採購管理也必須涵蓋管理合約，以及在專案結束後，雙方的合約收尾工作。

(十)利益關係人管理（stakeholder management）

從專案管理角度論，利益關係人是指影響到專案成敗的所有人，其範圍除包括專案內部所有成員外，尚包括專案客戶對應窗口、決策主管與該專案導入所受到影響的人，以及其他會影響此專案的協力組織或是該專案執行過程中將牽涉之政府主管單位。總言之，所有影響（可能是協助也可能是阻礙）此專案進行與完成之所有關係人，均是利害關係人管理所要管理之標的。實務操作上，利害關係人管理需要兼具理性與感性，亦即兼具科學與藝術。因為不同利害關係人均可阻礙一個專案的成功，也可以讓一個專案由失敗追上進度而成功，因此妥善管理不同利害關係人為重點。

專案管理知識體系在十大知識領域、五大流程群組等基本面的理論架構上，配合知識、技能與工具等應用面的實務技巧，以三度空間交互運用的概念架構出專案管理細膩且嚴謹的專業知識基礎（**表8-13**）。

表8-13　專案管理的工具

使用工具	說明
甘特圖 （Gantt Chart）	甘特圖最主要的優點為：能在圖上同時顯示各工作預定進度與實際的起迄時間，不僅易於瞭解，且可由圖形的變化發現進度的差異而能迅速地加以檢討及分析。
里程碑排程 （Milestone Scheduling）	此法與甘特圖類似，兩者均使用長條圖（Bar Chart）顯示各作業預定的日程與實際的進度；而兩者之間最大的差異為甘特圖多用於生產工作，而里程碑排程可用在各種工作。
平衡線圖 （Line of Balance Chart）	平衡線圖主要用於產品的製造階段，使管理者能及時發現生產過程中之落後部分，並能迅速改善。平衡線圖包括目標、生產計畫、工作進度圖及平衡線等四個部分，本質上屬於一種控制工具。
要徑法 （Critical Path Method, CPM）	要徑法，就是先要找到網路圖中最長的路徑，然後以此路徑作為控制工作之要點來進行工程之管理與控制的一種方法。要徑法與計畫評核術都是專案管理中，均可為專案規劃、日程安排及控制，是常用的技術。
計畫評核術 （Program Evaluation and Review Technique, PERT）	計畫評核術是一種計畫管制的技術，也就是對計畫（program）進行評估（evaluation）和查核（review），來評核計畫成功機率的一種技術（technique）。主要是在求每一單元及全盤計畫之成功機率，所以較適用於未知數較多之場合，例如藥品的開發、太空計畫、核子彈發展等。

參考資料：杜功華（2000）。〈專案管理之功能〉。《專業經理人菁英雜誌》（2000/08），頁11。

結　語

　　管理學上有一句的名言：「成功的領導者，更應是最優秀的激勵者。」領導者的最高境界，在於讓部屬瞭解團隊目標，激發他們的工作熱忱，自動自發、無怨無悔，共同完成任務。根據史丹福研究院（Stanford Research Institute）的調查，員工受僱多半是憑藉其專業知識及技術，被開除卻多是因為缺乏交際手腕和團隊相處的能力。菲爾·傑克森（Phil Jackson）接掌芝加哥公牛隊（Chicago Bulls）教練後，贏得六屆美國國家籃球協會（NBA）總冠軍，不過那是在傑克森將他們鍛鍊成正常運作的團隊之後才發生的事。芝加哥公牛隊雖擁有史上最偉大的球員麥可·喬丹

（Michael Jordan），但是喬丹在公牛隊的早年時期，他們連贏得一個球季都有困難。原因何在？公牛隊雖然是一個團體，卻不是個團隊。當傑克森接掌公牛隊兵符時，他以「犧牲小我、完成大我」這句話為座右銘，他鼓勵喬丹發展團隊導向的技能（防禦和傳球），並且鼓勵其他球員表現得更好；他將喬丹變成不只是明星而是一位領導者；以喬丹作為典範，他將公牛隊從漫無目標的散沙變成一個團隊（郭瑞祥，〈領導與影響力的七大要素〉）。

第九章

時間管理

- 時間管理理論
- 設定工作優先次序
- 授權的藝術
- 會議技巧

> 上帝創造時間，人類製造匆忙。
>
> ——愛爾蘭諺語

時間是公平的雇主，不論是誰，每星期都只有168小時，想想看！科學家都無法創造出在一天內多出一小時，大富豪也無法多買下一小時，曾經是世界上最富有、最有權威力的英國女王伊麗莎白一世（Elizabeth I）在臨終前躺在病床上輕聲說出她的遺言：「我所有的財富終將留給另一個時代！」（Denis Waitley, 2004/07: 38）

根據管理大師彼得・杜拉克的觀察，有效的管理者不是從他們的任務開始，而是從掌握時間開始。他們並不以計畫為起點，認識清楚自己的時間花用在什麼地方才是起點。然後管理自己的時間，減少非生產性工作所占用的時間，最後，再將「可自由運用的時間」由零星而集中成連續性的時段。所以，時間本身不是問題，因為每個人每天所擁有的時間都是一樣多，時間管理的問題本身不在於時間，而是在於自己如何善用及分配你自己的時間。（Peter F. Drucker著，許是祥譯，2006：33）

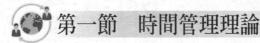 第一節　時間管理理論

時間管理（time management）的目的，在於運用有限的時間達成自我實現的快樂生活，其重點在改變個人的行為與習慣，而問題在願不願意改變及有沒有心力改變。

一、時間管理理論

根據史蒂芬・科維在《與成功有約》一書上提到，時間管理理論分為四代：

1.第一代理論：著重利用便條與備忘錄，在忙碌中調配時間與精力。

2.第二代理論：強調行事曆與日程表，反映出時間管理已注意到規劃

未來的重要。

3.第三代理論：講求做事的優先順序的觀念，也就是依據輕重緩急設定短、中、長程目標，再逐日訂定實現目標的計畫，將有限的時間、精力加以分配，爭取最高的效率。

4.第四代理論：它根本否定「時間管理」這個名詞，主張關鍵不在於時間管理，而是在於「個人管理」。（Covey著，顧淑馨譯，1997：127-128）

二、時間管理的方式

對於時間短暫與飛逝的看法，是任何人都有感而發的，因此，在忙碌的社會中，時間管理的重要，對於時間的意識感是逐漸增強，甚至不惜研究與精算它，就像義大利經濟學家維爾弗瑞多・帕雷托（Vilfredo Pareto）運用所謂的80/20原則來計算它，迫使人們達到有效的管理。

以下是一些時間管理方式：

1.設定短期及中長期目標：把事情依輕重緩急分配好，如此，就能建立時間管理的架構。尤其是每日及每週要進行的重要事項，一定要用小筆記本或是電腦記錄起來，確實執行，並檢討成效。

2.做對的事情：方向及目標要正確，除了效率高，更能節省時間資源。

3.養成做備忘錄的習慣：隨時用紙筆或個人數位助理（Personal Digital Assistant, PDA）記錄下會議結論、處理事情的順序。並且在完成之後將其刪除，才有成就感，也可以檢視是否有問題。隨身攜帶卡片、筆記PDA，減少重複犯錯之機會，節省回想的時間。

4.及早開始並減少變數：把所有的待完成事情全部列入規劃，不要為自己製造意外，愈能把未來事件納入計畫裡，時間管理愈成功。

5.同類型事件集中處理：同類型的事集中於同一個時段處理，效率較高，這就是學習曲線效果（the learning curve effect），也可以省下許多處理時間。

> **小辭典** **學習曲線**
>
> 　　學習曲線（learning curve）又稱為練習曲線（practice curve）。當我們重複進行某項活動時，此項活動的績效通常會獲得改進；執行活動所需的時間也會隨著重複次數而減少。在經營管理上，市場占有率重要的根據來自學習曲線，而在人力規劃與日程安排、採購議價、新產品訂價、預算採購與存貨計畫、產能規劃等也可運用學習曲線來改善成效。
>
> 編輯：丁志達。

6.避開尖鋒時間：凡是遇到要排隊的事，就先避開，待離峰時間再進行；或者善用助理之能量及時間，有助於處理繁瑣之雜事。

7.善用零碎時間：例如，早午休時間或是等電話的時間，可以處理比較簡單、快速的事，也可以將待回覆之電話，在處理完事情之空檔即時回覆。每天通勤時間，在車上不妨可以做一些小事，例如學習第二語言（背英文單字、聽力的學習）或是聽工商廣播接觸新的商情，也可以計畫與策劃一天的行程與工作內容。

8.記住物品置放之場所，並養成好習慣「物歸原位」，避免浪費時間在找東西上。保持桌面井然清潔，每天與定期大掃除，去蕪存菁。

9.留點時間多做思考：千萬不能因為要處理急事，便排擠掉思考重要決策的時間，所以，時間管理最重要的，就是要為自己安排一個空白的思考時間，一方面檢視自己的時間安排，也可以讓自己找出更多增進工作效能的方法。每天晚上就寢之前，就是最佳反省時間，今天已經完成之大事情，為自己加油，有需要持續努力事項，也要放入明天或是一週之大事持續進行，才有成果。（**表9-1**）（李銘義，2012/03：9-10）

表9-1　誰偷走您的寶貴時間？

- 行事前缺乏計畫（poor planning）
- 常面臨期限壓迫，沒有危機管理意識（crisis management）
- 拖延不動手做（procrastination）
- 受到人或事的干擾（interruptions）
- 事必躬親，不授權或委任他人（not delegating）
- 參加不必要的會議（unnecessary meetings）
- 未即時做好系統分類與歸檔（the shuffling blues）
- 花時間找重複的東西（poor physical setup）
- 缺乏解決問題的人際網路（poor networking）
- 情緒管理不良，讓抱怨影響效率（bad attitude）
- 時常接收周邊人們消極態度，偏離自己的焦點（negative people）

資料來源：Donald E. Wetmore；引自張書瑋（2009）。〈編製工作與生活的平衡表〉。
《會計研究月刊》，第279期，頁60。

 # 第二節　設定工作優先次序

　　勤奮、運氣或靈活的手腕固然重要，卻非關鍵。唯有掌握重點才是成功的不二法門。透過工作規劃、辨別事情的輕重緩急，急所當急，充分授權，以有效規劃並執行工作，是個人時間管理之鑰（**表9-2**）。

一、工作優先次序之探討

　　一般我們處理的事情分為重要的事情和緊急的事情，如果不做重要的事情就會常常去做緊急的事情。比如鍛鍊身體保持健康是重要的事情，而看病則是緊急的事情。如果不鍛鍊身體保持健康，就會常常為了病痛煩惱。又比如防火是重要的事情，而救火是緊急的事情，如果不注意防火，就要常常救火。善於時間管理，就可以平衡在時間上的眾多壓力以及目標要求，這種平衡將有助於避免經理人心力交瘁和壓力過劇。因此，時間管理要探討工作設定優先次序，以便有效的達成既定的目標。

1.每個人每天都有非常多的事情要做，為有效時間管理一定要設定其優先次序。

表9-2　最常見的時間陷阱

- ．缺乏計畫、錯誤的變更。
- ．缺乏目標（未訂完成期限）。
- ．以前處置不當的事項（倉促的決策）。
- ．授權能力不佳（只授予下屬責任，但不授予權力）。
- ．電話干擾。
- ．不必要的開會（召開會議技巧欠佳）。
- ．不速之客的干擾（冒然而來的訪客）。
- ．救火（狀況頻傳、危機處理）。
- ．等候某人和他一起討論公事。
- ．無法推卸的工作。
- ．不聆聽他人意見（一意孤行）。
- ．拖延、猶豫不決（想法、嘗試過多）。
- ．事必躬親。
- ．個人組織能力不佳（責任劃分不清，範圍不明）。
- ．做事缺乏輕重緩急先後次序的考量（亂了章法）。
- ．辦公桌紊亂不堪，文件滿桌（鉅細靡遺，閱讀過度）。
- ．優柔寡斷，拖延成習。
- ．沒有說「不」的能力。
- ．外界活動（廣結良緣，應酬太多）。
- ．原可避免的差旅（交通及商務旅行）。
- ．與助手欠缺協調（溝通不良、徒耗脣舌）。
- ．上司的不定時打擾。
- ．不需要的回信。
- ．家庭、私人問題多。
- ．缺乏自律，過於隨性。
- ．不好意思拒絕他人請託（過度承諾）。

資料來源：丁志達（2015）。「提升主管核心管理能力實務講座班」講義。台北：財團法人中華工商研究院編印。

2.根據帕雷托80/20原則，在日常工作中，有20%之事情可決定80%的成果。

3.目標須與人生、事業之價值觀相互符合，如此才不致浪費力氣。

4.發展專長，從事高價值的活動；無益身心之低價值活動，會腐蝕精力與精神的活動儘量不要去做。

5.要設定優先次序，將事情依緊急、不緊急以及重要、不重要分為四大類，一般人每天習慣於應付很多緊急且重要的事，但接下來會去

258

做一些看來緊急其實不太重要的事，整天不知在忙什麼。其實最重要的是要去做重要但是看起來不緊急的事，例如讀書、進修等，若您不優先去做，則您人生遠大的目標將不易達成。

設定優先次序，可將事情區分為五類：

A類＝必須做的事情
B類＝應該做的事情
C類＝量力而為的事情
D類＝可以委託別人去做的事情
E類＝應該刪除的工作

最好大部分的時間都在做A類及B類的事（李銘義，2012/03：11-12）（**表9-3**）。

全美十大傑出業務員甘道夫（Joe M. Gandolfo）在其著作《態度——銷售致富的十個習慣》（*Sell & Grow Rich*）中說：「每天晚上，在你睡覺之前，列出你隔天需要做的最重要的事情，然後按照重要性的先後次序依序做完，如此一來，你的一天結束時，將做完最重要的事，並略過一些

表9-3　工作優先順序事務

類別	緊迫	不緊迫
重要	·重傷害急救 ·員工產生肢體衝突 ·設備故障，生產停擺 ·急迫的問題（停電） ·危機處理 ·顧客抱怨 ·有期限壓力的計畫	·計畫之研擬（發掘新計畫） ·技術之提升 ·改進產能 ·建立人際關係 ·問題的調查 ·健康檢查 ·防患未然
不重要	·不速之客到訪 ·某些信件與報告 ·某些會議的出列席 ·有些無謂的請託 ·有些臨時的邀約	·有些交際應酬 ·繁瑣的工作 ·某些電話／信件 ·浪費時間的事 ·處理屬下的工作

資料來源：丁志達（2015）。「提升主管核心管理能力實務講座班」講義。台北：財團法人中華工商研究院編印。

沒有意義的事情。」（Joe M. Gandolfo著，許舜青譯，1996：84）所以，學會設定時間的優先次序，就應該要將自己的工作做分配，必須做、應該做和量力而為分清楚工作的優先次序，做對及重要的事情，而不是把事情做對！

二、個人時間管理之要項

時間管理的目的，不該被狹隘的定義為做很多事或保持忙碌，應該是運用有限的時間去做「該做的事」或是「有成效的事」而能達成自我實現的快樂生活（**表9-4**）。

彼得·杜拉克說：「不是要管理時間，而是要管理自己的行為。」個人的時間管理分為十大項（楊大和，〈增加時間的魔法——楊大和教授談時間管理〉）：

(一)起步條件

　　1.立刻行動不要拖延。
　　2.條理分明——不要雜亂無章。

(二)內在條件

　　3.動手規劃——不要沒安排。

表9-4　節省時間的十個妙方

・事先規劃好你的時間與步驟，以收事半功倍之效。
・分析工作的優先順序，按照輕重緩急做處置。
・找出自己最有效率的時段以安排工作內容。
・整理你的辦公桌及辦公室，提升工作效率。
・進行充分的授權，將工作分配給部屬、助理或祕書。
・活用記事本管理時間。
・運用各種有效的時間管理工具。
・改變拖延的習慣，即時行動。
・技巧的對待訪客，讓時間的控制權在自己手上。
・練就健康的身體，保持身心最佳狀況。

資料來源：丁志達（2015）。「提升主管核心管理能力實務講座班」講義。台北：財團法人中華工商研究院編印。

4.專注行事──不要分心。

5.貫徹始終──不要三分鐘熱度。

(三)外在條件

6.有所取捨──不要怕說「不」。

7.團隊合作──不要忽略授權與分工。

(四)圓滿條件

8.保持體力──不要沒休息。

9.量力而爲──不要過分苛求。

10.快樂人生──不要只有自己和工作。

第三節　授權的藝術

　　把權力放下去，可以使主管有更多的時間來進行較重要的工作，也可以培養團隊成員的能力，進而提高作業績效，達成部門目標。授權（authorization），表示主管應該是把部分決策權力交給基層員工，而不是授予責任。身爲主管，必須爲部屬的行爲負責到底（當然有時候這並不容易）；如果部屬有所成就，主管應該將功勞和榮耀歸於他們。

一、授權發揮最好的效能

　　授權，是指主管把一部分工作交由團隊裡的某一位成員來負責，你雖然賦予他全力去執行任務，但你仍保留控制權和最終責任。要委以重任，就得先確認團隊成員很清楚自己必須拿出什麼成績，以及標準何在。但授權難免會有一些風險，但只要具備以下六項條件，便能讓授權發揮最好的效能：

　　1.主管與部屬之間有共同的價值觀，對事情輕重緩急有共識。

　　2.目標清楚，表達明確。

3. 交付的任務可讓部屬有許多培訓的機會。

4. 主管注意部屬的回饋意見並會採取行動。

5. 主管會從旁提供輔導與支持。

6. 妥善運用評量績效與獎賞辦法。（Rosabeth M. Kanter文；引自《大師輕鬆讀》，2004/08/19-08/25：29）

你應該將一些不需要親自處理的工作儘量授權出去，尤其是那些你所擅長的而習以為常的工作，而保留最終責任（accountability）是授權的主要原則。你可以把責任和權力下放出去，但最終責任仍得由自己一肩扛起。換句話說，萬一任務失敗，你不能只是聳聳肩，把責任推給團隊；如果成功了，你當然有權接受旁人的讚美——真正好的管理階層會將這份功勞歸給旗下團隊，告訴別人他們才是真正功臣。（Williams & Johnson 著，高子梅譯，2008：頁110）

小辭典　**哪些工作不能授權**

1. 與其他團隊成員有關的機密要務。
2. 經理人的重點工作，譬如績效標準或員工手冊的制定。
3. 上級特別交代自己得親自去辦的事。
4. 緊急而重要的事情，如果交給別人辦，可能會太冒險或太花時間。

資料來源：凱特·威廉斯（Kate Williams）、包柏·強森（Bob Johnson）著，高子梅譯（2008）。《管理在管什麼》，頁111。台北：臉譜出版。

二、如何成功授權

成功的授權必須做到以下幾點要領：

1. 完整計畫授權：在授權前，主管必須先評估自己的工作內容和職責之間的關係，檢視是否有些執行性或例行性的工作，妨礙了自己投入時間在思考性或計畫性的工作上。

2.謹慎選擇授權的對象：授權的任務必須和員工的特質相符。要把任
　務分配給最適合的員工，主管必須對所有員工的技能以及他們對工
　作性質的好惡有所瞭解，才能選出具有能力及意願完成任務的員
　工。

3.充分解釋授權內容：主管要說明他之所以授權員工的原因，和他對
　任務完成結果的預期等，幫助員工從全面的角度瞭解任務的意義，
　避免員工只是單純被賦予任務。

4.劃清權力界線：釐清員工能夠自行做主的部分，以及他必須向主管
　回報的部分。

5.排定支援措施：告知員工當他們有問題時，可以向誰求助，並且提
　供他們需要的工具或場所。

6.做到真正的授權：授予員工權力和授與責任一樣重要。主管應該相
　信員工能夠做出正確決定，給予員工完成任務所需的彈性和自由，
　不要處處插手。

7.定時追蹤進度：主管應與員工一起設定任務的不同階段應該完成的
　期限、評估工作成果的標準、雙方定期碰面討論的時間及項目等，
　並且確實執行這些追蹤檢討。

8.任務完成後進行檢討：主管及員工都可以藉此瞭解下次在授權及接
　受任務時，各自可以改善的地方。

9.持續練習：授權如同其他領導技巧，每位主管都必須持續練習。具
　有授權的技巧的主管，一方面能夠贏得員工的尊重配合，一方面也
　能增進工作團隊的成效。（EMBA世界經理文摘編輯部，2002/10：
　124-128）

　　全球最大的國際性人力資源服務公司藝珂（Adecco）董事長史蒂
芬‧寇派崔克（Steven Kirkpatrick）說：「不要抗拒把工作分配給部屬
做。要清楚掌握什麼人負責什麼工作，避免工作重複，浪費時間。分配工
作不是迴避責任，而是有助於建立一個強大的、有效率的工作團隊。分派
工作給部屬時，必須詳細解釋你希望對方完成的任務，並且訂出期限。」

三、選擇授權的對象

　　有效授權對主管、員工及公司三方面都有利。在主管方面，授權可以讓他們空出較多工作時間做策略性思考；在員工方面，授權可以讓他們學習新的技巧和專長，讓主管及員工都有機會發展能力，在事業生涯中更上層樓；在公司方面，授權可以增進整體團隊的工作績效及士氣。授權是主管必備的領導技能之一。

　　主管在選擇授權的對象時應考慮：

1. 這項任務對誰具有挑戰性？誰能獲益最多？誰不能勝任？
2. 誰具有該任務所需的技能？
3. 完成這項任務需要過去的經驗嗎？安排某個人去獲得這種經驗，能否加強工作團隊的實力？
4. 如果時間與品質要求允許的話，可以把這項任務作為團隊成員的訓練機會嗎？
5. 達成這項任務須具備何種個性特質？誰具有這些個性特質？
6. 所需的人數是否不只一人？如果是，如何使這些人協力工作？
7. 這項任務是否應由我的上司負責，要不要向上授權？
8. 被授權者目前工作負荷是否夠重？你是否需要協助他調整其工作？
9. 你將如何監督工作進度，以及如何評估工作成果？

　　授權給員工雖然很重要，但是主管也不能過於不聞不問，讓員工覺得他們被遺棄了。主管應該定時給予員工回饋和指導，並且傾聽員工的想法。當員工需要時，主管必須替他們釐清規則、解決衝突以及回答疑問，而當員工的表現優異時，主管也要給予他們稱讚獎勵（EMBA世界經理文摘編輯部，2001/12：26）。

四、授權三部曲

　　有效的管理端賴適當的授權。當主管確定了任務的內容並選定執行的人選之後，就可以開始進行授權的三部曲：任務指示、進度監督及成果

評估。

(一)任務指示

1.說明任務的內容、細節、完成期限及所需資源。

2.說明你期望的成果。

3.允許部屬自己決定如何完成這項任務的方法，但要求事先提出說明他的計畫。

4.確定部屬已瞭解任務要求；鼓勵他們多討論，並提供給他們你對達成任務的想法。

6.適度地「推銷」你的方法，要有熱誠。如果能獲得大家的向心力，則成功的可能性必定更大。

7.你的期望要符合實際，不要低估困難度，但仍應設定具有挑戰性的目標。

8.要求部屬呈報進度，並設定呈報的時限，以便確定掌握工作的進度。

9.找出此項任務容易造成錯誤的地方，並預先加以防範。

(二)進度監督

1.在部屬進行任務中不做任何干涉。

2.如果你同意部屬所設定成果目標，則應鼓勵部屬按照他們的方法去進行任務。

3.保持警覺，留意可能出錯的跡象但應能容忍一些輕微的錯誤。

4.除非部屬未能發現錯誤所在，或在某些重要領域有出錯之慮，否則盡可能不要干預。

5.隨時準備提供給部屬協助、建議及鼓勵，但避免親自去做。除非不得已，不要輕易收回授權。

6.鼓勵非正式的討論，避免太多的正式報告。

7.與工作細節保持距離。以較高層次，較廣範圍的眼光去掌握全局。

(三)成果評估

任務結束時，要檢討是否已達成預期成果。如果是，應給予適當的讚賞，肯定他們的努力。如果未能達成預期成果，則應檢討：

1.是否由於你與被授權者之間有所誤解而造成的？

2.是否因部屬的工作水準太差所致？

3.是否人選不當？

4.是否因為發生意料之外的問題？

5.錯誤的產生，是否應該可以預防？（英國安永資深管理顧問師群著，陳秋芳主編，1994：173-175）

身為一位領導者，要時時依據部屬的能力給予適當的工作並充分授權，讓部屬瞭解你對他的肯定，有時甚至可安排難度較高又不致於超過其能力所及的工作，使員工能從工作中得到信心與成就感（陳梅雋，2004：21）。

 ## 第四節　會議技巧

專欄作家戴夫‧貝瑞（Dave Barry）說，人類的潛能從未完全發揮，今後也不會。至於為什麼，如果你一定要問，我的答案是兩個字「開會」。沒有會議，任何企業都難以運作。然而無效率的會議所占用的時間、人力，往往大量浪費企業有形無形的成本，甚至無法得到開會預期的效果。解決之道不是少開會，而是開更有效率的會議。假使每一個人都具備有效開會之道，會議將是經營上最有用的工具，也可以說，生產力的提高，要從會議開始。

開會最重要的功能就是化解「本位主義」，大家一起分享資訊、看法、經驗與判斷。任何問題小自個人進度大到公司營運，皆可透過開會來尋求解決之道。

最會開會的人

二次世界期間，擔任緬印總督的蒙巴頓將軍（Earl Mountbatten）是位具有高度開會技巧的領導者。他的新聞祕書亞倫・強生（Aaron Johnson）回憶蒙巴頓將軍經常利用開會，來達成某件事情的協議，對於其中主要的爭執點，則多利用會前的私下磋商來消除歧見。如果在會議中出現意料之外的爭議，他就跳過這項議題，會後再私下解決。

在他擔任盟軍緬印戰區最高統帥兼緬印總督時，幾乎每天都召開幕僚會議，不但用來解決問題，消除歧見，也作為外交運用的手腕之一。

資料來源：英國安永資深管理顧問師群著，謝國松等譯（1994）。《管理者手冊》（*The Manager's Handbook*），頁146。台北：中華企業管理發展中心。

一、會議的運用技巧

2012年美國知名的薪資議題網站「薪事網」（Salary.com），針對美國專業工作者所做的一份問卷調查顯示，受訪者認為，公司生產力的最大殺手，第一名是「開會」，緊追在後，幾乎平分秋色的第二名是「應付辦公室政治」（EMBA世界經理文摘編輯部，2014/09：56）。

佳能電子站著開會

在日本生活久了，必須要學會日本人的生活方式。日本人習慣站著吃麵，幾乎所有車站前都有站著吃麵的小麵攤；也有人習慣下班後，找個便宜的地方喝點小酒，也都是站著的。現在有些公司流行「站著開會」，日本人這項也很擅長。

　　知名照相機製造大廠佳能的子公司「佳能電子」，就因為公司內沒有椅子而業績蓬勃發展。

　　佳能電子從數年前就決定廢除椅子。所有的會議室裡都看不到椅子，事務工作人員也和工廠、工廠管理部門的人員相同，都是站著工作，當初這個指令下達時，讓所有的員工都嚇了一大跳，但是很快就出現了明顯的效果。佳能電子說，廢除椅子制度實施不久，生產效率立刻就提高到兩倍，現在更提高到了八倍。

　　因為沒有椅子，工作的員工們腳步都非常輕快，這個結果讓公司內的溝通更為緊密，以前老是要訂會議室的時間開會，現在只要找到人，大家站在一起就可以隨時開會，節省不少時間。

　　另外，因為沒有椅子，所以員工沉迷電腦的時間也相對減少，不僅因此提高生產效率，也讓公司情報洩漏等安全問題獲得改善。

　　佳能電子社長酒卷久將站著開會的這些經驗，寫成《把椅子與電腦廢除，公司反而會成長得更快》一書，成了日本的暢銷書，也成為上班族的圭臬，許多公司都買來參考，在日本蔚為風氣。

　　酒卷久社長在書中說，因為站著開會，所以不需要椅子，椅子費用就節省起來了；因為沒有了椅子，所以省下來不少的辦公室空間；每天看電腦的時間也減少，社員的身體都變得健康了。

資料來源：陳世昌（2012）。〈佳能電子沒椅子　業績飆8倍〉。《聯合報》（2012/02/04），A8版。

　　會議是多數人集合在一起，互相交換意見，在主持人的領導下，使大家為獲得有價值的結論而共同努力的一種民主的有效管理工具，而會議的效果在於加強大家的參與感，結集大家的智慧、創意，以產生良好的結論，提高實踐之意願，進而建立同心協力的企業體制。

 個案 9-3　會議室行為準則

- 要注意事項：安全、目的、議程、行為準則、預期和角色（safety, purpose, agenda, code of conduct, expectations and roles）
- 尊重同仁及他們的意見（respect all team members and their ideas）
- 要準時（be on time）
- 全力投入（full participation）
- 每次一個人發言（one person talks one time）
- 廢話少說（no side conversations）
- 討論不要離題（stay focused on subject）
- 根據事實來行動（act on fact）
- 針對合約內容（focusing on agreement）
- 同一時間一個人發言（one speaker at a time）
- 不要插嘴（don't interrupt current speaker）
- 暫時把職銜拋開吧（leave titles at door）
- 多聽、多看、多學習（practice active listening）
- 針對問題批評，不要做人身攻擊（attack problem no people）
- 向所有人都要保持基本禮貌（extend common courtesy to all）
- 三拍定案（three tap's rule in effect）
- 裝聾作啞不能解決問題（there are no dumb questions and answers）
- 勿倉促決定，要考慮所有意見（no plops-consider all ideas）

資料來源：總經理室（2001）。〈台肥公司會議室行為準則〉。《台肥月刊》（2001/04），頁28-29。

二、需要召開會議討論的問題

英特爾創辦人暨前總裁安迪・葛洛夫說：「你絕對無法避免開會，但你可以讓會議更有效率。」為了落實自己的理念，葛洛夫在英特爾致力於推動會議改革，並曾親自為所有新進員工傳授「效率會議課」，從內部推動改變，也讓「效率會議」成為英特爾最為人熟知的企業文化之一。

開會乃給予組織成員產生交互作用，及發展有效團隊的重要性。組織成員之間可因此共同分擔困難，分享經驗和成功的果實。需要召開會議討論的問題可歸納為如下幾項：

1.根據規章或習慣上需要議決的問題。
2.必須以會議方式解決的問題。
3.需要大家的學識、經驗及智慧的問題。
4.需要大家協力合作的問題。
5.需要讓大家知道的問題。（**表9-5**）

三、如何策劃一項會議

雖然開會是必需的，而且運用極為廣泛，但這並不表示開會一定會有成果。我們有時會聽到他人抱怨開會常給他挫折感，這是因為有些會議策劃不周，而且召開不得法，以致毫無成效。因此，如何策劃一項會議是值得重視的（**表9-6**）。

表9-5　不宜開會討論的問題

・須與個人分別面談始能表達意思的問題。
・與出席人員之能力與職務不適合的問題。
・不屬於出席人員職權範圍的問題。
・有關攻訐個人的問題。
・以開會以外之方式解決更屬妥當的問題。

資料來源：丁志達（2015）。「提升主管核心管理能力實務講座班」講義。台北：中華工商研究院編印。

表9-6　召開會議前的探討事項

・應採取何種會議方式（正式會議、非正式會議……）？
・是否事先應發出有關資料與議程表？
・是否需要準備特殊的設備（麥克風、視聽輔助工具、攝影、錄影設備……）
・各個議題的討論順序如何安排？討論時間如何分配？
・有無任何利益衝突之處？
・需不需要事前的個別溝通？
・採用何種記錄最適合？能不能指定一位與會者做記錄，還是需請祕書人員負責？
・是否有新成員加入討論，對他們是否需要先作簡報？
・是否需要準備茶點？
・是否需要有其他設施（如停車位、貴賓接待室等），以便利外界的與會人士？
・召開這項會議的目的為何？
・哪些人需要參加？
・在何時何地召開較方便？

資料來源：英國安永資深管理顧問師群著，謝國松等譯（1994）。《管理者手冊》，頁145。台北：中華企業管理發展中心。

四、決定會議目的

　　會議的基本概念包括會議的「目的」（purpose）、會議的「準備」（preparation）和開議的「過程」（process）。開會之目的是為了要解決問題？還是要做決策？是為了發布指示？還是為了蒐集資料？或四者兼而有之？開會前一定要事先使所有參與人明瞭開會之目的。如果不得已要改變討論主題，也一定要將修正過的主題通知所有參與人。

　　在決定會議目的時，需注意下列幾項：

1.什麼是我們的問題（要把握問題的現象或原因）。
2.此項問題有沒有開會討論的必要和價值。
3.希望開會討論後，對此項問題得到何種結果。
4.考慮議題（注意如何引起大家的注意）。
5.如何才能明確表示開會的目的（意見的一致，並不是會議的目的所在。如果說，大家之所以一致通過一項決議，其目的只是為了暫時隱藏衝突的話，那就失去了意義）。

五、決定出席人員

會議是由一群人組成而含有全體人員性格的綜合體。這一群人中，每個人都有自己的人格、價值觀、感情和需要，當他們一起開會時，情況就變得很複雜，因此，決定出席人員應注意事項為：

1.儘量使出席人數限定在必要的最小範圍。
2.考慮各出席人員是否適宜於討論此一問題。
3.出席人員之水準是否劃一。
4.出席人員職位高低的差異要限定到何種程度。

每個與會人員都會影響別人，也會被他人影響，經由參與人員之間的此種交互作用而產生了群體的特徵。

六、決定開會時間

1.考慮大家較方便的日期及時間。
2.有特定的人缺席時，是否會影響會議之進行。
3.視會議的目的及性質，研究所需要的時間。
4.決定開會及散會時刻。

七、研究會議進行方式

一個好的議程表，不僅包括要討論的主題，還應包括討論的次序及預定需要的時間，甚至每個主體討論的深度也要預先估計。

1.先要有整個構想。
2.用何種方式提示議題。
3.討論的重點放在何處。
4.哪些地方應加以強調說明。
5.使用何種發問方式。

6.為便於討論之進行，應將討論事項分成若干適當的範圍。

7.未及解決的事項應如何處置。

8.如需再度開會時，對於下次會議應先做預定。

八、會議的形式

開會，第一個應該考慮的問題就是：需不需要開這個會？除非絕對必要，否則不要開會，因為濫開會議將使會議無效（**表9-7**）。

九、會議的安排

一個會議，從開會前的準備到會議中順利進行與否，與會議後的會議紀錄整理事宜，都需要花費相當大的心力。

表9-7　會議的形式

類別	說明
正式會議	委員會、董事會、大型簡報和檢討專案進度會議等，大都採用這種方式。在人數較多或討論主題較多時，唯有正式會議才能有效控制整個場面。正式會議應具備的基本要素是：事先擬定結構化的議程，每項議題均做好時間分配，並將這兩項安排徵求出席人士同意後，由主席加以控制。
非正式會議	這可能是臨時召開的討論會或正式會議的會前協商會議。非正式會議，通常是用來解決某項特定的問題而不是討論整體性的主體。非正式會議可以臨時召集，不一定需要事先通知。會議的結果可能是一個計畫，一個解決方案，或要求召開較大的正式會議（先開會來決定要不要開會），這種會議參加人數一般在2人到6人之間。
有計畫的非正式會議	對企劃人員而言，這是最有用的一種會議方式。你可以選定主題、準備討論資料、選擇與會人士，以一對一或團體的方式開會。事實上，所有的業務接洽與交涉都應該當作是有計畫的非正式會議來加以準備。如此可以掌握交涉的結果，以避免造成誤會或浪費時間。

資料來源：英國安永資深管理顧問師群著，謝國松等譯（1994）。《管理者手冊》，頁147。台北：中華企業管理發展中心。

十、會議前的準備工作

會議是現代企業溝通與管理的重要工具之一，有效的管理才能發揮其效用。要判斷一次會議的成功與否，在開會前即應做好詳盡的準備工作。

1.決定日期、時間、地點。

2.與會者名單（人數應適中）。

3.擬定會議目標與議程（明訂會議開始與結束時間及每一個議題的時間分配）。

4.分送開會通知（如果會場場地不是在眾所周知的地方舉行，在會議通知上要附上地圖）。

5.會議器材的安排，如圖架、黑板及附屬物品、放影設備（投影機、電腦、光筆）、錄影設備、照相機等。

6.視察會場（如果舉辦會議地點在外地；機密性會議必須要考量隔音）。

7.要及時備妥有關資料。

8.事先分發何種資料（必須攜帶出席的資料應在開會通知上及資料上註明清楚）。

9.開會分發何種資料。

10.資料份數是否足夠應用。

11.發出開會通知（注意日期、時間及地點是否寫明）。

12.考慮有無必要再用口頭、電話或網路聯繫。

13.通知如因故缺席時應請事先聯絡事項。

14.核對是否通知到全體出席人員。

15.餐飲安排。

十一、會議當天準備事項

1.檢查桌子及椅子之情形如何。

2.會場之布置方式及座位的安排。

3.考慮有無必要放置名牌。

4.文具及茶水供應的準備。

5.注意光線、室溫、通風及噪音控制等問題。

6.做會議紀錄。

十二、會議結束後的工作

1.整理會議紀錄。

2.核對費用。

3.檢討。

有些會議在會後還辦個餐會與餘興節目，往往在嚴肅的會議後，藉由這類活動使會議達到更好的效果。

十三、會議主席的職責

主席的角色是技巧的引導發言，而不是發表演說。有人說：「會議主席有如船上的舵手，沒有他，船就在汪洋中迷航。」在《英國牛津字典》（*Oxford English Dictionary*）中，給會議主席下的定義是：「主席是被選出來的領導會議的人」。

十四、擔任主席的條件

擔任主席必須具備公正公平（客觀中立）、耐性引導（有創意及精闢的討論）、綜合分析（澄清問題、分析厲害、理出結論）和應變得宜（避免衝突）的條件。

1.公正公平：保持客觀中立、暢通每位與會者的意見的交流，增加會議的效果。

2.耐性引導：主席有耐性，才能引導出更多的創意及精彩討論。

3.綜合分析：主席須懂得如何澄清問題、綜合意見、分析厲害，最後

從雜亂矛盾的見解中理出結論。

4.應變得宜：在會議中經常出現衝突爭執，主席在應變時，除了潤滑火爆氣氛，必須有主見，方可定奪出眞理。

十五、主席基本職責

會議主席（主持人）有三項基本職責：一爲引導，二爲激勵，三爲控制。

在引導方面，主持人要決定議程，要按照議程依序進行，要明晰地移轉討論項目，要逐項地做摘要，要使討論內容不致離題太遠。

在激勵方面，主持人要創造一種能促使大家願意參加討論的氣氛，要設法鼓勵沉默的與會人員發言，要提出適當的、明晰的問題，啓發與會者大家表示意見，要提示有關的資料，促進與會者的思考力。

在控制方面，主持人要以達成會議的目標爲依歸，有效的安排與控制會議的時間，維持會議的正常進行。

1.注意準時開會。

2.充分瞭解會議目的，按照預定程序領導討論。

3.啓發大家積極參加討論。

4.注意不要感情用事。

5.設法防止討論陷於混亂狀況。

6.對於經常發言太多或不喜歡說話的人要事先研究對策。

7.對於意見之處理務求公平，不要有任何偏見。

8.切勿與出席人員做無謂的爭論。

9.切勿裝腔作勢。

10.不要作太多的手勢，態度要穩重。

11.申述自己的意見時應儘量縮短。

12.隨時注意分別整理討論內容。

13.致力消除出席人員對主席之依賴心。

14.需要決議之事項，應以多數表決可否、修正或保留。

15.所獲得的結論，應徵求大家的承認。

　　當大家對某項題目的討論顯然太久時，主持人必須移轉討論項目；主持人必須適時地衡量大家的建議；主持人必須運用機智和策略，小心不要太箝制討論，也要注意不要太過於縱容，而使討論雜亂無章（Robbins & Jones著，李啓芳譯，1991：139-140）。

個案 9-4　打破傳統的會議方式

　　整天開會，你累了嗎？為了提振精神、增加效率，福特六和汽車公司每週的高階主管會議都是「站著開會」。福特六和汽車主管透露，公司總裁每週都親自主持高層主管例會，經理級以上主管都要參加，會議地點在公司的戰略室（war room），這裡空間不大，沒有桌椅，只有白板圍繞，所有人都得站著討論。

　　這位主管說，戰略室裡看不見電腦、投影機，也不會發會議的書面資料，所有資料直接張貼在四面白板上，總裁沒有開場白，直接講重點，會議開到哪裡，大家跟著移動到白板前，所有人繃緊神經，一場會議三十分鐘內結束。

　　福特六和主管轉述公司站著開會的理念，主要有三個目的，一是讓與會者的距離更靠近、互動更好；二是縮短會議時間；三是能讓大家更專心。這位主管表示，空間小一點，人與人的距離就縮小了，互動自然比較好；而且站久會腳痠，大家會儘量避免不必要的討論，發言也不會冗長，開會時間能更精簡。

　　國內遊戲大廠樂陞科技設計部門開會不拘形式，有人靠著牆壁站立、有人席地而坐，甚至有人直接打開遊戲視窗，「一邊玩遊戲、一邊開會」。樂陞行銷經理陳克剛笑著說，這不是開會不專心，而是這樣才能達到檢討遊戲內容的目的。

　　陳克剛指出，主管開會不一定都選在會議室，反而常常會在空間較開放的「沙發區」開會，因為休閒的環境比較適合活潑的遊戲業；沙發區沒

有固定的座位，常常是一群人席地而坐，有時候還會邊吃零食邊開會，甚至曾經還看過有人穿著拖鞋開會。他認為，開放式開會空間能一目了然，員工不會偷玩手機，且與會者精神不會緊繃，更能暢所欲言，老闆也能聽見想聽的話。

資料來源：姜兆宇、黃郁（2012）。〈福特六和會議跟著白板走　半小時搞定〉。《聯合報》（2012/02/04），A8版。

十六、主持會議的注意事項

身為會議主席需特別注意議程的進展，會議中問題提案的澄清問題，並如何有效領導會議順利產生結論，這是主持人的主要責任（**表9-8**）。

(一)開會

・準時開會。
・使出席人員感到輕鬆。

表9-8　會議最容易發現的缺點

開會若抱著「聊一聊」的心態，最後多半也會「不了了之」。所以，一般會議最容易發現的缺點有： ・與會者無備而來。 ・未明訂會議終止時間及每件議案之時間分配。 ・不對決議事項進行追蹤。 ・會議不準時開始。 ・不對會議之成敗得失進行檢討。 ・會議次數頻繁，與會者不勝其煩。 ・與會者之間爭論。 ・與會者討論內容離題。 ・欠缺議程。 ・資料不足下，貿然下決策。 ・與會者不表明真正感想或意見。

資料來源：鄧東濱主講（1988）。〈怎麼開好會議〉。《國際標準電子公司雜誌簡訊》（1988/10），頁7。

‧說明開會的目的（及與上次會議之關係）。

‧表示本會議所期望的結果。

(二)說明議題

‧說明議題之背景及有關事項。

‧儘量引用資料及實例。

‧如有不明瞭之處請大家發言。

‧必要時，另請有關人員做補充說明，務使全體與會人員確切瞭解。

‧說明討論順序及各項討論項目。

(三)引出意見

‧要大家踴躍提出意見，積極發言。

‧防止有人獨占發言。

‧注意不要使會議陷於爭吵或混亂狀態。

‧注意不使討論離題。

‧區分幾方面要求大家提出意見。

‧聽取發言內容時，應區別意見部分或事實部分。

‧對所提的意見勿加以批判。

(四)歸納意見、獲致結論

‧讓大家思考採用哪一個意見最有助於問題的解決。

‧提出初步結論。

‧請大家對擬採用的意見及對策再交換意見。

‧整理綜合結論，徵求全體同意。

‧決議所獲結論的實施辦法。

‧研究並決定對未來及解決的問題之處理方式。

‧必要時，提出下次會議的預定計畫（透過各項進度的期限，決定下次會議的日期、時間與地點）。

(五)散會

·感謝大家熱烈參與討論。

·在預定時刻散會。

會後應儘速將會議記錄（決議事項及分工情形）分送給每位與會者及有關人士（**表9-9**）。

日本黛安芬前社長吉越浩一郎認為，學會開有效率、有產出的會議是所有企業都必須正視、必須實踐的功課，因為當你正為了無數場失敗會議浪費時間和人力的同時，形同給了對手超越你的機會。所以，要學著開一場好會，你可以不必是一家成功的企業，但是，要成為一家成功的企業，你不能不學會如何開會。

表9-9　參加會議注意事項

·仔細閱讀事先分發的文件，如有不清楚的地方，先查問清楚。
·事先準備你的提案，但是提案的內容要有彈性，任何提案都需要有應變的準備。
·遵守開會時間，準時出席。
·對於議題要事先準備好自己的意見（備妥哪些統計數字和參考表格），設法爭取其他與會者的支持。
·因故不能出席時，要事先通知主持會議的人。
·發言務求積極而簡潔，不要占太多時間。
·不要中途打斷他人的發言。
·不要提出與主題或者全體無關的事項。
·會議中不要開小會（私底下討論）或做其他不相干的事情。
·表示與他人意見相反時，應以親切態度及語氣說明。
·不可固執己見，一切以大局為重。
·要始終保持熱忱的態度。
·經大家決議的事項應樂於遵守。

資料來源：丁志達（2015）。「提升主管核心管理能力實務講座班」講義。台北：中華工
　　　商研究院編印。

世界著名企業的會議祕訣

企業名稱	會議祕訣	做法
美國運通（American Express）	釐清會議目的	每次開會一開始，主席都應該先問與會者：「今天我們到底為什麼要開這個會？」
亞馬遜網站（Amazon.com）	仔細考慮與會者名單	開會人數應該保持在叫兩個披薩會夠吃的規模。同時，也禁止與會者在會議中使用PowerPoint投影片。
谷歌（Google Inc）	按照預定時間進行	開會時，會議室的牆面很繽紛。一面牆上投影簡報，一面牆上投影會議即時紀錄，還有一面牆上顯示巨大的倒數計時時鐘，以顯示會議還剩下多少時間，希望迫使大家聚焦。
白宮（White House）	嚴禁使用科技產品	開會時要求所有與會者關機，在便利貼寫上名字然後貼在手機上一起放在籃子裡統一保管，開會結束之後才還給與會者。
蘋果（Apple Inc.）	採取後續行動	指定會議中每個決定的「直接負責人」。必須明確到有一名員工的名字，而不是一個部門或團隊。每個決定以及需要採取的行動，旁邊都寫上「直接負責人」的名字。

資料來源：編輯部（2014）。〈倒數計時：成功企業的七個會議祕訣〉。《EMBA世界經理文摘》，第337期（2014/09），頁56-61。

結　語

　　有一首愛爾蘭歌謠：「把時間花在工作上，它是成功的籌碼；把時間花在思考上，它是力量的源泉；把時間花在遊戲上，它是保持純真的祕訣；把時間花在閱讀上，它是智慧的清泉；把時間花在夢想上，它會讓你更接近星星；把時間花在反省上，它能使你避免更多的錯誤；把時間花在歡笑上，它是靈活的交響樂；把時間花在朋友上，它會引導你走向幸福；把時間花在愛與被愛上，它讓你找到人生的真諦。」時間管理的目的在於協助運用時間，來達成個人或組織的目標，同時排定工作的順序，並優先處理「重要且有價值」的事務，以期用最少資源，創造最大的效益。

　　哲學家湯瑪斯・卡萊爾（Thomas Carlyle）說：「人的一生最重要的不是期望模糊的未來，而是著眼當前的事務。」時間是一種無可取代的寶藏，懂得珍惜，才懂得享受。因而，彼得・杜拉克說：「沒有任何人可以資質平庸為藉口而無法學會高效能的時間管理」就是這個道理，而有效的會議，可以集合眾人的智慧和經驗，群策群力，合作解決各種疑難的問題。

第十章

衝突管理

- 衝突的意涵
- 衝突意圖與策略
- 衝突管理處理技巧
- 問題解決方法

> 此刻如果沒有煩惱，就要擔心有危險。
>
> ——希臘戲劇家索佛克里斯（Sophocles）

在組織裡，由於人員出生背景、興趣及聰明才智的迥異，職場衝突在所難免。衝突不一定就會爆發對抗的行為，它在初始之期可能只是一種態度，這種態度在沒有辦法化解的情況下，然後才慢慢沉澱、發酵，終於爆發出對抗的行為。

任何一種決策（decision making）都會自然而然地帶來一種副產品：衝突。衝突本身並不是問題，如何管理衝突才是一門很深奧的學問。組織產生衝突的原因往往是立場不同（個性不合、價值觀不同、決策風格、溝通失誤等），這時候經理人就不能陷入雙方的角度去看事情，而是必須跳到更高的一個層次去看問題，才有辦法將問題釐清，消除衝突。

衝突解決之道

美國陸軍五星上將和第34任總統艾森豪（Dwight David Eisenhower）初任西點軍校（U. S. Military Academy at West Point）校長之時，幕僚人員告訴他，校園有一塊方形的中庭，是一塊美麗的草坪，雖然校方三令五申，同時也在草坪上豎立了一塊牌子：「凡是穿越草坪、踐踏草皮者必受懲處。」但是，每天總有不少學生甘冒被懲處的風險穿越草坪，這種情形令校方不勝煩擾，卻也「沒法度」！

艾森豪校長親臨草坪觀察之後，下令於草坪中央修築「米」字形步道。步道築成之後，學生可隨需要穿越草坪，校方也不需要派人看守，也不需要有一個人專司懲處學生，而學生與學校間的緊張關係自然消除。一條步道終於化解了糾紛。

資料來源：嚴定暨（2000）。〈《孫子兵法》手記——柔毅〉。《遠見雜誌》（2000/12），頁54。

第一節　衝突的意涵

　　某些工作環境中的衝突，例如性騷擾或是歧視，相當明顯而容易察覺；但是有些衝突不是如此顯而易見，需要經理人細心的觀察。衝突（conflict），可定義為兩個以上相關聯的主體，因互動行為（不同看法、意見、立場、價值和利益）所導致不和諧的情感騷動。希臘有個神話故事，有一條兩頭蛇，共用一個身子，若兩個蛇頭用毒牙互咬對方的頭，那等於是自殺。因此，忽略了相互依存性的衝突，乃是職場上最可怕的衝突（圖10-1）。

一、衝突觀念的演變

　　個體本身會有內心衝突，人際之間會有外在衝突。衝突的原因可能是來自於個人因素與組織因素，也可能來自勞資之間互動的過程因素。對於衝突在組織（團體）中所扮演的角色，有三種不同的看法。

(一)衝突的傳統觀點（traditional view of conflict）

　　衝突的傳統觀點，在1930年代至1940年代相當盛行。依照這一觀

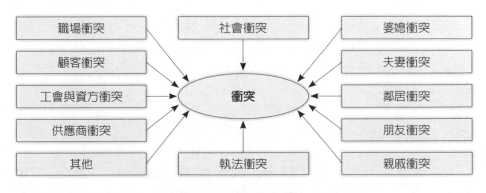

圖10-1　衝突無所不在

資料來源：丁志達（2012）。「衝突管理」講義。台灣糖業公司編印。

念，處理衝突的最佳辦法便是不惜一切代價避免衝突。傳統觀點認為，衝突是應該避免的，因為它代表團體的機能出了問題。衝突的發生，乃由於組織（團體）內溝通不良，成員間缺乏坦誠與信任，管理人員沒有針對員工的需求與期待給予適當的回應的不良結果。它既然認為所有的衝突都是應該避免的，所以，只要把注意力集中在衝突的起因，同時糾正之，就可以增進組織（團體）的績效。

(二)衝突的人群關係觀點（human relations view of conflict）

人群關係的觀點，在1940年代後期至1970年代中期，成為相關衝突理論的主軸。人群關係觀點認為，衝突是在組織（團體）中自然而不可避免的現象，不但不是有害的，反而對促進組織（團體）績效有正面的功能。它既然是不可避免的，所以應當有效地將它處理好，並且將衝突的存在予以合理化。

(三)衝突的互動觀點（interactionist view of conflict）

互動觀點認為，衝突不但有正面的功能而且對促進組織（團體）績效是不可或缺的。一個平靜、和諧、合作、安定的組織（團體），可能變得遲鈍、冷漠，而且面對改革與創新無動於衷。因此，互動觀點鼓勵團隊領導者至少要維持最低程度的衝突，以保持足夠的團體活力、自我批評反省及創造力。

團隊成員在任何時候均可能持有這三種觀點。有效處理衝突的關鍵，在於準確地把握個人自由發表異議與團隊整體一致之間的微妙平衡。團隊成員在處理衝突時可能採取不同的策略（Spiegel & Torres著，葛中俊譯，1996：102）。

二、衝突的類型

美國學者肯尼斯・湯馬斯（Kenneth W. Thomas）說：「衝突是一種過程，當一方察覺到他方已經或正要對其所在意的東西施予不利的影響時，此一過程即發生。」在任何一個組織（團體）內衝突也是不可避免的

事。衝突的形式，可分為下列五種衝突類型：

1. 目標衝突（objective conflict）：當雙方對所欲達成的目標（即期望的結果）無法獲得一致時，衝突便產生。
2. 認知衝突（cognitive conflict）：當一個人或團體（組織）持有與其他人或團體（組織）不同的觀點或思想時，這種衝突便極易發生。
3. 情感衝突（emotion conflict）：當個人或團體（組織）的感受或情緒（態度）彼此互不相容時，便常發生此種衝突。
4. 行為衝突（behavior conflict）：當個人或團體（組織）有一些舉止或行為無法見容於別人時，此種衝突就會發生。（簡明輝，2007：257）
5. 程序衝突（procedural conflict）：對於解決某種事情所採取的方法或過程，雙方意見相左且堅持己見，此種衝突就會發生。

在這五種衝突中，以情緒衝突和行為衝突較為明顯易見，而目標衝突、認知衝突和程序衝突則較難從表面上觀察到。

三、衝突的型態

衝突對個人或是組織而言都是不同的層次與狀況。當一個人必須做決定的關鍵時刻，在心理上難免猶豫不決，充滿矛盾。這種衝突的情境，在心理學上可分為四種主要的型態：

(一)雙趨衝突（approach-approach conflict）

指當只有兩樣東西都是個人所希望的，但卻只能選擇一種的衝突。例如，從經濟學的學理來看，所謂的機會成本（opportunity cost），指的是當我們選擇某甲時，因此失去了選擇某乙的代價，亦即《孟子・告子上》說的：「魚，我所欲也，熊掌，亦我所欲也；二者不可得兼，捨魚而取熊掌者也。」（譯文：魚是我想得到的，熊掌也是我想得到的，在兩者不能同時得到的情況下，我寧願捨棄魚而要熊掌。）這種魚與熊掌不可兼得只能選擇其一的現象，稱為雙趨衝突。

組織行為

(二)雙避衝突（avoidance-avoidance conflict）

指兩樣東西都是個人所不想要的（希望能避開的），可是個人必須從中選擇其中之一，只能兩害相權取其輕的無奈選擇。例如，個人是否要被派至大陸地區工作或被資遣，任君選擇，這兩種損害放在眼前，個人當然是選擇傷害較輕的那種（到大陸工作，以保有工作權），這種兩害相權取其一的現象，就是所謂的雙避衝突。

(三)趨避衝突（approach-avoidance conflict）

指個人對於一項具有正負兩種結果的目標，產生既想趨近又要逃避的兩種動機與矛盾心理。例如，元朝姚燧所撰元曲《憑闌人・寄征衣》說的：「欲寄君衣君不還，不寄君衣君又寒，寄與不寄間，妾身千萬難。」這種既愛之又恨之，欲趨之又避之的矛盾心理現象，就是所謂的趨避衝突。

(四)雙重趨避衝突（double approach-avoidance conflict）

個人對於二個或二個以上具有積極價值與消極價值目標物，因取捨困難產生的衝突。例如：選擇職業時，有兩個單位可供選擇，而每個單位又利弊相當，就有可能舉棋不定而陷入這種衝突中。這種考慮到各種利弊和得失的現象，就是所謂的雙重趨避衝突。

個案 10-2　「和而不同」的高績效團隊

瑞姆・夏藍（Ram Charan）在其著作《實力——成功主管的8個Know-How》（*Know-How: the 8 skills that separate people who perform from those who don't*）書中，以福特汽車（Ford Motor）北美區總裁馬克・費爾茲（Mark Fields）重塑日本馬自達（Mazda）汽車（福特擁有馬自達33%的股權）為例，說明如何正視與部屬之間的衝突，塑造一個「和而不同」的高績效團隊。

身為一個年輕、空降的外國執行長（Chief Executive Officer），費爾茲剛接管日本業務時，為了解決高達70億美元的負債問題，祭出一套「千禧年計畫」：五年內裁員1,800人，減少20%的人力；關閉一間位於廣島的大工廠，減少25%產能，將過度集中在日本的生產移到歐洲。這套做法，等於和日本「重感情」的企業文化直接衝突。

不同文化的衝擊在內部高階主管會議中更是一觸即發。由於日本人不習慣在開會時暢所欲言，各個部門主管之間也缺乏互信。費爾茲回憶：「我那時真的是目瞪口呆，開頭幾次會議時，我坐在那裡，沒有一個人肯發表意見。」此外，日本的管理團隊對費爾茲也不信任，不願表達真實感受，開會時表面同意，執行時又不肯配合他們不認同的事。為了正視與部屬之間的問題，費爾茲決定讓暗湧多時的「冷衝突」浮上檯面。

他跟部屬們一對一開會，聆聽他們的困難，然後鼓勵他們在下次開會時提出。他對部屬說：「遇到困難，不是因為你有缺點。要在同事面前將問題提出來，彼此共同討論，才能為公司想出最好的解決方案。」同時，他要求各部門主管在開會時「公開分享」年度目標，並談論自己對公司整體的想法，而不是只檢討自己的部門。透過不斷地反覆進行這些程序，讓所有部門主管參與想像公司前景，最終不只消除歧見，也凝聚了團隊共識，讓馬自達轉虧為盈。

資料來源：李筑音（2013）。〈工作有衝突，一定要吵贏？絕對別亂說的四種話〉。
　　　　　《Cheers雜誌》，第128期（2013/10）。

個人內在的衝突，源自同時想要滿足多樣需求而造成內心衝突。要避免個人內在的衝突，就要少需求，清心寡欲；分先後，斟酌輕重緩急，量力而為。

四、處理衝突的原則

處理衝突是門藝術，處理衝突的原則有下列幾點可參考運用：

1. 體認衝突的存在：當經理人拒絕承認員工的憤怒或是擔心時，很可能會讓事情火上加油。
2. 蒐集所有的資訊：很少有衝突只靠單方面的意見就能陳述事實，在你設法解決任何衝突之前，必須先聽各方面的意見。
3. 耐心、花時間瞭解情況：一個草率而快速的決定，可能使問題更加嚴重。
4. 處理問題對事不對人：處理問題要把重心放在解決問題本身而不是某一員工身上。
5. 確保溝通管道的順暢：在跟員工溝通時，必須懂得聆聽而不是急著說教，這樣並不能幫助你瞭解事實、解決問題。
6. 果斷解決問題：在你花時間瞭解問題、蒐集資訊、跟當事人討論、而且客觀地評估之後，要果斷地下決定，採取行動，全力解決問題，讓事情延宕、惡化並沒有好處，也會讓員工對你失去信心。
7. 不要以威嚇解決問題：以威權方式壓制員工或強制解決糾紛，或許可以很快解決問題，但卻不是治本之道。（Gregory P. Smith文，蘇玉櫻譯，2001/06：132-133）

五、衝突的過程

　　組織衝突，係一連串的動態過程，每一個衝突情節是在前一個情節結束之後才產生的，而其本身結束時所產生的餘波，又導致下一個衝突情節的開始。

　　美國管理學家斯蒂芬‧羅賓斯提出下列的五階段衝突理論：

(一)第一階段（潛在對立階段）

　　衝突過程的第一個階段，是指可能產生（製造）衝突機會的要件。這些要件並不一定導致衝突的發生，但卻是衝突發生的必要條件。它可歸納為下列三類：

◆溝通

　　由溝通引發的衝突，主要來自語意的誤解、訊息交換的不足以及溝

通管道的干擾，這些用於傳達資訊的管道已被視爲形成衝突的情境，都會妨礙溝通而形成衝突的可能性。

◆結構

　　結構包括有：團體的大小、分派給團體成員的工作之例行化、專業化、標準化程度、團體的異質性、領導風格、獎賞制度、團體間相互依賴性等。研究顯示，年資與衝突則往往成反比，組織內成員年紀越輕，流動率越高的組織，其潛在衝突也越大。

◆個人變項

　　個人變項包括有：個人的價值體系及可以突顯個人特性（音調、笑聲）和個別差異的性格。某些性格型態，例如具高度權威性、高獨斷性和不尊重他人等特性者容易導致潛在的衝突。價值體系（如偏見、不認同某人的貢獻與其應得的報酬）也是造成潛在衝突的重要變項之一。

(二)第二階段（認知和情感投入階段）

　　第二階段是雙方意識到許多潛在因素所造成的對立不相容情況，而這些因素比在第一階段中更形顯著，即當個人感受到、知覺到一些負面的影響受到壓迫或壓力並因而引起個人焦慮、緊張、挫折感或充滿敵意時，衝突就可以說是正式的產生了。

(三)第三階段（行爲意向階段）

　　第三階段介於一個人的認知和外顯行爲之間，指採取某種特定行爲的決策。行爲意向之所以作爲獨立階段劃分出來，是因爲行爲意向導致行爲。很多衝突之所以不斷升級，主要原因在於一方對另一方進行了錯誤歸因。另外，行爲意向與行爲之間也存在著很多不同，因此，一個人的行爲並不能準確反映它的行爲意向。

(四)第四階段（行爲階段）

　　行爲階段是衝突過程中最明顯的一個階段。它包括衝突雙方所做的言論、行動和反應。衝突行動必須是有意的，知道可以阻擾對方，這樣，

衝突才呼之欲出。因此，外顯的衝突，可以從無衝突平和的狀態，到輕微的、間接的和被高度控制的協談，進而發展到直接的、攻擊的、公開質疑的或暴力的和失去控制的抗爭等威脅、侵略性的言語或肢體動作的公開迫害行為。

第四階段也是多數衝突處理方式開始出現的時候。一旦衝突表面化，當事的雙方即會發展出處理衝突的意圖（競爭、統合、退避、順應和妥協）。

(五)第五階段（結果階段）

外顯的衝突行為和衝突處理方式交互作用之後，會產生某些結果。這些結果可能是良性的，能改善組織（團體）的績效；惡性的，則會妨害組織（團體）的績效（**圖10-2**）。

六、職場衝突成本

據統計，美國企業每年花掉七週的時間處理組織之間的不同衝突；美國衝突管理協會（National Institute for Advanced Conflict Resolution）統

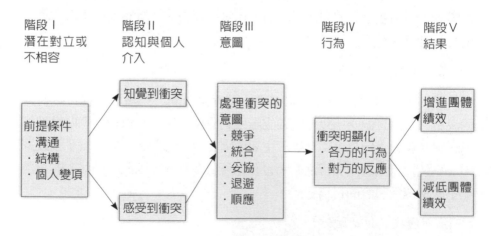

圖10-2　衝突的過程

資料來源：Stephen P. Robbins、Timothy A. Judge合著，黃家齊、李雅婷、趙慕芬編譯
　　　　（2002）。《組織行為學》，頁422。台北：華泰文化出版。

計，美國經理級以上主管，每年花三成的工作時間處理衝突，但是經理人卻鮮少學習處理技巧。南加州大學（University of Southern California）馬歇爾商學院（Marshall School of Business）調查也顯示，美國每五名員工就有四人覺得工作不受尊重，且深信工作上的衝突正在惡化。

職場衝突至少會產生下列五項成本：

1.時間成本：當員工因衝突而虛擲工作時間，因衝突而導致員工請假、休假而流失工作時間，就等於浪費企業的金錢。

2.決策成本：當一位員工覺得自己和決策者之間的關係是敵對的，必然會故意不透露或故意操控決策者所需的資訊。

3.重組成本：為降低員工之間的衝突程度與機率，公司有時被迫不得已要重新規劃工作流程、重訂規章制度、重建組織結構等，如此一來，必然增加作業成本。

4.損害成本：根據統計，員工的衝突愈激烈、愈普遍，公司機器、設備、工具與庫存被偷竊或被破壞的事件就愈多愈頻繁，甚至於阻礙、擾亂、打斷工作流程。

5.員工成本：員工流失離職、工作動機低落，甚至消失或因衝突而產生壓力，情緒失控、健康狀況失衡，都會給公司帶來直接與間接成本。（戴照煜，2008：1-5）

七、衝突風險

美國調停者基金會（Mediator Foundation）總裁馬克・葛容（Mark Gerzon）說：「全球化，所有的事都縮小在一根針頭上，衝突層出不窮。」一般職場衝突風險約有下列數種：

1.職場暴力：當職場人際關係衝突未獲解決時，則會引發心理病態者的暴力行為。

2.怠工：在職場上因長期難以解決的職場衝突，是員工心生不滿甚至採取怠工手法的主要原因。例如，韓國現代汽車株式會社（HYUNDAI）因為勞資衝突，一個月內損失十億美元。

3.黑函：員工會因衝突未能獲得解決，而對公司採取惡意中傷的報復
手段，使公司商譽受損、受毀（瓜田不納履，李下不整冠）。

4.訴訟：適當而有效的職場衝突解決方法，能夠預防許多報復性的
法律訴訟。例如，迪士尼（Disney）花費上億美元打官司，只因
爲總裁麥克・伊斯納（Michael Eisner）與執行長麥克・歐維茲
（Michael Ovitz）的口角之爭，互相指摘對方讓公司虧損千百萬美
元。

葛容指出化解衝突之道的關鍵，在於衝突就像是爐火上的鍋子，要
懂得升高和降低溫度，才能轉化衝突。升高冷衝突，浮現真正問題降溫熱
衝突，才能理性溝通（**表10-1**）。

表10-1　解決衝突的溝通工具

溝通工具	說明
討論	並非所有參與者都會開口，主要分享資訊而不是下決定。
會商	有組織的納入所有觀點，不給立即反應或反駁機會。
對話	探究而非提倡某價值，承認他人立場，指出需要解決的事項。
靜思	求助於靜默，轉換語氣及覺悟。

資料來源：廖炳煌（2013）。〈「衝突領導八大調停工具」之體驗課程設計〉。《亞洲體
　　　　　驗教育學會（AAEE）電子報》（2013年1月號）。

第二節　衝突意圖與策略

由肯尼斯・湯馬斯（Kenneth W. Thomas）和拉爾夫・基爾曼（Ralph
H. Kilmann）制訂的評估衝突模式評量工具，是用於評估處於衝突狀態下
個人行爲的程序。

個人在處理衝突之向度包括兩個指標，一是協力合作（一方試圖滿
足對方需求的程度），二是堅持己見（某方試圖滿足自己需求的程度），
兩者相配的結果，發展出五個衝突意圖（intentions）。

一、衝突意圖

(一)競爭（competing，堅持但不合作）

　　競爭，指僅考慮自己的立場（侵略性），運用權勢，強迫別人聽從命令，而不考慮對方的立場，屬於權力導向模式。當團隊成員試圖以犧牲他人利益來達成某一目標，或進一步獲得某種利益的時候，競爭便會發生。在組織中，非贏不可的生存競爭常導致居上位者利用職權支配他人。這種競爭風格的處理態度為：說服對方接受自己的邏輯與立場，或堅持自己的立場被接受。

(二)統合（collaborating，堅持且合作）

　　統合，指衝突雙方將大家的意見（利益）整合在一起，都希望獲得雙贏（win-win）的結果。當團隊成員致力於處理與所有成員休戚相關的事情時，統合便會發生。在統合的情況下，各方的意圖主要在澄清彼此的

個案 10-3　強制規範

　　（清朝）李鴻章喜歡睡懶覺，早上有點起不來，而曾國藩卻保持他家庭傳統的習慣，天剛黎明便用餐，而且用會餐的方式，每個人都得參加。有一次，李鴻章假裝頭痛，不肯起床去參加，曾國藩卻幾次派人催促，全體坐在餐桌旁等候，一直到他來才會餐。

　　會餐完畢，曾國藩嚴厲的向李鴻章說：「你既然參加幕府工作，就得遵守幕府的規則，我有一句話相告，我們這裡最重要的格言，就是一個『誠』」。李鴻章聽了，感到無限羞慚，從此再不敢睡懶覺，也更不敢再有欺騙的言行了。

資料來源：蕭學良（1967）。《曾國藩的生平》，頁24。台北：雲躍出版。

差異以解決問題，而非順應對方的觀點，統合是解決人際問題的創造性雙贏的解決辦法。例如，企圖找出雙贏的解決方案，使雙方皆能完全達成目標，並追求一個融合雙方意見的結論。這種統合風格的處理態度為：我試著尋求一個對雙方有利的創意解決方案，或我試著尋找雙方的共通點，相信一定能夠建立彼此之間的互信。

(三)回避（avoiding，不堅持也不合作）

回避（逃避），係指不但不堅持自己的立場（競爭），也不願意考慮對方的看法（順應），只是一味的退縮（按兵不動），避免面對不同的意見，或是延後調整時間，或是以壓抑的方式與他人保持距離（鴕鳥心態，以逃避的方式對應）。回避的方式可能包括：圓滑地回避某個問題、擱置問題等待更好的解決時機或只是從不利的情境下脫身。例如，試著忽略衝突並退避與你意見不合的人，便是一種退避的行為。這種退避風格的

忍讓（驚爆13天）

1962年10月27日，美國第35任總統約翰‧甘迺迪（John Fitzgerald Kennedy）已命令他的海軍包圍古巴，以阻擋滿載飛彈的蘇聯船。美國情報局查出在紐約市撕碎其戰爭的祕密文件的蘇聯外交官。甘迺迪總統已做了「如果蘇聯干預、擊落美國飛機，美國將報復」的決定。然後一架美國飛機被擊落且駕駛員陣亡。那晚在華府，美國國防部長羅伯‧麥納瑪拉（Robert S. McNamara）讚美壯麗夕陽並懷疑自己是否能再看到另一次。所幸，甘迺迪總統猶豫了。他決定暫不報復，但加倍外交努力以解決危機。翌日，蘇聯總理赫魯雪夫（Nikita Sergeyevich Khrushchev）明智地宣布，他將飛彈自古巴撤除。第三次世界大戰終於被避開了。

資料來源：威廉‧尤利（William L. Ury）著，刁筱華譯（2001）。《第三方：有效消弭衝突、開創和平對話》，頁117-118。台北：高寶國際出版。

處理態度為：我不採取任何製造衝突的立場，或不要緊，反正這不是重要問題，我們各管各的就好。

(四)遷就（accommodating，不堅持但合作）

遷就（順應），指為求滿足對方的立場，而不考慮自己的立場（願意自我犧牲）。當團隊成員願意將對手的利益置於自己的利益之上時，遷就便會發生。這常是一種自我犧牲的行為。例如，縱使對某人的意見有所保留，卻仍加以支持。這種順應風格的處理態度為：只要對方高興，我都願意接受，或我重視與對方的關係勝於一切，因此，我放棄自己的堅持。

 孔融讓梨的故事

《三字經》裡有「融四歲，能讓梨」的故事。孔融（西元153～208年）是東漢末文學家，建安七子之首，文才甚豐。魯國（今山東曲阜）人，孔子的二十世孫。他剛直耿介，後因得罪曹操而下獄棄市。

相傳有一天，一盤梨子放在大家面前，哥哥讓弟弟孔融先拿。他不挑好的，不揀大的，只拿了一個最小的。爸爸看見了，心裡很高興：別看這孩子才四歲，還真懂事。就故意問孔融：「這麼多的梨，又讓你先拿，你為什麼不拿大的，只拿一個最小的呢？」

孔融回答說：「我年紀小，應該拿個最小的，大的留給哥哥吃。」

父親又問他：「你還有個弟弟，弟弟不是比你還要小嗎？」

孔融說：「我比弟弟大，我是哥哥，我應該把大的留給弟弟吃。」

他父親聽了，哈哈大笑：「好孩子，好孩子，真是一個好孩子。」

資料來源：〈孔融讓梨的故事〉，新華網；引自中國華文教育網，http://big5.hwjyw.com/zyzx/jxsc/hy/200706/t20070628_2035.shtml

組織行為

(五)妥協（compromising，中度堅持且中度合作）

妥協，係介以單純的競爭與單純的回避之間的做法，在彼此的協議下，維持各持己見的看法（雙方皆打算放棄某些事物）。採取妥協策略（雙方讓步）時，沒有明顯的贏家或輸家，而是對利益結果各取所需的解決方案。例如，工會與資方當局為了和解而簽訂團體協約，即是一種妥協的例子。這種妥協風格的處理態度為：我們各讓一步，皆大歡喜，或我試著瞭解對方的想法與需求，但是對方也要同樣瞭解我的想法與需求，彼此間找到妥協點（戚樹誠，2007：204-205）。

 個案 10-6　按遺囑分馬的故事

一位老先生快要過世了，於是預先寫了一份遺囑給他的三個兒子。不久老先生過世了！他的三個兒子把遺囑打開來看，原來老先生把他的遺產做了以下這樣的分配：

大兒子得全部遺產的二分之一。

二兒子得三分之一。

三兒子得九分之一。

經過一番清點，發現老先生除了十七匹馬以外，並沒有其他遺產。照著遺囑分吧！大兒子拿八匹，還剩九匹，不是二分之一；二兒子拿五匹也不是三分之一；三兒子拿一匹更不是九分之一。

怎麼分都分不成。於是三個人為此爭來爭去，面紅耳赤不說，最後竟動起武來。

這下可驚動了隔壁的一位老先生，連忙趕過來探詢究竟，一問才知道原來是為了遺產分配的事爭執，就很生氣地說：「你們父親過世不久，屍骨未寒，你們就為分產吵得不可開交，真是大不孝。這樣好了！把我的那匹馬也牽過來，十七匹馬加一匹馬，現在一共有十八匹馬，重新按照遺囑分。」結果大兒子二分之一，分得九匹；二兒子三分之一，分得六匹；三兒子九分之一，分得二匹。分好之後，結果還剩下一匹，只好由鄰居老先生自己牽回去了。

編輯：丁志達。

　　上述這些意圖提供了衝突雙方一般性的指導原則，並界定出雙方的目的。不過研究顯示，沒有一種能夠適合所有情形的解決衝突的方法。人們對衝突處理的方式在根本上是固定的。尤其個人在五種衝突處理的意圖中，有特定的偏好，這些偏好往往相當一致，可由個人性格及智力加以準確地預測，也就是說，當面臨衝突的情境時，有些人不計成本一定要贏，有些人則尋求最佳的解決方案，有些人要逃避，有些人樂於助人，也有人會「彼此妥協、互相讓步」（S. P. Robbins原著，丁姵元審訂，2006：303）。

二、衝突的結果

　　組織衝突的現象可能會導致對組織良性的衝突（functional conflict）後果或是惡性的衝突（dysfunctional conflict）後果，又因為衝突是組織中的常態，因此管理者更必須能針對此兩種衝突加以妥善的處理。

　　良性與惡性衝突在判斷上有不同的角度與層面，有時並不是那麼絕對的歸類為良性衝突或是惡性衝突。因為每一個不同的組織接受衝突的程度不一樣，有些組織視為難以忍受的衝突，在其他組織可能是雞毛蒜皮的小事一樁。

　　一般常用於區別良性與惡性衝突標準是「團體績效」。既然團體的存在是為了達成其目標，那麼決定衝突是否為良性或惡性，應該針對衝突的結果是否對團體有造成影響而非對個體的影響。例如，組織變革會造成員工的反彈，但如果組織改革或變遷對未來組織的永續發展有幫助的，這樣的衝突即為良性的衝突（**表10-2**）。

　　一家有績效的企業，除了主管對衝突要有基本的觀念外，更要建立可能的制度進行有效的衝突管理，以增進人際關係的和諧與提升組織的績效表現（簡明輝，2007：272）。

表10-2　衝突的兩種結果

有益的後果	不良的後果
· 真理越辯越明，長久的問題浮出檯面並獲得解決。 · 激發對問題情況的瞭解，以開放心靈省思問題，瞭解衝突的情況。 · 產生新的構想或觀念，重新思考政策流程，促成組織變革或改善的動力。 · 使決策者接收不同的訊息，有助於形成更佳的判斷，引導作為較佳的決定。 · 引導更開放、更充分的討論問題，增強成員對組織的承諾。 · 衝突可發洩長久積壓的情緒，衝突後雨過天晴，雙方能重新起跑。 · 集思廣義，建立共識，降低風險。 · 幫助個人與團體培養對團體或組織的認同感。	· 產生職場對立或負向情緒導致壓力，增加情緒緊張的焦慮（增進人際的敵意與侵略行為）。 · 製造不良的組織氣氛，產生溝通協調不易，增加猜疑心與不信任感。 · 轉移組織目標注意力，減低工作努力意願，降低組織效能，將工作所需的經歷轉移到衝突上。 · 鼓勵領導者更趨於保守，從參與領導趨向獨裁領導。 · 問題焦點更加模糊、複雜化，加深衝突形式。 · 士氣降低，破壞團體的凝聚力，影響工作效率與效能。 · 有的成員選擇離開組織。 · 增進人際的敵意與侵略行為。

製表：丁志達。

 ## 第三節　衝突管理處理技巧

衝突並不一定都不好，過度的衝突固然有負面困擾，但適度的衝突則有正面功能。在許多組織中，衝突管理的策略與技巧是非常必要的，衝突的解決及刺激技巧對於組織的運作也是重要的（**表10-3**）。

一、衝突管理的處理

衝突的惡化會造成個人焦慮不安、影響人際關係、增加敵意以及影響群體績效。下列是處理衝突管理的要領：

1.實體區隔：將敵對的雙方進行實體的區隔，使雙方不會產生面對面衝突，這是降低衝突的方法之一。

表10-3　衝突解決方案的權變途徑

解決衝突的方法	適當的情形
競爭	1.當必須採取快速果斷的行動時。 2.當問題很重要並需要採取不受歡迎的行動時。 3.當問題對組織機構的福利至關重要，且你知道是正確的時候。 4.反抗那些利用非競爭行為的人。 5.當不可能採取其他方案時。
統合	1.當你需要尋找一種整體解決辦法且雙方的利益均很重要、不能妥協時。 2.當你的目標是學習時。 3.當你需要將持有不同觀點的人的洞察力結合在一起時。 4.當你想以關懷融入共識決策從而爭取獻身精神時。 5.當你想克服妨礙關係的情感時。
回避	1.當問題微不足道或有更重要的問題迫在眉睫時。 2.當你發現自己的主要心願不可能得到滿足時。 3.當你需要讓人們冷靜下來、重新審視時。 4.當你需要更多的時間來蒐集訊息時。 5.當他人能更有效地解決衝突時。
遷就	1.當你發現自己錯了的時候。 2.當你想顯示你的通情達理的時候。 3.當議題對他人比對你自己更重要時。 4.當你想建立起社會支持以備後用時。 5.當你想把自己的損失控制在最低程度時。 6.當你想允許下屬從錯誤中吸取教訓而取得進步時。
妥協	1.當目標重要而又不值得費力將其中斷時。 2.當具有相對實力的對手為了相同的目標而採取不同的方法時。 3.當你想以暫時的解決辦法對待複雜的問題時。 4.當你在時間緊迫情況下想取得一項急救的解決辦法時。 5.當協作和競爭行不通作為一種退讓時。

資料來源：Jerry Spiegel & Cresencio Torres著，葛中俊譯（1996）。《團隊工作的原理：經理工作指南》（*Manger's Official Guide to Team Working*），頁109-110。台北：業強出版社。

2.建立規章：引用明文規章制度，將衝突限制在一定的範圍或領域之內，以此化解衝突，稱爲「囊化衝突」（encapsulating conflict）。例如，國際上透過條約的訂定，將許多衝突囊化了，如不能使用瓦斯戰及細菌戰。

3.限制跨團體之間的互動：如果可以限制跨團體之間只就共同的目標做討論，讓未來能夠有合作的空間，那麼彼此的衝突將可以顯著降低。

4.借助整合者：由組織內一位公正的第三者來調解衝突是另一個可行的方法，不過這位第三者必須是衝突雙方都信賴的人，而且他也有意願穿梭於衝突雙方之間謀求合作的可能性。

5.磨合與談判：衝突雙方面對面會談，確定問題所在，並經由公開討論解決雙方的歧見，在這個過程中，雙方提出各自的要求，試圖尋求雙方都可接受的協議。

6.第三方諮商：邀請一位組織外的第三者，由他扮演中間人進行調解或是協助雙方進行溝通。

7.改變結構變數：藉由工作的重新設計、職務輪調等的運作，改變組織的正式結構及衝突雙方的互動型態，由此來化解衝突。

8.決定較高層次的目標：解決兩個團體衝突的最好方法，是設計一套較高層次的目標，促使大家共同朝向這個目標努力。用來降低衝突的高層次目標，其特性有：這些目標對兩個團體均具有吸引力；要達到這些目標時，團體間必須相互合作，沒有一個團體能夠獨立達成目標；這些目標是能夠被達成的。但在訂定高層次目標的同時，需要界定跨單位之間有哪些任務是相關的，並且進行工作任務的重新設計。

9.跨團體訓練：長久以來，組織中各個單位之間是否能夠合作順暢是非常重要的。因此，如果能夠改善提供各種跨團體訓練課程，將有助於增進彼此間的默契，進而改善跨團體互動的品質。（戚樹誠，2007：206）

在組織裡，團體與團體間的衝突會蔓延擴大而損害到組織的績效。因為，一旦衝突擴大了之後，就很難解決。因此，一位精明能幹的經理人應該避免團體間衝突的產生。

二、降低衝突的方法

衝突有低強度衝突（low-intensity conflict）及高強度衝突（high-intensity conflict）之分。解決衝突的方法要視衝突的水平，以及你是否認為你能化解雙方之間的歧見而定。

一般降低衝突，有下列不同的策略或途徑可採用：

1.降低緊張及敵意：藉由降低緊張及敵意以去除情緒的激動。
2.溝通技巧：加強溝通技巧，以改善溝通的水平及程度。
3.議題的數目及規模：如果溝通議題的數目及規模太過於龐大，以致很難駕馭、很難控制的話，則應減縮議題的數目及規模。
4.選擇及變通辦法：增加或改進選擇及變通辦法。
5.共同的利益：尋找一些共同的思想、信念或利益作為協議的基礎。
（戴照煜，2008：3-5）

三、消弭衝突的方法

不論是正面衝突或是負面的衝突，一位幹練的經理人都應該予以重視與解決。下列是幾種消弭衝突的方法可供參考。

1.建立一個清晰、具體而適切的組織目標，以便紓解衝突的能量，強調整體的績效而不強調個別團體的績效，可以促進合作而非敵對。
2.團體與團體之間的溝通及交互作用，不僅是要助長其發生而且要鼓勵它，甚至給予獎勵。由兩個以上團體的成員在一起推動計畫及執行方案，可以破除刻板印象及攻訐。
3.直接請對方說出不滿的原因，以避免日積月累的怨氣。
4.提供高階主管的面談機會，跳過直屬主管的壓力，讓員工無忌諱的表達意見。
5.進行走動管理。主管應放下身段，融入員工之間，傾聽員工的「苦情」。
6.願景共築，讓員工瞭解公司的願景與未來明確的規劃，讓員工有向

組織行為

心力與共識，惡性衝突就會自然減少。

在組織裡，並非所有的衝突都是壞的。大家在目標和方法上意見不同，表示組織很健康，人員非常機敏，對自己工作頗感興趣，於是組織能夠求變求新，具有十足的創造力。

 第四節　問題解決方法

古希臘傳說中，中亞一位帝王打了一個極其複雜難解的結，根據神諭，誰能解開這個結，便能成為亞洲的統治者。但是這個結一直無人能解開，直到亞歷山大大帝（Alexander the Great）長劍一揮，迅速地劈開了懸宕已久的「難題」。

職場的挑戰愈來愈激烈，我們所面臨的問題更加是五花八門，複雜度也越來越高，因此，問題分析與解決的能力，愈顯其重要性。日本著名的趨勢專家大前研一曾將「顧問工作」簡述為：「為企業找出他們自己無法解決的問題，並且提供解決對策，然後再對委託的企業進行提案。」他又以較為幽默的口吻說：「顧問公司的業績，來自企業缺乏解決問題的能力」（**表10-4**）。

表10-4　創意思考需具有的能力

能力	說明
敏銳力（觀察）	對問題或環境的敏感度。有些人敏感度高，任何事物若有疏失或不尋常的地方，很快的會感覺出來。
流暢力（聯想／創意）	這是指對同一個問題或看法能夠提出很多觀念或新點子，來解決問題。
系統力（整合／歸納）	就是能夠從多角度、多方位思考同一個問題。
獨創力	能夠想到別人所想不到的新觀念能力，也就是見解與其他人不同。
精進力	在新觀念上不斷地使之構想更完整，講求「精益求精」的精神。

資料來源：邱志淳。「問題分析與解決方法」講義，www.hwwtc.mohw.gov.tw/att.php?uid=2138

一、解決問題七步驟

《辭海》釋義「問題」為：「謂詢問之事，或有疑問之事。」特別是「事有之嚴重性，引起人注意者，如云勞動問題、婦女問題等是。」《韋氏英文辭典》（*Websters Universal Dictionary*）也指出，問題（problem）是待答覆或待解決的迷惑疑問，特別是其解答有困難，不確定，難以處理，難以瞭解的事物或情況。是故，「問題」是指一個人或個人所在的群體所遭遇到的一種需要解決的狀況，而對於此種困境，沒有明顯的方法或途徑，立刻看出解決的方法。因而，解決問題要循序漸進的步步分析，以求解套，迎刃而解。

(一)第一步：界定問題（problem definition）

從心理學層面來看，問題常被定義成一個情境，在此情境中，人們為了想到達某一目標但欲直接通往此目標的路已被阻塞不通，因此問題產生了。「專案是為了解決問題的有計畫行動。」在你尋求解決方法之前，先要明確問題。否則，今天的答案，會造成明天更大的問題。

美國哲學家約翰·杜威（John Dewey）說：「界定一個好的問題，等於解決了一半的問題。」所以，解決問題的第一步就是定義問題，找出「差距」以確定問題的存在，亦即釐清問題的範疇或脈絡。明確的問題定義也可以作為將來評判問題是否得以解決的依據。所以，深入地蒐集資料、深入研究、發出疑問、四處探索，然後提出一份「問題陳述」（problem statement）。

(二)第二步：建立問題的架構（problem structuring）

分析在於找出問題之根源。「現代物理學之父」的愛因斯坦說：「問題的構成比其解答更為重要，後者可能只是一種數學或實驗的技能而已。」問題的型態常決定其處理的方法。有些問題是直接而簡單的，決策者的目標明顯、問題常發生、有關的資訊容易定義且完整。例如：顧客想要退貨、報社對一項突發的新聞做出反應，這樣的情形稱之為結構完整的問題（well-structured problem）。然而，許多管理者所面對的問題是結

構不完整的問題；用一種新角度對舊的問題提出新的問題或新的可能需要創造的想像。它建立了創造的里程碑界定問題後，便是運用結構化的圖表（最常用的就是邏輯樹狀圖），將之拆解成一系列清晰、全面且易於操作的子議題，或是提出以事實為基礎的假設（亦即根據手上與問題相關的有限事實，在未做更進一步研究之下所獲致的結論），並且提出足以支持假設的論點。

(三)第三步：排定優先順序（prioritization）

排定議題的優先順序，找出對於解決問題最具影響力的因素，並將注意力集中於此，同時剔除掉較不關鍵的議題（non-critical issues）。

小辭典 邏輯樹狀圖

邏輯樹狀圖（logical tree diagram）是由麥肯錫公司（McKinsey & Company）所發展而來，透過從已知資料中找出具關鍵影響力的變數，再藉由建立出樹狀的分類模型，呈現不同變數之間的順序或因果關係。邏輯樹狀圖可以用來進行資料分析與目標決策，幫助找出最佳的解決方案。

資料來源：編輯部（2013/10）。〈利用邏輯樹，輔助決策判斷〉。《經理人月刊》，http://www.managertoday.com.tw/articles/view/35628

(四)第四步：議題分析（issue analysis）

問題分析，乃是一種有系統的解決問題過程，它幫助我們將這些經驗及技術做最佳的利用。一旦決定了分析作業的優先排序之後，接著就要開始蒐集所需的資料，與議題或假設進行比對或交叉分析。除了蒐集內部報告、產業報告、統計資料之外，也要透過實地訪談方式汲取重要資訊。資訊的來源固然很多，但關鍵仍在於資訊的相關性、品質及正確性上。

(五)第五步：彙整（synthesis）

彙整不是數學，而是經驗和藝術。時時自問：「這樣做又如何？」亦即這樣做的意義何在？要如何改進？進行合理性檢查（sanity check），

這個做法並沒有什麼標準答案，目的是要在得出結論前，再仔細檢查分析作業及成果，以快速確認某項分析是否在可行的範圍之內，抑或是否會對組織產生重大衝擊？

(六)第六步：構思故事情節（storylining）

解讀和分析資料之後所彙整出來的最終成果，當然是要呈現出來。而從解讀的資料中所綜合出的故事，就是這些資料在你心中所代表的意義。終極目標都是要解決問題。

個案
10-7　麥當勞的走動式管理

麥當勞（McDonald）速食店創始人雷・克羅克（Ray Kroc），是美國最具影響的創業家之一，他本人不喜歡整天坐在辦公室裡運籌帷幄，反而喜歡四處走動，到所屬各公司、各部門走走、看看、聽聽、問問。

麥當勞曾有一段時間面臨嚴重財務虧損的危機，克羅克發現麥當勞產生危機的重要原因，就是公司各職能部門的經理都習慣在舒適的辦公室中躺在舒適的椅背上動口不動手。於是克羅克下令把所有經理的椅背都鋸掉，讓他們不能舒適的靠在椅背上。此舉當然引起眾多經理的不滿，甚至有人覺得克羅克是個瘋子。

但是，等到那些經理領悟出克羅克的一番「苦心」之後，也紛紛走出舒適的辦公室，親臨現場，盯著員工的作業流程，及時瞭解營運不順的問題所在。就這樣，走動式管理（management by wandering around）幫麥當勞解決了可能發生的企業危機，終於使公司扭虧轉盈，有力地促進了公司的生存和發展。

參考資料：王寶珍主編（2004）。《紫牛學危機處理》，頁77。台北：創見文化。

(七)第七步：簡報成果（presentation）

顧名思義，「簡報」就是以簡潔明快的方式，讓聽眾融入你的邏輯思考。因此，在簡報時，要把握「一頁簡報只傳遞一個明確主張或論點」的原則，並且將支持論點的數據或資料製成圖表，加以具象化（把想像投射到現實），讓聽眾透過一頁頁簡報，進入他們所建構的故事（經理人月刊編輯部，〈麥肯錫解決問題的7步驟〉）。

非洲國家喀麥隆（Cameroon）有一句俗諺：「提問問題的人終必獲得所要的答案。」我們寧願將三分之二的精力花在問題建構與分析上，而絕對不會在還搞不清楚問題定義的狀況下就全神貫注的投入解決方案的找尋。同時，一個有效解決問題的團隊，必須由感覺到是在一種開放、交流的氣氛中自由發表意見的個人組成。

衝突管理行為的最終目的是經由雙贏的過程，促成正面和諧的人際關係，它不能畫地自限，也不必你死我活，有的只是雙方同情心與同理心的契合。心理學家曾對同理心（empathy）提出簡單定義，從對方的眼睛來觀看與體驗整個世界。它不只是讓雙方都下得了台，還要以建設性的解決方案讓雙方都上得了台，以建立一個化解衝突的愉悅情境與積極進取的健康互動心境。

結　語

根據美國管理學會（American Management Association）針對中高階主管的調查發現，處理衝突占用了管理者20%的時間，可見衝突管理已屬於管理工作上的常態現象，員工之間發生衝突在所難免。德意志帝國（Deutsches Kaiserreich）第一任總理俾斯麥（Otto von Bismarck）曾說：「人生如果沒有障礙，人還有什麼可做的？」所以，人際之間的衝突在組織中是不可避免的，適當的衝突可以防止組織僵化、激發創意、紓解壓力，因此，採用合適的對應之道是必須的。至於管理衝突的要領，是希望能從中學到教訓，並將其轉化為助力，從衝突中得利而成長。

第十一章

人力資源政策與實務

- 用人之道
- 職涯發展
- 績效管理
- 薪酬管理
- 勞資關係

> 我沒有一天是在所謂的勞動，因為無論我做什麼都覺得很快樂。
> ——發明家愛迪生（Thomas Alva Edison）

　　作為企業獲得持續競爭優勢的工具，人力資源管理在新經濟時代面臨著諸如經濟全球化、社會知識化、資訊網路化、人口老化以及企業管理廣泛變革等方面的挑戰，從而使得人力資源管理戰略化、全球化的趨勢愈加明顯，引發了一系列人力資源管理方面的新問題。

小辭典　戰略性人資管理內容

　　戰略性人力資源管理（strategic human resource management）的內容，包括：人力資源政策的制訂、執行、中高階主管的甄選、員工的培訓、生涯規劃、組織發展規劃，以及為業務發展而吸引、留住人才等等，具有相當的前瞻性。

編輯：丁志達。

　　在21世紀此一具有商業競爭環境的年代中，有愈來愈多的跡象顯示，一家企業的成功乃是在於有效率的人力資源管理，而員工正是一家公司競爭優勢的寶貴資源。今日不論是製造業或服務業，是大型企業或中小企業，最有效率、最成功的企業，都能以各種方法去啟發、培訓、獎勵以及挑戰他們的員工。選才、訓才、養才、用才與留才，是企業人力資源開發與管理的重要環節（**表11-1**）。

第一節　用人之道

　　「找不到適合的人才」是企業最頭痛的課題，其壓力不小於業績壓力。一家企業要有效地利用人力資源，發揮人才的作用，須做好徵才與選才的把關工作。有謀略、有組織、有規劃、有系統的展開招聘作業，企業才能匯聚人才。

表11-1　人力資源管理職能的轉變

職能導向（管好自己的事）	戰略導向（為了企業的事）
內部重點	顧客重點
被動反應	主動反應
行政管理	諮詢者
受活動驅動	受價值驅動
以活動為重心	以有效性為重心
視野狹小	視野廣闊
方法傳統	思考非傳統的方法
互不信任	合作夥伴
決策權力集中	決策權力分散

資料來源：趙曙明（2005）。〈鳥瞰HR，趙曙明有話要說〉。《人力資源》（2005年第11期），頁29。

個案 11-1　德川家康的用人之道

　　德川家康大約在獲得三河國一半領地的時候，他派任了天野康景、高力清長、本多重次三人擔任要職，協助其治理領地。因為這三個人的性格不同，當領民們獲知此項人事命令後，傳唱著：「佛高力、鬼作左、天野最公平。」意味著他們贊同高力和天野的任命，卻懷疑本多是否能勝任要職。原來是因為本多的長相可怕，又經常毫無顧忌的堅持己見，所以一般人都認為他無法絕對公正不阿的做事。但是，本多很快地便證明大家的看法是錯誤的，他就任後不久，不僅非常誠正，對待領民也極富人情味，對於訴訟案件更能秉公判決。至此，大家不得不佩服德川家康知人善任的獨到眼光。

　　啟示錄：「在延攬人才時，我們應該排除個人的好惡，僅依據對方的優點及缺點來考慮是否任用。」這是德川家康的口頭禪，同時也是他的座右銘。

編輯：丁志達。

一、人力資源規劃

人力資源規劃是預測未來的組織任務和環境對組織的要求，以及為了完成這些任務和滿足這些要求而設計的提供人力資源的過程。

科學、完備的人力資源規劃體系是企業人力資源管理的重要依據，能幫助企業進行有效的人事決策、控制人工成本、調動員工的積極性，最終確保企業長期發展對人才的需求（**表11-2**）。

二、一步到位

谷歌（Google）執行董事長艾立克・愛默生・史密特（Eric Emerson Schmidt）說：「你要公司成長，最重要的決定就是你究竟聘用什麼樣的人；所以，聘用什麼樣的員工，在公司發展的任何階段，都是經營上能做

表11-2　人力資源規劃內容

類別	內容
晉升規劃	晉升規劃實質上是組織之晉升政策的一種表達方式。對企業來說，有計畫地提升有能力的人員，以滿足職務對人的要求，是組織的一種重要職能。從員工個人角度上看，有計畫地提升能滿足員工自我實現的需求。
補充規劃	目的是合理填補組織中、長期內可能產生的職位空缺與晉升規劃密切相關。由於晉升規劃的影響，組織內的職位空缺逐級向下移動，最終積累在較低層次的人員需求上。因而，低層次人員的吸收錄用，必須考慮若干年後的使用問題。
培訓開發規劃	目的是為企業中、長期所需彌補的職位空缺事先準備人員。在缺乏有目的、有計畫的培訓開發規劃情況下，員工對自己的培養效果未必理想，也未必符合組織中職務的要求。當把培訓開發規劃與晉升規劃、補充規劃聯繫在一起時，更能明確培訓的目的，培訓的效果也能明顯提高。
調配規劃	組織內人員未來職位的分配，是透過有計畫的人員內部流動來實現，這種內部的流動計畫就是調配規劃。
工資規劃	目的是確保未來的人工成本不超過合理的支付限度，未來的平均工資取決於組織內的員工是如何分布的，不同的分布狀況的成本不同。

資料來源：岳鵬（2003）。〈以人力資源規劃為「綱」〉。《企業研究》，總第220期（2003年5月下半月刊），頁30。

的最重要決定。」例如，著名連鎖旅館業萬豪國際（Marriott International）酒店，招募原則為「Get it Right the First Time」（一步到位）。在招募廚師時，會以熱愛烹調為優先，管家（housekeeper）則以愛乾淨為前提，他們學習到這是能提供顧客最好的服務和留才的最佳方法。

　　人才，是公司最大的資產，好的人才能為公司貢獻心力，進而提升業務績效，創造公司利潤。因此，徵求好的人才一直是所有企業組織共同努力的目標。從實務面來說，招募是一連串的事務性工作組合也涉及評估與決策。從人力需求評估、人力盤點、工作分析、工作規格制訂、甄選策略選擇、評量工具準備，一直到實際執行招募作業時要進行招募公告、考選進行、新人安置與訓練、直到試用期結束，進行試用評估確認最終的任用人選，這全部過程都屬於招聘，也就是一般所說的人力資源五大功能：「徵選訓用留」的前兩個字：「徵才與選才」（**表11-3**）（邱皓政，2011：28）。

三、招聘管道

　　自古以來，「用人」就是一門高深的學問；用人得當，氣象一新，用人失當，亂象必生。用人是一種過程，不可僅限於「任」字，而應指從知人、擇人、任人、容人、勵人、育人的全過程，博大精深，它雖然是一

表11-3　招聘面談問話

1.當你已經賣力從事某項工作一段時間之後，你的主管要你改變工作順序、變更工作方法，請問你將如何處理？
2.在你的工作中哪幾項工作給你最大的成就與滿足感？
3.在過去一年當中，你曾做過最艱鉅的決策是什麼？為什麼做這個決策這麼困難？
4.你的工作經驗中，哪些工作給你的挫折感最深？你對哪些工作最不滿？
5.當你在工作中發現某些瑕疵時，你曉得原因何在？你如何因應？
6.你曾經負責推動一項與過去做法不同的新政策或新做法嗎？那麼你用什麼方法去獲致別人的合作？
7.在過去經驗中，你曾否有過這樣的機會來表示對你的主管的忠心，但是，這種做法卻違背公司的原則和規定？如有的話，請舉例說明之。

資料來源：哈佛管理叢書編纂委員會（1995）。《一分鐘管理精華：一句洞燭全貌》，頁
　　　　　11-12。哈佛企管顧問公司出版部出版。

個古老話題，但同時也是歷代社會的熱門課題，尤其是近代，民主、法治、科技，乃至經濟建設迅猛發展，用人，更成為舉足輕重之關鍵。

招募最主要的工作在於尋找合適的人才（having the right people in the right place），主要對象的來源，可分為企業內部轉調及外部尋求，兩者各有利弊。若招募對象僅限於在企業內部，可能提升現職員工的向心力及認同感，內部轉調者對工作流程和公司文化也相當熟悉，但可能因近親繁殖導致不容易創新，並且無法注入新血輪，帶來新做法，有些未來所需求的專業職能也不容易透過訓練而習得，而由外部招募而來的人，因已具有符合職缺的職能，則可減少訓練時間和各項有形、無形的人事成本。因此，企業除了利用內部人力資源管理體系，掌握員工職能（competency）特質，並建立外部儲備人才資料庫，兩相結合，避免急需用人時措手不及，彷彿大海撈針，或因無人銜接工作，影響公司經營及團隊士氣（吳彥潾，2011/03：36-37）。

小辭典

職能

美國社會心理學家戴維・麥克利蘭（David C. McClelland）曾對卓越的工作者做一研究，發現智力（IQ）並不是決定工作績效的唯一條件。他找出一些因素，例如：態度、認知、個人特質等，稱之為職能（competency）。企業若能在甄選時，將職能中動機、特質與自我概念作為甄選標準，將可有效地為組織找到合適的人員，並減少因人員不適任所增加的組織成本。

編輯：丁志達。

在當今人才戰爭白熱化的關鍵點，好人才難求，唯有建立完整的人才管理架構，在招募時才能事半功倍。並由企業角度觀點去識人、用人，再利用各種管道予以徵信，相信可有效為企業找到最有價值的優秀人才。

小辭典

人才定義

　　一般而言，理想的人才（talent）必須具備專業的知識與做事的才能。具體而言，要有一定（適度）學歷，接受過良好的訓練；品格正直，兼有儀表、內涵；能想、能寫、能說、能做；靜如處子，動如脫兔；勤奮好學，忠誠負責。然而理想的人才總是稀有，可遇而不可求。

編輯：丁志達。

四、派外人員

　　美國一項人力調查結果顯示：「派外人員不適任所造成的損失，至少是該員年薪的二至五倍。」從派外失敗的成本來看，甄選適才適所的派外人員相當重要。有些派外能力可以透過訓練來培養，但派外人員的人格特質如樂觀、創業精神等，透過訓練恐怕也無法立即見效，而一個不適任的高階主管外派決策所產生的負面影響，可能使得地主國的政府或合作廠商拒絕合作。因此，挑選派外人員時更要謹慎（**表11-4**）（林雅琴、葉亭妤，2005/01：115）。

表11-4　派外人員共通的能力與評估

類別	能力項目	評估方向
職掌任務	專業技術與知識、領導統馭能力、管理與行政能力、人才培育能力、制定適切制度並確實執行的知識與技能、經營管理知識、蒐集相關資訊與知識的技能、有限資源整合以完成工作目標的技能等。	可以從歷年考績、專長與受訓紀錄、日常工作觀察、面談中加以觀察。
關係建立	人際溝通技巧、發展正當社交關係能力等。	可以藉由心理測驗或性向測驗、日常工作觀察、工作夥伴訪談等方式加以衡量。
文化適應	擁有健全的心理、減輕壓力的能力、跨文化適應力、傳承母公司企業文化的技能等。	可以從心理測驗或性向測驗、日常工作觀察、國外生活經驗、派駐經驗紀錄等加以觀察其適應能力。

（續）表11-4　派外人員共通的能力與評估

類別	能力項目	評估方向
溝通互動	與母公司溝通狀況良好與否、語言溝通的意願與能力、非語言溝通的能力、感知的技巧與彈性、談判與協商的技巧等。	語言測驗、書面作業能力審查、日常工作觀察、鄰近工作夥伴訪談等。
家庭環境	眷屬是否認同派外任務並有意願居住國外、派駐人選對家庭的依賴程度、對年邁雙親的責任、眷屬的適應性、子女教育障礙、宗教信仰的強度、穩定的婚姻關係等。	可藉由家屬拜訪瞭解實際狀況。
動機態度	是否對派外任務有興趣、對任務有信心、對派駐國的興趣，以及是否將派外視為生涯規劃的一部分。	可經由日常工作觀察及面談加以瞭解、評估。

資料來源：林雅琴、葉亭妤（2005）。〈適才適所的派外人力資源管理〉。《能力雜誌》（2005/01），頁115-116。

第二節　職涯發展

　　儒家教人用「盡心知性」的修養，維持個人與關係他人的「心理社會均衡」；道家教人用「清心寡欲」的功夫「返璞歸眞」，保持身心健康；佛家教人「自性自渡」的修爲，看破世俗紅塵的迷障。凡此種種，都可能有助於世人認識自己的「本體」（黃光國，2012/02：83）。

　　卓越的員工才是使企業組織成長與發展的原動力。因此，近年來人力資源管理的趨勢，已逐漸走向經由員工個人的成長，進而帶動企業組織發展，員工職涯前程發展也因此而日漸被重視。彼得·杜拉克認爲，企業員工都屬於知識工作者，他們應該對自己的職業生涯負責，並主動地開創自我的前程，不要一味地依靠公司來爲他們做生涯規劃。

一、員工職涯前程發展

　　彼得·杜拉克說：「培養人才的重點，就是讓他和一流人才共事。」未來企業的發展，將透過人才增長戰略替代成本減少戰略，企業透

過這種持續的增長，為員工個人生涯發展創造更多的機會。

員工職涯前程發展（employee career development）是公司對內部人力資源有系統且適當的規劃與運用，希望能達到公司成長和發展目標與滿足員工成長的需求。所以，員工職涯前程發展需整合個人生涯計畫（career planning）與員工職涯前程管理（career management）兩者才能達到最好的效果。

個人生涯規劃，是員工必須仔細的分析個人的能力、專長、經驗、興趣、價值觀、人格特質和限制，訂定實際可行的前程目標，擬出計畫，有系統、有組織的達成個人前程發展的目標。

個案 11-2　一生懸命

一生懸命（いっしょけんめい，發音：ishokenme）這個詞是日本人的愛用表達詞之一，有著「做事很認真，態度很執著，用盡全力，拚了老命」的意思。神風特攻隊就是最好的例子。你再怎麼否定日本軍國主義，也無法否定那些隊員是拚命的好漢。

在日文課本上，有一篇描寫日本日光東照宮裡一尊睡貓雕刻品的短文。據說，東照宮裡完全見不到老鼠，因為這尊睡貓栩栩如生，嚇跑了所有的鼠輩，睡貓是甚五郎刻的。

甚五郎年輕時被壞朋友所害，斬掉了他的右手，但是他不向命運低頭，改用左手雕刻，依然成為一代名匠，故常被稱為「左甚五郎」（ひだりじんごろう）。

日文課用這個奮鬥故事說明一生懸命這個詞。從右撇子改左撇子，並成為一代雕刻大師，這需要吃多少的苦啊？一生懸命變成一種崇高的美德，被讚揚、被期許。

資料來源：蘇元良（2008）。《蒼狼的腳步》，頁183-188。台北：財信出版。

　　員工職涯前程管理，是企業有系統的輔導員工在公司內發展，兼顧員工個人發展的目標與公司任用標準，使員工有升遷、平行輪調等機會，而且員工得以發揮所長，人事相配，進而掌握與規劃公司內部人力資源有效運用。同時，也可以及早發現有潛力的管理人才，加以訓練培養，及早布局接班人計畫（succession planning）做準備。

二、員工職涯前程發展的做法

　　喬治‧巴頓二世（George S. Patton, Jr.）是坦克戰爭的先鋒，而且是二次世界大戰中最知名且最有效率的美國將軍。他曾說：「可預計我們之中的某些人可能會陣亡，但是，並不是希望因為損失了哪個人而使得殺敵的工作停頓下來。因此，總是應該培養一個到時候能夠接替職務的備用人選。測試你能力的辦法就在於你的陣亡會不會造成損失。」

　　英國哲學家伯特蘭‧羅素（Bertrand Russell）說：「選擇職業是人生大事，因職業決定一個人的未來。選擇職業就是選擇將來的自己。」員工職涯前程發展成功與否，必須靠員工、員工所屬主管與人力資源專業人員三方面共同配合。

　1.員工方面：個人必須負起自我成長與發展的主要責任，除了尋找和獲得有關自我和前程發展的真實資訊外，還必須評估個人的興趣和優缺點，並與所屬主管討論自己的興趣、優缺點和發展的需求，訂定發展計畫。

　2.在員工所屬主管方面：主管有責任認清員工的優缺點，並且協助員工訂定實際的目標，擬定合理可行的計畫訓練員工，提供真實的回饋與資訊，鼓勵和支持員工發展。

　3.在人力資源專業人員方面：人力資源專業人員有責任設計員工職涯前程發展制度與方案，協助主管實施職涯前程發展方案，對主管和員工提出諮商，提供主管和員工前程路徑（career path）、職位空缺（career opportunities）等的訊息。

實施員工職涯前程發展是長期的人力規劃，是基於尊重個人需求與結合公司需求，重新尊重個人價值和意義，個人可經由員工職涯前程發展，按圖索驥，看到自己未來前程發展的可能性；而公司可經由員工職涯前程發展發掘員工的潛能，為公司延攬與培養人才，並及早發現管理人才。因此，員工必須體認個人在職涯前程發展應負的責任，自動自發的參與；而主管也必須認知到培育部屬就等於增加自己升遷的機會。如此，員工職涯前程發展才能配合公司的人力資源管理的功能，在甄選、任用、績效與考核、接班人計畫方面提供一最有效、最經濟、最可行的重要途徑（台灣國際標準電子公司，1989/12：8）。

三、接班人計畫

大多數員工會留在一家公司，都是因為覺得待在那裡能夠得到想要的事業生涯。彼得‧杜拉克說：「經理人的核心任務，就是培養下一代經

個案 11-3　職涯前程發展路徑

類別	做法
雙軌職涯規劃	擁有良好的管理考核與晉升制度，依據不同的職能來培養不同專業領域的人才。
	提供雙軌制的職涯晉升體系，讓員工有機會往管理職發展，或是向專業領域繼續專精，發揮研發能量。
工作輪調	鼓勵員工多方嘗試與學習，除了可持續在原單位升遷發展及提供貢獻外，也鼓勵在不同單位學習與歷練，拓展視野與專業能力的範圍。
	公司以和員工能夠互相、共同長期發展為目標，因此員工除了藉由多類型專案的參與可以累積自我的實力之外，透過內部的專業訓練或講座分享，可以擴展自己在不同領域的知識與能力。
短期派駐國外技術支援	依照各部門狀況及研發需求，安排國外出差或跨文化任務合作的實戰機會，以瞭解國內外專業知識及技術差別，豐富國際視野及拓展國際觀。

資料來源：晨星半導體公司，http://www.mstarsemi.com/web_hr/growth_career.php

理人。」紐約房產大王唐納‧川普（Donald J. Trump）製作的電視影集《誰是接班人》（*The Apprentice*）大受歡迎。每一季都有十幾位出色的年輕人爭取成為川普集團（The Trump Organization）的一員，他們在幾十萬年輕人中過關斬將、脫穎而出，然後要在眾目睽睽的監視下，接受一個個艱難的任務。如果他的隊伍贏了，可以奪得年輕人難以想像的光榮禮遇，進而成為知名川普集團的明日之星。相對地，如果表現不佳，自己要為失敗負最大的責任，川普會冷酷的對他說：「你被開除了！」那些被開除的人也都很優秀，但是各有致命的缺點，常見的如：脾氣不好、挫折忍受力差、爭功諉過、團隊精神不夠、能說不能行、忽略細節、消極怠惰等等。他們忽略了缺點，未能認真改善缺失，也就失去了成為人上人的機會（彭懷真，2006：72）。

個案 11-4　接班人計畫

　　奇異（General Electric, GE）公司長達六年的接班人選拔計畫，最後由44歲的傑佛瑞‧殷梅特（Jeffrey R. Immelt）在2001年接下傑克‧威爾許（Jack Welch）的執行長職位。根據《財星》雜誌的分析，殷梅特獲選的可能原因有三：首先，他的年紀比較輕，可望在未來二十年裡持續領導奇異；其次，殷梅特非常受到員工愛戴，並且能留住打算離職的人才，個性特質適合擔任領導人；最後，雖然殷梅特不曾同時管理一個以上的部門，而且只在奇異十個重要部門中的三個單位工作過，但是他的成長能力很強。

資料來源：劉淑婷（2001）。〈奇異如何挑選接班人〉。《EMBA世界經理文摘》，第174期（2001/02），頁135。

四、接班人的特質

　　珍珠港事件（日本稱之真珠灣攻擊）發生時，所有美軍將領均已逾退休年齡。接班的年輕將領既無作戰歷練，也欠缺指揮大部隊的經驗。著名的管理專家及暢銷書作家吉姆‧柯林斯（Jim Collins）和傑里‧波拉斯（Jerry I. Porras）合著的《基業長青》（*Build to Last*）這本書指出，優秀的百年企業，執行長都是由組織內升遷產生的。成立於1878年的奇異公司（GE），一直是內部晉升，提拔接班人。接班，不是要為創業者找「一個接班人」，而是應該找一個「領導梯隊」。

　　奇異公司在領導人接班培育方面被認為做得最成功。前執行長傑克‧威爾許認為，接班人需具備4E領導特質：活力（Energy）、鼓舞力（Energize）、職場競爭力（Edge）和執行力（Execution）（**圖11-1**）。

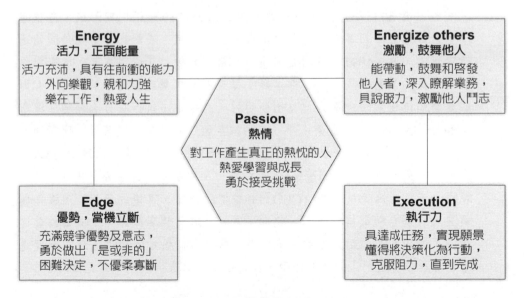

圖11-1　打造贏家團隊（4E+1P）

資料來源：曾憲章，〈團隊建設‧提升競爭力〉，網址：http://littledragonfoundation.aaapoe.net/
CarterTsengFiles/20100814Inventec.pps

1. 活力：活力充沛，就是在其他人以時速55英里的速度前進時，能以時速75英里「衝、衝、衝」的人。
2. 鼓舞力：能打造一個讓員工追隨的願景，帶動、鼓舞和啓發他人或團隊而非壓迫下屬者。
3. 職場競爭力：擁有競爭力與成功的決心，充滿競爭優勢及意志，知道如何做出「一翻兩瞪眼」的決策，例如：說「是」或「否」，而不會說「也許」。
4. 執行力：具達成任務，實現願景，懂得將決策化爲行動，克服阻力，直到完成，並且經常可以超越他們的目標。

個案 11-5

奇異接班人選拔過程

　　美國奇異（GE）公司的領導人選拔過程於19世紀早期形成，選拔繼任者已成為奇異領導者的一種習慣與責任。傑克・威爾許提前九年開始選擇接班人，他在1991年談到公司繼承人規劃時說：「從現在起，選擇繼承人是我做的最重要決定，這件事幾乎每天都要花費我相當多的心思。」而威爾許的這種做法也不是他自己發明的，他的前任執行長雷金諾德・瓊斯（Reginald Jones）就提前七年（自1974年始）開始選拔候選人。瓊斯和他的高層人力資源小組密切配合，花了兩年時間把96個可能人選減少到6人，其中包括威爾許。為了測驗這6個人的能力，瓊斯任命每個人都擔任「部門經理」，直接接受執行長（CEO）辦公室的領導。隨後的三年裡，讓每個候選人經歷各種嚴格的挑戰，諸如：言談、論文競賽和評估。威爾許最終贏得了這場嚴酷的耐力競賽。這種嚴格的、馬拉松式的領導人選拔制度是保證奇異公司選對人的重要法寶，也是任何外部選拔機制不可比擬的。

資料來源：王福明（2003）。〈內部提拔：精挑細選的藝術〉。《企業研究》，總第220期（2003年5月下半月刊），頁26-27。

　　根據資誠聯合會計事務所（PricewaterhouseCoopers）的研究，企業選定接班人以後，至少要經過五年的培養，才能順利接棒。成立於1945年的德國家族企業福士集團（Wurth Group）前執行長雷諾德·福士（Reinhold Wurth）說：「處理接班問題，從來不是件容易的事情，需要時間、智慧、經驗，有時還必須借助外部的力量。」

小辭典

接班人計畫

　　接班人計畫（Succession Plan），係指針對平時表現傑出者，建立起追蹤系統，週期評估。須長期蒐集個人活動資料、工作績效、培訓紀錄、工作態度、團隊精神、目前表現和未來潛力等。候選人提名辦法須明文規定，排除血緣或其他私人關係為繼任的條件，讓組織在任務運作和管理上都可以維持連續不斷，進而達到組織目標。

編輯：丁志達。

 # 第三節　績效管理

　　企業的整體營運績效，固然與策略之規劃、目標之設定密不可分，但和員工個人工作績效的良窳與回饋發展亦息息相關。企業實施績效管理制度，不僅能掌握個別員工的貢獻或不足，更可為企業人力資源管理提供決定性評估資料。

　　創造高績效組織是許多企業致力的目標，也是面對快速激烈的商業競爭、邁向獲利雲端的關鍵之一。建立全方位的績效管理制度，正是創造高績效組織的不二法門。

一、績效管理目的

　　績效管理（performance management）是一個員工和其直屬上司之間持續不斷、彼此合作進行持續溝通的一個歷程，目的在藉由個人和團隊的發展，提升組織的經營績效，包括了目標、督導、結果評估和發展，這些

要素彼此息息相關。

績效管理的目的，就是希望對以下部分建立明確的期望與瞭解：

1. 作為一般人事決策的參考依據，例如升遷、輪調、加薪幅度、獎金多少或資遣人選等。
2. 確定訓練與職涯前程發展的需要。
4. 提供員工資訊，使他們瞭解組織對其績效的反應。
5. 提供資訊作為工作時序計畫、預算編制及人力資源規劃的依據。
6. 員工應該進行的基本工作性質（職責）。
7. 員工的工作對組織的目標有何貢獻。
8. 具體說明何謂「工作表現良好」。
9. 員工與上司要如何通力合作，以維護、提升或擴展既有的員工績效。
10. 要如何評量員工績效。
11. 找出阻礙績效的障礙，並予以排除。

績效管理需要員工合力完成，因為這對員工、經理人與組織都有助益。績效管理是預防疲弱的績效，以及共同合作提升績效的一種方式。最重要的是，績效管理意味著績效管理者（上司、經理人）和下屬成員之間必須進行持續、雙向的溝通。這是個關於人與人之間共同學習和成長的歷程（Robert Bacal著，邱天欣譯，2002：16-17）。

二、目標管理起源

目標管理（management by objectives）係一種績效評核方法，包括雙向的目標設定與基於達成某特定目標的評估。鴻海集團創辦人郭台銘說：「除非太陽不再升起，否則不能不達到目標。」目標管理成就了他的事業。

古時候射箭人以鵠為標的物，其目標是鵠鳥；據此引申，目標乃是企業希望達成之預期結果。彼得・杜拉克於1954年即提出「目標管理」的主張，也影響日後企業採用「目標管理」作為員工績效評估的一種方法。

目標管理的基本思維模式，在於一個組織必須建立其大目標，以為該組織的方向；為達成其大目標，組織中的經理人必須分別設定其本單位

的個別目標，並應與組織的方向協調一致；個別的目標實爲經理人遂行其自我控制的一項衡量標尺。提出X理論和Y理論（Theory X and Theory Y）的道格拉斯‧麥克葛雷格（Douglas M. McGregor）在1957年首先提出績效評估可作爲員工諮商與員工發展之用的工具（**表11-5**）。

表11-5　實施目標管理的執行步驟

1.公司目標與達成方針之明示（確定規劃的前提由誰提、由誰訂、由誰做）。
2.部門目標與方針之設定（由部屬提出下期的目標）。
3.與主管討論並決定工作內容（依各項工作內容決定工作的目標）。
4.決定衡量目標達成狀況的指標（上司和部屬共同討論和修正部屬所提出的目標，最後達成一致的協議）。
5.執行過程中的持續修正及檢討（定期或不定期檢討下屬達成目標的情形）。
6.年終總回顧（期末共同評估部屬的績效）。

資料來源：丁志達（2014）。「目標與績效管理講座」講義。新竹：國立交通大學編印。

三、關鍵績效指標

　　明確的目標可以一路發展出關鍵績效指標，最終再經由回饋與檢討，不斷地循環以達到績效評核的目的。因此，關鍵績效指標（KPI）就是用來衡量企業的競爭策略是否有確實達成，以績效管理的方法，進而促進企業全方位願景的實踐。

小辭典

360度回饋

　　360度回饋（360-degree feedback），是指由工作中與被考評者工作關係比較密切、交往較多的人，主要包括被考評者的上級、同級、下級和客戶（內、外部客戶）等，對被考評者分別從不同的角度，以調查問卷的方式按照一定要求進行統計、分析和整理，形成考評結果報告，並與被考評者的自我評價進行對比分析，最後由被考評者的上級主管、人力資源部工作人員或外部專家，將考評結果面對面地向被考評者進行反饋，以幫助被考評者分析哪些方面做得好，哪些地方存在差距，從而有針對性地改進工作方法，提高績效水平。

資料來源：楚杰（2004）。〈360度反饋考評在管理中的應用〉。《經營與管理》（2004/04），頁35-37。

　　關鍵績效指標（KPI）是透過對組織內部某一流程的輸入端、輸出端的關鍵參數進行設置、取樣、計算、分析，衡量流程績效的一種目標式量化管理指標，是把企業的戰略目標分解為可運作的遠景目標的工具，是企業績效管理系統的基礎。一家企業如果要講效率，講執行力，也需要具備讓企業能夠掌握狀況、確定方向的「導航儀器」（市場占有率、顧客滿意度、員工提案數、物料不良率、出貨準確率、客訴件數）。

　　關鍵績效指標監測系統就好比飛機的儀表板，提供經理人瞭解企業（部門）運作的整體狀況，同時可以提早發現問題。關鍵結果領域（Key Result Areas, KRA），是為實現企業整體目標、不可或缺的、必須取得滿意結果的領域，是企業關鍵成功要素的聚集地。它是對組織使命、願景與戰略目標的實現起著至關重要的影響和直接貢獻領域，是關鍵要素的集合。

　　彼得‧杜拉克認為，企業應當關注八個關鍵結果領域：市場地位、創新、生產率、實物及金融資產、利潤、管理者的表現和培養、員工的表現和態度、公共責任感。當然，對於企業具體來說，應根據自己的行業特點、發展階段、內部狀況等因素來合理確定自己企業的關鍵結果領域（**表 11-6**）。

表11-6　衡量績效指標的特徵

> ・績效指標愈少愈好（取決於組織目標）。
> ・績效指標所衡量的必須與成功因素連結（對重點經營活動而非所有操作過程的衡量）。
> ・績效指標必須涵蓋過去、現在與未來一起衡量。
> ・績效指標的設計必須立基於顧客、股東與其他利害關係人（KPI是組織上下認同的）。
> ・績效評估必須由最高層開始向下層層分解，以確保績效評估的一致性（針對績效構成中可控制部分的衡量）。
> ・將多項指標合而為一，以達到更好、更全面的績效衡量。
> ・衡量的指標必須隨著環境或組織的改變而有所調整。
> ・績效指標必須根據對組織的研究結果而定，並與組織目標相結合。

資料來源：Brown (1996)；引自丁志達（2014）。「目標與績效管理講座」講義。新竹：國立交通大學編印。

四、績效考核

績效考核（performance assessment）是一套衡量員工工作表現的程序，用來評估員工在特定期間內的表現，時間通常是一年或半年。在做年度績效考核的時候，員工除了需要評估自己過去十二個月（六個月）來的表現，同時也要考慮在未來一年（六個月）中哪幾方面需要再加強或接受訓練。被《華盛頓郵報》譽為20世紀最好的企管書：史考特・亞當斯（Scott Adams）所著的《呆伯特法則》（*The Dilbert Principle*）書上說：「員工畢生最害怕、最屈辱的經驗，莫過於一年一度的打考績時間。」管理大師道格拉斯・麥克葛雷格就指出，健全的績效考核，必須破除兩大障礙：主管都不願意批評部屬，更不願意因之引起爭議（衝突），以及主管普遍缺乏必要的溝通技巧，不能瞭解部屬的反應（**表11-7**）。

表11-7　績效考核的5W1H原則

英文	中文	說明
Why	目的	為什麼進行考核
Who	考核者、被考核者	誰對誰進行考核
When	對象期間	在什麼時候進行考核
What	評估區分與評估要素	對什麼樣的內容進行考核
How	評估階段與評估方法	以什麼樣的方法進行考核
Where	地點	在什麼場所、時間點進行考核

資料來源：丁志達（2015）。「績效管理制度設計實務班」講義。台北：中華人事主管協會編印。

第四節　薪酬管理

自從人類社會懂得利用勞務換取報酬，發展出勞雇關係以來，薪酬就一直是社會科學中不斷被討論的重要課題。一般說來，決定薪資較重要的因素有三：教育程度、專業及技能和年齡。美國前哈佛大學（Harvard

University）校長羅倫‧桑默斯（Lawrence Summers）豪氣萬丈地說：
「哈佛畢業生不是尋找工作，而是創造工作。」

一、基本工資

薪酬（compensation）對於員工的態度和行為有著重要的影響，它不僅吸引並留住特定種類的員工，而且使當前員工的個人利益與更廣泛的企業利益一致起來。

1968年，行政院發布《基本工資暫行辦法》，將基本工資訂為每月新台幣600元，是台灣首次以法規命令規定全國性的最低工資。1984年政府所頒布的《勞動基準法》，其中第21條規定：「工資由勞資雙方議定之。但不得低於基本工資。」而這基本工資是由中央主管機關擬定後，請行政院核定，藉此，基本工資正式取得合法地位，也因為《勞動基準法》的規定，政府於1985年通過《基本工資審議辦法》，這法案中提及基本工資之調整應以國家經濟發展情況、物價、國民所得、平均國民所得、家庭收支調查統計、各行業勞工工資、就業情況和勞動生產力等因素，經基本工資審議委員會審議通過，報請行政院核定公告後才可實施。1986年11月21日，立法院正式廢除長達五十年的《最低工資法》，基本工資之名則沿用至今，故我國的基本工資即國際所通稱的最低工資（張雅君、李志偉撰，〈淺談基本工資制度對我國民生經濟的影響〉）。

目前基本工資制度，由勞動部基本工資審議委員會於每年第三季實施討論，並交由行政院核定公告後實施。

二、薪酬結構設計

在人力資源管理諸多領域中，薪酬是最富有挑戰性，需要考慮的因素也最多。因為，薪酬為員工工作報酬之所得，為其生活費用之主要來源，從上班第一天起到退出職場工作，薪酬始終是工作者追求的重點之一；另一方面，薪酬為企業的用人成本，人事成本關係著企業的收益，甚至影響投資意願。所以，無論以員工的所得或企業費用支出的觀點，薪酬管理（reward management）就顯得非常重要。

表11-8　訂定薪資給付率的五步驟

1.薪資調查，瞭解當地市場的薪資水準。
2.職務評價（job evaluation），評估各項職務的相對價值（comparable worth）。
3.將價值相近的職務組成一個薪資等級。
4.決定每一個等級的薪資價格，並繪製薪資曲線。
5.細部調整各項薪資給付率（pay rates），完成整體規劃。

資料來源：諸承明編著（2003）。《薪酬管理：論文與個案選集》，頁7。台北：華泰文化。

　　企業必須從薪酬基礎和標準設定、薪酬結構和薪酬設計、員工發展和薪酬提升三個層面著手來安排薪酬體系，使薪酬體系設計體現公平的原則，從而符合企業發展的整體需要（**表11-8**）（張芸、邵華，2003/04：47）。

三、薪資公平

　　在整個薪酬管理制度上，員工對薪資公平的認知均著重於分配公平方面，其影響是在於個人面的表現，而公司對於薪資的公平認知著重在薪資制度程序方面。員工在評估薪資是否公平時，同時會參考組織外部與內部的比較對象。當比較結果被認為不公平時，員工會感到不滿足，進而採取消極反抗的行為出現，諸如：曠職的行為、增加產品不良率等。

　　在根據公平理論（equity theory）的觀點加以探討，薪資公平要考慮下列的三大公平：

1. 外部公平（external equity）：根據勞動市場的界定、薪資調查、薪資水準和政策，來評估企業的薪資水平（pay level）是否與同類型企業的薪資水平相稱。
2. 內部公平（internal equity）：根據工作分析、工作說明、職位評價、薪資結構，來評估企業內各種不同工作類型間的薪資結構（pay structure）是否合理。
3. 員工公平（employee equity）：根據加薪、績效加薪、加班政策、激勵制度來對企業內工作相等的員工間他們的薪資給付是否公平。

這三種公平的原則,應用於企業的不同層面。對外公平,是企業與企業間薪資水平的比較;對內公平,是企業內部同工作類別間的薪資比較;員工公平,是在同一類型工作中不同員工的薪資比較(何永福、楊國安,1995:202-203)。

四、績效調薪

除了薪酬的公平性必須考量外,企業在設計薪酬方案時,也不可忽視薪酬應具有的激勵作用,以便透過薪酬制度來有效提升員工的工作與學習動機。

績效調薪(pay for performance),係指薪資給予的多寡跟績效表現及能力相結合的給薪方式,以提高個人之績效,進而提升組織績效。

績效調薪矩陣設計的原則如下:

1. 績效等級相同,薪資位置較低的員工調薪幅度較高。
2. 薪資位置相同,績效等級較佳的員工調薪幅度較高。
3. 績效等級最差的員工,薪資應予以凍結。
4. 薪資位置超過上限的員工(red circle),薪資應予以凍結或給予年功俸(seniority pay)。

企業在考量營運彈性及景氣循環週期越來越短的情況下,認為集體加薪制度並不公平;另外,若增加員工固定薪資,當景氣轉壞時,也不好減薪;因此,根據員工表現增加浮動薪資,將會是企業界普遍採取的做法。

五、員工協助方案

員工福利(employee benefit)一般分為三類:健康與安全、非工作時間報酬和為員工提供的服務。員工協助方案(Employee Assistance Programs, EAPs)是美國1970年代以來在企業界發展出的新方案,以協助員工解決社會、心理、經濟與健康等方面的問題。它是企業透過系統化的專業服務,規劃方案與提供資源,以預防及解決可能導致員工工作生產力

下降的組織與個人議題，使員工能以健康的身心投入工作，讓企業提升競爭力，塑造勞資雙贏。

　　依據世界衛生組織（World Health Organization）統計，21世紀三大疾病，第一癌症，第二愛滋病，第三就是憂鬱症。經研究發現，平均每100人中就有3人罹患憂鬱症，可見如何維護身心均衡與健康，如何克服生活與工作的困難，已經成為當前企業不能不重視的問題。

　　基本上，實施員工協助方案的目的在期望透過員工協助方案的執行，能有效的解決員工在工作上、生活上所遭遇的各種問題與困擾，使員工能以健康的身心投入工作，提升工作績效並促進其生涯發展。另一方面，企業期望因本方案的實施，降低員工流動率，進而提升生產力並能減少企業整體福利成本之支出，以及增進勞資和諧（**表11-9**）。

六、員工協助方案的層面

　　員工協助方案涵蓋之面向主要為「工作」、「生活」與「健康」三大層面。工作面，係指管理策略、工作適應與生涯協助相關服務；生活

表11-9　訂定員工協助方案計畫做法（5W2H1E）

做法	說明
Why	為什麼要訂定計畫。
What	要辦理哪些事項及具體目標為何，並具體設定年度目標值，例如使用個人諮商、團體諮商比率、使用滿意度等。
Who	員工協助方案由誰執行，除人事單位外，其他協同合作的人員也要納入，並賦予特定任務，例如關懷小組成員、特約心理師、各級主管等。
Where	諮商室地點，員工要到哪裡申請求助，宣導、研習或活動地點等。
When	行動計畫的完成期限，目標值何時達成，並明確訂定追蹤管考時間。
How	計畫如何執行，步驟為何。
How much	需要多少經費，如何善用有限資源及免費資源。
Effect	計畫完成後，哪些是可以量化的具體成果，哪些是需要詳細描述的質化成果應清楚呈現。

資料來源：〈103年公務機關員工協助方案分區訪視及座談會成果報告〉，行政院人事行政總處員工協助方案，http://web.dgpa.gov.tw/lp.asp?ctNode=958&CtUnit=455&BaseDSD=7&mp=24

健康面

戒毒戒酒　　憂慮焦慮
健康飲食　　運動保養
壓力管理　　心理衛生

員工協助方案服務系統

發現個案　　管理諮詢
追蹤服務　　個案管理
資源運用　　諮商轉介
　　推介評估

工作面

員工引導　　工作適應
工作設計　　職位轉換
職涯發展　　退休規劃
離職轉業　　危機處理

生活面

財務法律　　休閒娛樂
家庭婚姻　　托兒養老
生活管理　　人際關係
保險規劃　　生活協助

圖11-2　員工協助方案服務內容

資料來源：《2012員工協助方案推動手冊》，行政院勞工委員會（現改制為勞動部）編印。

面，係指為協助員工解決可能影響其工作之個人問題，如人際關係、婚姻親子、家庭照顧、理財法律問題諮詢等；健康面，則是透過工作場所中提供的各項健康、醫療等設施或服務，協助員工維護個人健康，提升工作及生活品質。

　　以上三種層面可透過服務系統之建置及組織內外部資源之整合，達成協助員工解決問題，提升工作效率與生產力之目標。台灣的企業界，如台積（TSMC）、台灣應用材料公司（Applied Materials, Inc.）也有提供這方面的員工協助措施，員工如遭遇工作瓶頸、家庭或個人問題、生涯規劃壓力等均可向人力資源部門尋求協助。

　　策略性人力資源管理有三項任務，第一項任務是協助個體與組織的職涯規劃和發展；第二項任務是提升團隊意識和士氣；第三項任務是提升組織工作產能。企業貫徹員工協助方案，是達成這三項任務最有效、最直接的作為，因為員工協助方案不只協助員工個人，更能協助建立員工與主管、組織之間的優質互動關係。（行政院人事行政總處，〈103年公務機關員工協助方案分區訪視及座談會成果報告〉）

第五節　勞資關係

勞資關係（industrial relations）是僱傭關係，也是法律關係。由於經濟社會的高度工業化，勞資關係亦從單純的、私的權利義務關係擴而成為對經濟成長、社會安定動見觀瞻的經社議題。近百年來如何兼顧經濟競爭力與社會正義一直是各國社會亟欲解決的問題。

勞資關係，指勞方與資方間的權利義務關係，勞資之間基於所有經濟活動形成的關係。以義務而言，勞動者對於雇主有提供勞務之義務，而雇主對於勞動者則有給付報酬之義務。以權利而言，勞動者對於雇主有請求報酬之權利，雇主對於勞動者則有請求提供勞務之權利。由此可知，勞動者與雇主在互動關係中，勞務之提供及報酬之給付而言，互負義務及權利而成為權利義務之關係（國立政治大學，〈勞資關係的定義、理論及勞資爭議相關文獻〉）。

一、勞資關係的發展

勞資關係之範圍很廣，舉凡一切勞動條件，包括工資、工作時間、休假、請假及安全衛生、福利設施與童工、女工之保護等。企業的創立，其勞資關係會伴隨著企業的營運發展會有所不同的發展。從不成比例，漸漸地勞資關係的力量會逐漸拉近，例如，為避免管理權行使過當，因而有工會（union）的成立，成為勞資共榮共生的局面，也有可能會有對立的一面。從企業生命週期的觀點來看勞資關係的發展，可以分為下列四個階段。

1.開創期：應建立勞資關係的基本理念與組織。
2.成長期：要維持勞資和諧，並提振員工的動機與士氣。
3.成熟期：控制員工成本和維持勞資和諧並提高生產力。
4.衰退期：要提高生產力也要講求工作規則的彈性化，同時重視工作保障。

二、勞動三權

　　勞資關係乃勞資雙方間之權利與義務及其有關事項的處理，在衝突理論的觀點裡，勞資間的利益衝突，主要在於工資與工作條件的爭議；而其消弭衝突的模式主要從勞動者的基本三權，即團結權、協商權和爭議權來著眼，其內容係由工會、團體協商以及勞資爭議三個部分所組成。

(一)團結權

　　英國學者、工會運動先驅衛布夫婦（Sidney and Beatrice Webb）將工會定義為：「一個靠工資維生者的持續性組織，目的是要維持或改善他們的工作與生活條件」。團結權必須由成立工會來體現。《工會法》第1條即說明了立法的宗旨：「為促進勞工團結，提升勞工地位及改善勞工生活，特制定本法。」用以代表勞動者在工作和社會上的利益，特別是直接透過團體協商的過程與資方商議僱用關係。

　　工會組織的類型有下列三種：

1.企業工會：結合同一廠場、同一事業單位、依公司法所定具有控制　與從屬關係之企業，或依金融控股公司法所定金融控股公司與子公　司內之勞工，所組成之工會。（第一項第一款）
2.產業工會：結合相關產業內之勞工，所組織之工會。
3.職業工會：結合相關職業技能之勞工，所組織之工會。（《工會　法》第6條）

　　依前條第一項第一款組織之企業工會，其勞工應加入工會。（《工會法》第7條）（**表11-10**）

表11-10　工會保護條款

雇主或代表雇主行使管理權之人，不得有下列行為：
一、對於勞工組織工會、加入工會、參加工會活動或擔任工會職務，而拒絕僱用、
　　解僱、降調、減薪或為其他不利之待遇。
二、對於勞工或求職者以不加入工會或擔任工會職務為僱用條件。
三、對於勞工提出團體協商之要求或參與團體協商相關事務，而拒絕僱用、解僱、
　　降調、減薪或為其他不利之待遇。
四、對於勞工參與或支持爭議行為，而解僱、降調、減薪或為其他不利之待遇。
五、不當影響、妨礙或限制工會之成立、組織或活動。
雇主或代表雇主行使管理權之人，為前項規定所為之解僱、降調或減薪者，無效。

資料來源：《工會法》第35條（2010年6月23日修正公布版）。

(二)協商權

協商權，係勞工組織（或工會）有權就勞動條件或勞資關係等事項與資方（或雇主）進行協商，並將協商之結果簽定書面契約。《團體協約法》第1條規定：「為規範團體協約之協商程序及其效力，穩定勞動關係，促進勞資和諧，保障勞資權益，特制定本法。」即透過協商，勞工的權益可獲得保障，資方則可避免勞工怠工、罷工等行為的產生，使勞資雙方的行為有所規範。由此可知，團體協商可規範勞資雙方的權利與義務，促進勞資關係的和諧。

(三)爭議權

爭議權，乃勞資雙方得合法互相進行爭議行為之權利。爭議權為勞方的一種爭議行為，而在勞動者進行爭議行為之同時，資方為維護其財產之所有權或經營上利益必然亦會採取對抗行為，故爭議權之意義，乃指勞動者為貫徹其主張，以集體的意思對雇主所採取之阻礙業務正常營運之行為及雇主對抗之行為。依據《勞資爭議處理法》第1條開宗明義的規定：「為處理勞資爭議，保障勞工權益，穩定勞動關係，特制定本法。」

個案 11-6　家樂福與工會簽團體協約

　　全台量販店中，目前僅有家樂福籌組工會。2015年7月15日家樂福與工會簽訂「團體協約」，未來雙方的協商，依據規定，勞資方都必須落實。家樂福工會理事長藍世華表示，雙方經兩年協商終達成協議。

　　家樂福全國分店有75家，共有1萬1千員工，家福工會在2011年組成，會員人數60位。家樂福人力資源總監吳柏毅表示，勞資雙方應是同一陣線並非對立，才能讓公司更好，回饋勞工、消費者。

　　家樂福表示，兩方簽訂團體協約後，將展現對員工的具體承諾，目前經工會建議，去年底（2014）將「變形工時」轉為「正常工時」，員工凡工作8小時即給予加班費，一改過去工作時數長達10小時的狀況。

　　工會理事長藍世華說，未來將極力爭取「女性夜間工作超過10點，給予交通費補助」、「月休6天回歸於月休8天」、「國定假日出勤，薪資加倍」等福利。

　　新北市目前僅有5間企業與工會簽訂團體協約，包含台灣松下、中國經濟通訊社、聲寶、台灣三洋電機、家樂福。

資料來源：呂思逸（2015）。〈量販店首例　家樂福與工會簽協約〉。《聯合報》
　　　　　（2015/07/16），新北市新聞B2版。

　　勞資爭議包含：權利事項（指勞資雙方當事人基於法令、團體協約、勞動契約之規定所為權利義務之爭議）及調整事項（指勞資雙方當事人對於勞動條件主張繼續維持或變更之爭議）兩種類型的勞資爭議。權利事項之勞資爭議，得依《勞資爭議處理法》所定之調解、仲裁或裁決程序處理之；調整事項之勞資爭議，依《勞資爭議處理法》所定之調解、仲裁程序處理之。

　　勞資爭議在調解、仲裁或裁決期間，資方不得因該勞資爭議事件而歇業、停工、終止勞動契約或為其他不利於勞工之行為；勞方不得因該勞

資爭議事件而罷工或爲其他爭議行爲（《勞資爭議處理法》第8條）。

三、勞資會議

參與管理（management by participation），指組織內員工有權參與其工作有關之決策，即由勞方代表與資方在一共同之利害關係領域內來共同決定企業機能之行爲，以促進勞資和諧與企業發展。依據《勞動基準法》第83條及《勞資會議實施辦法》之規定，適用《勞動基準法》之事業單位應舉辦勞資會議，其分支機構人數在30人以上者，亦應分別舉辦之。

勞資會議代表人數可視事業單位人數多寡及需求決定，其勞方及資方代表各爲2人至15人。但事業單位人數在100人以上者，各不得少於5人。事業單位人數在3人以下者，勞雇雙方爲勞資會議當然委員。

勞資會議制度的設計，是藉由勞資雙方同數代表，舉行定期會議，利用提出報告與提案討論的方式，獲致多數代表的同意後做成決議，創造出勞資互利雙贏的遠景（**表11-11**）。

表11-11　勞資會議之議事範圍

範圍	內容
報告事項	1.關於上次會議決議事項辦理情形。 2.關於勞工人數、勞工異動情形、離職率等勞工動態。 3.關於事業之生產計畫、業務概況及市場狀況等生產資訊。 4.關於勞工活動、福利項目及工作環境改善等事項。 5.其他報告事項。
討論事項	1.關於協調勞資關係、促進勞資合作事項。 2.關於勞動條件事項。 3.關於勞工福利籌劃事項。 4.關於提高工作效率事項。 5.勞資會議代表選派及解任方式等相關事項。 6.勞資會議運作事項。 7.其他討論事項。
建議事項	工作規則之訂定及修正等事項，得列爲前項議事範圍。

資料來源：《勞資會議實施辦法》第13條（2014年4月14日修正公布版）。

　　勞資會議之召開乃是本著全體員工上下同舟共濟、榮辱一體之精神，建立勞資雙方正式的溝通管道，可強化員工參與感，協調勞資關係，促進勞資合作、活化企業組織，提高工作效率（台中市政府勞工局，〈勞資會議〉）。

結　語

　　本田技研工業株式會社（Honda Motor Co., Ltd.）創始人本田宗一郎（ほんだそういちろう）說：「我絕不要員工為公司幹活，我要他們為自己而工作。」如何做到？美國杜拉克基金會（Leader to Leader Institute）主席弗朗西斯‧赫塞爾本（Frances Hesselbein）曾告誡企業家：一切工作都源於使命和使命相應。管理者應該常靜下心來想想這個問題：我們究竟為什麼而行？這比「做什麼」、「什麼時候做」這些問題重要百倍；沒有使命感的企業，不可能激發員工的熱情，不可能有持久的奮鬥精神，不可能有真正的凝聚力；企業天生為逐利的目標而存在，但它的使命必須超越金錢，因為低級的使命不能造就卓越的組織。企業要間接地實現自己的戰略目標，企業生存的基礎在於兼顧員工、顧客、社會三個利益，而提高員工的滿意度同提高顧客的滿意度一樣，將成為企業執著追求的目標（趙曙明，2005：28）。

第十二章

組織行為經典法則

- 螞蟻式管理（群體活動）
- 刺蝟法則（保持「適度距離」）
- 帕金森定律（組織病態）
- 彼得原理（向上爬原理）
- 印象管理（自我呈現）
- **80/20**法則（關鍵少數法則）
- 洗腳精神（耶穌為門徒洗腳）
- 破窗理論（紀律管理）
- 熱爐法則（懲處法則）
- 莫非定律（魔鬼藏在細節裡）

> 井蛙不可以語於海者，拘於虛也；夏蟲不可以語於冰者，篤於時也。
> ——〈秋水〉‧莊子

　　現代科學之父艾薩克‧牛頓（Sir Isaac Newton）在1676年給友人的信中寫道：「如果說我看得比別人更遠，那是因為我站在巨人的肩膀上。」（If I have seen farther than others, it is because I was standing on the shoulders of giants.）21世紀是一個多元且充滿變數的時代，如何應用一些實用的組織行為經典法則上的知識，吸取經驗，再以創新的思維開創不平凡的事業就顯得格外重要。

一、螞蟻式管理（群體活動）

　　一隻螞蟻，微不足道；一群螞蟻，透過分工合作的群體力量，可以把一大塊蛋糕搬回去。在地球上，螞蟻族群與人類社會有著驚人的相似之處，兩者都有著獨特的社會型態，嚴密的社會組織，科學的社會分工。螞蟻的組織完善、紀律嚴密是其他所有生物所不及的。如何有效的管理一個組織，我們應該向螞蟻學管理。

(一)蟻群的組織體系

　　螞蟻早在一億多年前就已居住在地球上，與恐龍為同一時代。蟻群是一個非常完善的組織，它的組織結構包括有：保衛群體的安全（兵蟻）；勞動和後勤保障部門（工蟻）；人力資源開發部門（蟻王）；員工培訓和企業文化教育部門（生物遺傳已經確定了螞蟻的本能）；通信系統（利用觸鬚以及氣味交流資訊）。這一切對於小小的螞蟻來說，應該是一個蟻群進化中的巨大成功。蟻群各職能部門功能完善，各施其職，相互配合。可以說，在整個蟻群組織的運作中，組織結構可以滿足蟻群組織運作的所有要求，並且還很完善。因此，著名的企業管理顧問埃里克‧邦納保（Eric Bonabeau）和克里斯多福‧梅耶（Christopher Meyer）在《哈佛商業評論》（*Harvard Business Review*）上分析，從螞蟻和蜜蜂身上，我們

可以學到很多管理學知識（阿里巴巴商友圈，〈向螞蟻學管理〉）。

(二)蟻群智慧

　　企管專家丹唐‧卡森（Denton Carson）在所著《向螞蟻學習》（*Be Like Ants*）書中提到，螞蟻在地球上抗拒所有的災難，生存了一億二千萬年，除了勤奮不懈的執行力之外，靠的是綿密的群體關係和交流溝通。在一般人的眼中看來，螞蟻的移動似乎沒有什麼規律，事實上，像白蟻群內的各個階級分化，是受到蟻后（具有極強生殖能力的雌蟻）和工蟻（為沒有生殖能力的雌蟻，數量最多）分泌的費洛蒙（Pheromone）控制，會使工蟻群獲得一種資訊，讓牠們一輩子對繁殖力強的蟻后效忠，讓工蟻各司其職，蟻后從來不用親自到現場指揮工蟻做事（Denton Carson著，李志敏、卜祥編譯，2005：52）。

> **小辭典**
> **費洛蒙**
>
> 　　吃東西的時候，不小心掉了一些碎屑，成群結隊的螞蟻就往這裡聚集，牠們一個一個按同一路線匆忙地搬運食物，都在一條固定的道路上。經過研究，發現原來工蟻所分泌的費洛蒙（Pheromone）構成了一條「氣味走廊」。螞蟻腹部末端的肛門與腿上的若干腺體，會分泌蹤跡費洛蒙。
> 　　螞蟻死亡時會散發出獨特的氣味，稱「死亡費洛蒙」，同伴們聞到後，就會將牠掩埋，以保持巢穴內通道通暢與乾淨，維持巢內活動的正常運作。
>
> 資料來源：邱淳欣、張旖庭、張王黎，〈小兵力大功：螞蟻知多少〉，台北市教育入口網，www2.japs.tp.edu.tw/gifted/some/gradeworks/16/e/e01/.../10.doc

　　螞蟻集結的時候能夠自我組織，不需要任何領導人監督，就形成一支很好的團隊。更重要的是，牠們能夠根據環境變動，迅速調整，找出解決問題的答案。兩位學者（邦納保和梅耶）把這種能力稱為「蜂群智慧」（swarm intelligence），並且把這種智慧運用到工廠排程、人員組織，甚至是策略擬定上。舉例來說，螞蟻總能找出最短的路徑，把食物搬回家。當發現食物時，兩隻螞蟻同時離開巢穴，分別走兩條路線到食物處。較快回來的，會在其路線釋放出較多的費洛蒙作為記號。因此，其他同伴聞到

較重的味道時，自然就會走較短的路線。這個智慧靠的是兩個簡單原則：留下費洛蒙，以及追隨足跡。運用這個簡單原則，可以解決複雜問題，例如，電信網路從夏威夷到巴黎，必須經過很多節點，聰明的系統必須能夠自動避掉塞車的地方。

(三)彈性分工

螞蟻的另一個分工模式是彈性分工。一隻螞蟻搬食物往回走時，碰到下一隻螞蟻會把食物交給牠，自己再回頭，碰到上游的螞蟻時，將食物接過來，再交給下一隻螞蟻。螞蟻要在哪個位置換手不一定，唯一固定的是起始點和目的地。一家大型零售連鎖店就運用這個模式，來管理其物流倉儲中心。以前該倉儲中心用區域方式（zone approach）來揀貨，除非上一手完成工作，下一手不能接手。以書為例，一個人專門負責裝商業書，另一個人專門負責裝兒童書。問題是，每個人的速度可能差距非常大，訂單對每一種商品的需求差異也很大，因此，總有人在等待別人完成才能接手。經過研究，該物流中心改採螞蟻模式，一個人不斷地揀出產品，一直到下游有空來接手工作後，再回頭接手上游工作。研究人員用電腦模擬運算發現，運用這個模式時，應該將速度最快的員工放在最末端，速度最慢的放在一開始，如此是最有效率的。該倉儲中心透過這種方法，生產力比之前提高了百分之三十。

兩位學者指出，這種蜂群智慧有三種優勢：一是彈性，可以迅速根據環境變化進行調整；二是強韌，即使一個個體失敗，整個群體仍然可以運作；三是自我組織，無需太多從上而下的控制或管理，就能自我完成工作。

螞蟻並不精明，精明的是蟻群。這些正是今天多變的環境中，企業最需要具備的特質（姚衛光，〈案例3.2：向螞蟻學管理〉）。

二、刺蝟法則（保持「適度距離」）

刺蝟法則（hedgehog effect），是說為了研究刺蝟在寒冷冬天的生活習性，生物學家做了一個實驗：把十幾隻刺蝟放到戶外的空地上。這些

個案 12-1　向螞蟻學管理

　　西元2000年，西南航空公司（Southwest Airlines Inc.）深為貨運事業的生產力不彰所苦。貨機平均只用了7%的空間，但卻因為有些機場產能不夠，無法搬運規劃好的貨物，造成西南航空貨運路線和處理系統的瓶頸。

　　就像一般空運公司一樣，西南航空原來的做法是，設法把要送往波士頓的貨物，裝上往波士頓方向的第一班飛機。但是也因為如此，員工花很多的時間，在搬移貨物以及在飛機上裝貨、卸貨。

　　後來西南航空解決了這個問題。它的學習對象竟然是螞蟻。西南航空運用螞蟻搬運食物的方式，重新組織運作。依照當時航空系統的繁忙程度，有時要往東的貨物，可能先放到往西的班機上，要比把它搬下來，等著下一班往東的飛機要有效率。西南航空運用這個做法，估計一年省下一千萬美元。

資料來源：編輯部（2001）。〈向螞蟻學管理〉。《EMBA世界經理文摘》，第178期（2001/06），頁14。

　　刺蝟被凍得渾身發抖，為了取暖，牠們只好緊緊地靠在一起，而相互靠攏後，又因為忍受不了彼此身上的長刺，很快就又要各自分開了。可是天氣實在太冷了，牠們又靠在一起取暖。然而，靠在一起時的刺痛使牠們不得不再度分開。挨的太近，身上會被刺痛；離的太遠，又凍得難受。就這樣反反覆覆地分了又聚，聚了又分，不斷地在受凍與受刺之間掙扎。最後，刺蝟們終於找到了一個適中的距離，既可以相互取暖，又不至於被彼此刺傷。

　　在社會生活中，也存在這種現象，很多人因為距離靠得太近，結果彼此都受到了傷害，因此，不管是親人之間、朋友之間或者是同事之間，都應該有相應的距離。距離產生美，每個人在和人交往的過程中都要掌握「距離」的分寸，隨著關係的改變調節距離，讓人覺得舒服、安全，這才是組織成員間和諧相處的長久之道。

個案
12-2　　保持一定的距離！

　　法國前總統戴高樂（Charles de Gaulle）就是一個很會運用刺蝟法則的人。他有一個座右銘：「保持一定的距離！」這也深刻地影響了他和顧問、智囊團和參謀們的關係。

　　在他十多年的總統歲月裡，他的祕書處、辦公廳和私人參謀部等顧問和智囊機構，沒有什麼人的工作年限能超過兩年以上。他對新上任的總統府祕書長總是這樣說：「我使用你兩年，正如人們不能以參謀部的工作作為自己的職業，你也不能以祕書長作為自己的職業。」這就是戴高樂的規定。

　　這一規定出於兩方面原因：一是在他看來，調動是正常的，而固定是不正常的。這是受部隊做法的影響，因為軍隊是流動的，沒有始終固定在一個地方的軍隊。二是他不想讓「這些人」變成他「離不開的人」。這表明戴高樂是個主要靠自己的思維和決斷而生存的領袖，他不容許身邊有永遠離不開的人。只有調動，才能保持一定距離，而唯有保持一定的距離，才能保證顧問和參謀的思維和決斷具有新鮮感和充滿朝氣，也就可以杜絕年長日久的顧問和參謀們利用總統和政府的名義營私舞弊。

　　啟示錄：戴高樂的做法是令人深思和敬佩的。沒有距離感，領導決策過分依賴祕書或某幾個人，容易使智囊人員干政，進而使這些人假借領導名義，謀一己之私利，最後拉領導幹部下水，後果是很危險的。兩相比較，還是保持一定距離好。

資料來源：人生小驛站，〈很有用的心理學知識：刺蝟法則〉，http://www.wlhooo.net/post/140.html

　　刺蝟法則，強調的就是人際交往中的「心理距離效應」。運用到組織管理實踐中，就是領導者如要搞好工作，應該與下屬保持親密關係，但這是「親密有間」的關係，是一種不遠不近的恰當合作關係。與下屬保持心理距離，可以避免下屬的防備和緊張，可以減少下屬對自己的恭維、奉承、送禮、行賄等行為，可以防止與下屬稱兄道弟、吃喝不分。這樣做，

既可以獲得下屬的尊重，又能保證在工作中不喪失原則。一個優秀的領導者和管理者，要做到「疏者密之，密者疏之」，這才是成功之道。

個案 12-3　掌握最佳競爭優勢

　　歐洲知名政治思想家伊薩・柏林（Isaiah Berlin）在他的著作《刺蝟與狐狸》中，曾提出一個有趣的動物寓言故事。有一隻狡猾的狐狸老是想吃掉刺蝟，因此每天想盡各種辦法偷襲刺蝟，但刺蝟只要遇到危險時，就立刻伸長身上的刺，讓狐狸知難而退。刺蝟之所以總能化險為夷，關鍵就在於牠只專注在一件事上，而且這件事牠擁有絕對的優勢，其他動物完全無法模仿。

　　全球零售業龍頭沃爾瑪公司（Wal-Mart Stores, Inc.）全力擁抱「刺蝟法則」——堅持提供消費者最便宜的售價。沃爾瑪之所以能做到天天都平價，關鍵就在於沃爾瑪的獨特省錢之道：重視每一分錢的價值、絕不必要的浪費，因此，沃爾瑪不僅創造了最節省成本的倉儲方式、獨步全球的銷售體系，廣告方式更要精打細算，一切營運的目標都是為了節省成本，讓顧客能購買最低價的產品。沃爾瑪就是想成為一隻專注在成本掌控的「刺蝟」，來面對所有競爭與挑戰。

資料來源：謝佳宇（2011）。〈以「動物哲學」克敵致勝：向動物學管理〉。《管理雜誌》，第446期（2011/08），頁57。

三、帕金森定律（組織病態）

　　1958年，英國歷史學家、公共行政學者西里爾・諾斯古德・帕金森（Cyril Northcote Parkinson）透過長期調查研究，出版了《帕金森定律：組織病態之研究》（*Parkinson's Law*）一書，書上舉出幾項最膾炙人口的例子：「工作的擴張，是為了填滿完成這項工作所能用的時間。」、「長官加人，加的是助手，不是對手。」、「辦公室愈豪華，組織愈有問

題。」帕金森定律之重要性,乃在於他是根據分析工作成長的因素而得到的工作成長的定律。這本書曾名列《經濟學人》(*The Economist*)雜誌所選「世上最有影響力的管理學大師」之一。

(一)人浮於事的例證

帕金森從就讀劍橋大學時期,便對海軍史研究興趣濃厚,二十六歲於倫敦大學國王學院取得博士學位。畢業前即進入英國自衛隊,開始他的軍旅生涯。1945年以陸軍少校退役後,成為大學歷史講師。1950年受派至新加坡的「馬來亞大學」(新加坡大學的前身)教授歷史,並在旅居新加坡期間,以他在英軍與公家機關服務的經驗,寫就《帕金森法則》一書。帕金森用英國海軍部人員統計證明:1914年皇家海軍官兵14.6萬人,而基地的行政官員、辦事員3,249人,到1928年,官兵降為10萬人,但基地的行政官員、辦事員卻增加到4,558人,增加40%。帕金森定律深刻地揭示了行政權力擴張引發人浮於事、效率低下的官場傳染病。

這個數字表列如下:

年份	服務主力艦(艘)	海軍官兵人數	海軍工廠工人人數	海軍工廠官員及雇員	海軍部官員
1914	62	146,000	57,000	3,249	2,000
1928	20	100,000	62,439	4,558	3,569
增或減	−67.74%	−31.5%	+9.54%	+40.28%	+78.45%(以每年5.6%速度遞增)

(二)金字塔上升現象

他在書中闡述了機構人員膨脹的原因及後果:一個不稱職的官員,可能有三條出路,第一是申請退職,把位子讓給能幹的人;第二是讓一位能幹的人來協助自己工作;第三是任用兩個水平比自己更低的人當助手。

這第一條路是萬萬走不得的,因為那樣會喪失許多權力;第二條路也不能走,因為那個能幹的人會成為自己的對手;看來只有第三條路最適宜。於是,兩個平庸的助手分擔了他的工作,他自己則高高在上發號施令,所以,這名官員從此也就可以高枕無憂了。

　　兩個助手既無能，也就上行下效，再爲自己找兩個無能的助手。現在是七名官員擔任以前一個人的工作，這就形成了一個機構重疊、人浮於事、相互扯皮、效率低下的領導體系。

　　帕金森由此得出結論：在行政管理中，行政機構會像金字塔一樣不斷增多，行政人員會不斷膨脹，每個人都很忙，但組織效率越來越低下。這條定律又被稱爲「金字塔上升」現象。所以，前蘇聯最後一任總統戈巴契夫（Mikhail Gorbachev）曾說：「帕金森定律走到哪裡都管用。」

(三)計算公式

　　關於人員的增加問題，根據帕金森的研究指出，每年機構的平均增加率爲5.75%左右，而且會「因人設事」的增加人員設置。這項事實既已成立，便可以用數學方式表達帕金森定義。人員增加係符合如下公式：

$$X=100\left(2K^m+l\right)/n$$

　　K表示希望任派部屬而期望自己獲得晉升的官員人數；l是任官時年齡與退休年齡之差；m是在機構內部用於答覆所需問題所需的人時數；n是所管轄的單位數；X是每年需要增加的人員數。

　　用這個公式求出的X就是每年需要補充的新員工人數。數學家們自然瞭解，如果欲以百分比表示增加率，公式將改爲如下情形：

$$X=\left[100\left(2K^m+l\right)/Yn\right]\times\%$$

　　Y係代表原有的全部人數。不論工作量有任何變化，上項數值永遠在5.17～6.56%之間。顯然，如此類推，公司每十二年，它的員工就會增加一倍（1＋5.75%）就形成了一個機構臃腫、人多事少、互相推卸責任、效率低落的領導體系。而且這個定律不僅在官場中出現，在很多企業組織中都能看到這樣的帕金森現象（潘煥昆、崔寶瑛譯，1991：11-12）。

個案 12-4 埃及尼羅河之役

　　英國海軍的一代名將霍雷肖‧納爾遜（Horatio Nelson），他是唯一讓拿破崙（Napoléon Bonaparte）在埃及尼羅河之役（Battle of the Nile）吃敗仗的英國海軍艦隊指揮官。他一戰成名，而使得英國成為19世紀的海上強國。

　　他利用「一艘主力艦出航時，要八艘巡航艦護航」、「一艘巡航艦出航，要八艘驅逐艦護航」的戰術贏得勝利。亦即，一艘主力艦、八艘巡航艦；一艘巡航艦、八艘驅逐艦，這樣的火力在配備跟指揮調度上都是一流的。

　　這個法則到後來就慢慢地被運用到企業管理上了。一個人管得太多，力不從心；管得太少，兵少將多，所以，一個人管八個人是最好的管理，超過八個人應設副主管，若人數愈來愈多時，就應設兩個部門，但不要在八個人以內設兩個以上主管。像軍中有一首「九條好漢在一班」，指的是一個班長管八個兵，這也是最佳的寫照。

資料來源：莊銘國（2011）。《經營管理聖經：經理人晉升完全手冊》，頁78。台北：五南圖書。

四、彼得原理（向上爬原理）

　　任何組織存在的價值，端賴它是否能達成其所設定的目標或使命，這是眾人皆知的淺顯道理。不過，要達成組織的目標，組織成員必須萬眾一心才能眾志成城，否則，組織的衰敗是可以預期的；而組織成員要能貢獻一己之力來配合整體的發展，則人人必須具有一定水準的技能與胸襟，但很弔詭的是：任何組織都有彼得原理（The Peter Principle）的陷阱到處埋伏著。

　　1960年，管理學家勞倫斯‧彼得（Laurence. J. Peter），首次在一次研習會上提出著名的彼得原理。他說：「儘管某些人能克盡其責完全發揮

功能，但我發現另有某些人已超乎他們能勝任的階層而慣於草率行事，帶給同事挫敗感，並腐化組織的辦事效率。有鑑於此，我得到一個合理的結論：世上任何工作總有某個地方的某個人無法勝任，只要有足夠時間和升遷機會，那個不能勝任的人終將得到那份工作。因而，彼得原理的陷阱，不僅讓人膨脹自己的名利慾望，以致無法時時自我警惕與覺悟，而且會使組織趨於惰性，以致分崩離析。」所以，彼得原理有時也被稱為「向上爬的原理」（Peter & Hull著，陳美容譯，1992：9）。

建立制度杜絕消極的員工

不勝任讓經理人在工作中錯誤百出，這是許多經理人讓錯誤產生的根本原因。那麼又是什麼製造了不勝任呢？彼得的回答是：層級制度（Bureaucracy）。層級制度的主要內容就是：在每一個等級制度之中，每一個員工逐漸晉升到了一個他所不能勝任的崗位。彼得指出，在很多的企業或組織當中，一個員工因為在某一個崗位上工作得非常出色，表現得非常優秀，那麼他就會被提升到一個更高一級的崗位上，此後這個員工如果在新的崗位上繼續表現得非常好，那麼他將會繼續被提升，直到他被提升到了一個表現不夠好的工作崗位上之時，他的晉升之路才會停止，而這個崗位就成為了他最不勝任的工作崗位，很多的錯誤也會在這個崗位上發生。

彼得建議企業管理者：「把合適的員工放在合適的崗位上的同時，還應該注意自己的具體管理方式，一切以激發員工的積極性和為企業創造最大利益為目標，這樣才能夠讓企業管理者的業績更優秀，也才能夠讓一個企業獲得長足的發展。」

不合理的企業制度就像一個不斷滋生錯誤的溫床，是企業體內最大的一顆「毒腫瘤」。因此，彼得提出：「合理的企業制度孕育優秀的員工，而優秀的員工是消滅錯誤的最好人選，所以，企業少犯錯誤的關鍵就是建立合理的企業管理制度。」（張數，2013）

彼得原理提到的概念，其實是職場上所有人都適用的。不管我們能力再強，我們終究會停在一個我們實力無法再創造價值的位置。為了自保美好形象與讓組織永續經營，現代人要顛覆彼得原理之道是要這樣做的。

1. 隨時隨地保持強烈的學習慾望，對新事物的好奇心永不止息且勇於嘗試。
2. 不急於擠入高處不勝寒的階層，逐步踏實，步步高升。
3. 組織的理想境界永遠無法得知，不斷地運用工作輪調與組織終身學習策略，才能擁有立足之地。
4. 「向上提升」與「向下沉淪」，組織裡必須兼而有之、交叉使用，如此人人才能脫胎換骨。（徐木蘭，2000/10：175）

五、印象管理（自我呈現）

印象管理（Impression Management, IM）或稱自我呈現（self-presentation），指的是個體在人際互動時或自我表現中，透過控制他人獲得的信息，試圖影響他人對自己的態度和看法的一種普遍行為。我們在交往互動過程中，總是選擇適合一定場合的行為表現形式、言語表達方式以及合適的外在形象等，希望能給他人留下良好的印象，從而使他人欣賞、接納和喜歡我們。這種人際交往中，個體透過選擇一定的語言和非語言行為，以達到有效地控制別人對自己的印象的過程，叫做印象管理。

(一)戲劇理論

美國著名社會學家歐文‧高夫曼（Erving Goffman）在《日常生活中的自我表演》（*The Presentation of Self in Everyday Life*）中提出著名的戲劇理論（Dramaturgical Theory）：「人生是一個大舞台，而人與人之間的社會互動如演員相互配合的演戲。人們按照社會期望的需要扮演自己的角色，而他們的演出又受到互動對方的制約。因此，要使互動能夠順利進行，互動的雙方都應有能力運用某種技巧對自己的印象進行控制、管理、整飾。」舉例來說，當你上班時，你會穿套裝，打扮自己專業的形象，講起話來自信十足，下了班約會時，表現的又是風情萬種。原來這兩種場景代表著兩齣戲，因為在上面演戲的人不同，所以你穿的戲服、講的台詞，都會跟著不同。如果從這個觀點來說，我們都是演員，社會現象不過是一群人尋求「自我表現」的幻影（盧希鵬，2009/03：18）。（**圖12-1**）

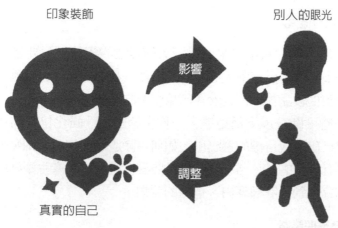

說明：高夫曼提出的戲劇理論指出，社會就是一個舞台，每個人都在舞台上扮演自己或別人所定義的角色。不管是有意還是無意，都在維持自己的形象，以獲得社會認同。

圖12-1　印象管理（從人際互動中調整自己的角色）

資料來源：盧希鵬（2009）。〈做什麼、像什麼：印象管理理論〉。《經理人月刊》，第52期（2009/03），頁19。

暈輪效應

　　俄國著名的大文豪普希金（Aleksandr Pushkin）曾因暈輪效應（Halo Effect）的作用吃了大苦頭。他狂熱地愛上了被稱為「莫斯科第一美人」的娜塔麗婭・尼古拉耶夫娜・岡察洛娃（Nataliya Nikolaevna Goncharova），並且和她結了婚。娜塔麗婭容貌驚人，但與普希金志不同，道不合。當普希金每次把寫好的詩讀給她聽時，她總是捂著耳朵說：「不要聽！不要聽！」相反地，她總是要普希金陪她遊樂，出席一些豪華的晚會、舞會，普希金為此丟下創作，弄得債臺高築，最後還為她決鬥而死，使一顆文學巨星過早地隕落。在普希金看來，一個漂亮的女人也必然有非凡的智慧和高貴的品格，然而事實並非如此。

資料來源：人生小驛站，〈很有用的心理學常識：暈輪效應〉，http://www.wlhooo.net/post/139.html

(二)印象管理的策略

　　印象管理藉由一些策略來影響別人對自己的觀感，只要是刻意地運用某些方法去形塑自己在別人心目中的印象，甚至像健身保持體態、女性使用保養品和化妝品等，都包含在印象整飾的範疇。

　　這些策略可區分成兩種型態，一種在於主動性強化特定的特徵，例如，強調自己在達成目標的過程中，如何排除遭遇到的重大困難，讓別人產生你是個有毅力的人，另一類型則是防禦性避免他人產生不好的印象，譬如，在約會遲到後解釋理由、道歉的認知。

◆主動性印象管理策略

　　試圖使別人積極看待自己的努力，稱為主動性印象管理，常被用於平常情境或有利情境中，可以帶來他人對策略使用者的積極看待。我們將其分成他人聚焦型印象管理策略（other-focused IM tactics）和自我聚焦型印象管理策略（self-focused IM tactics）。分別有逢迎、討好和自我推銷、樹立模範等策略。

◆防禦性印象管理策略

　　盡可能弱化自己的不足或避免別人消極看待自己的防禦性措施，稱為防禦性印象管理（protective IM）。主要有合理化理由（包括藉口和辯解）、道歉、事先申明、自我設限等（徐俏俏、鐘楊，〈基於印象管理理論的大學生求職中的自我呈現〉）。

　　俗話說：「人生如戲，戲如人生。」每個人每天都在上演一齣戲，演好自己的角色，並在戲中與別人的角色互動。而在職場上，人們為獲取自身利益目的，爾虞我詐、逢迎諂媚他人皆是常出現的場景。員工常利用一些手段、策略去對他人造成影響，以求取升遷、加薪，或讓他人對自己產生正面評價。若能藉此改善人際關係，進而達到自身的滿足及收益，前述行為皆屬於印象管理的範疇（**表12-1**）。

表12-1　印象管理的技術

順從（conformity） 同意某人的意見，只為了獲得他（她）的認可。 例如：一位經理告訴他的老闆：「你對西區營業處的重組計畫完全正確，我完全同意你。」
辯解（excuses） 對造成困境的事件加以解釋，目的在使困境所呈現的嚴重性減至最低。 例如：銷售經理告訴老闆：「雖然我們未能及時在報上刊登廣告，但是，反正沒有人會注意到那些廣告。」
道歉（apologies） 為令人不愉快的事件承擔責任，同時尋求寬恕。 例如：員工告訴老闆：「我很抱歉在報告上犯錯，請原諒我。」
喝采（acclaiming） 對有利的事件加以解釋，以凸顯自己的優點。 例如：銷售員告訴同事：「自我被錄用後，本部門的銷貨額已成長了近三倍。」
諂媚（flattery） 恭維他人的優點，以使自己顯得有觀察力和令人喜愛的。 例如：新進的銷售員告訴同事：「你處理那位顧客的抱怨是那麼地老練！我永遠沒辦法做得跟你一樣好。」
示好（favors） 對他人示好，以獲取其認同。 例如：銷售員告訴有購買潛力的顧客：「我有兩張今晚的電影票，但我無法去，拿去吧，謝謝你肯花時間和我談話。」
聯想（association） 藉由連結與某人有關之人事物的資訊，來強化或維護其形象。 例如：一位應徵者告訴面試者：「多巧啊！你的老闆和我是大學同學。」

資料來源：B. R. Schlenker, *Impression Management* (Monterey, CA:Brooks/Cole. 1980): W. L. Gardner and M. J. Martinko, Impression management in organizations, *Journal of Management*, June 1988, p.332; and R. B. Cialdini, Indirect tactics of image management: Beyond Basking, In R. A. Giacalone and P. Rosenfeld (eds.), *Impression Management in the Organization* (Hillsdale, NJ: Lawrence Erlbaum Associates, 1989), pp.45-71. 引自Stephen P. Robbins、Timothy A. Judge合著，黃家齊、李雅婷、趙慕芬編譯（2002），《組織行為學》，頁404。台北：華泰文化出版。

六、80/20法則（關鍵少數法則）

第二次世界大戰中脫穎而出，成為納粹德國國防軍中最負盛名的指揮官之一的埃里希‧馮‧曼施坦因（Erich Von Manstein）將軍，在評論德國的軍官時，曾說過一段發人深省的話：「軍官只有四種，第一種，又懶又笨的，別管他們，他們沒有害處；第二種，聰明又努力的，他們是優秀的員工，審慎考慮每個細節；第三種，笨但努力，這些是威脅，必須立刻解僱，他們替所有人製造出額外的工作；最後一種是聰明的懶蟲，他們適合最高的職位。」培養聰明的懶惰，善用80/20原則（在特定群體中，重要的因素通常只占少數，而不重要的因素卻占多數）掌握關鍵少數，創造最大效果。

(一)關鍵少數法則

1897年，義大利經濟學家兼社會學家維爾弗瑞多‧帕雷托（Vilfredo Pareto）在研究中發現：19世紀英國人的大部分所得和財富，都流向少數人手裡，而且某一個族群占總人口數的百分比，和該人口群所享有的總收入或財富之間存在著一致的數學關係。但是他從未使用80/20法則（80/20 Principle）這個名詞，來描述所得分配不均現象，甚至未曾指出：80%的收入集中在20%的人身上，雖然從他複雜的計算中，的確可以導出這樣的結論。真正為80/20法則這個普遍現象冠以帕雷托法則（Pareto Principle）的人，是品質管理大師約瑟夫‧朱蘭（Joseph Juran），他在1941年造訪通用汽車（General Motors）時，聽聞該公司正以帕雷托的財富分配研究，用來對照其高階主管的薪資所得，並且得出了近似的分配型態。後來有學者將80/20法則稱呼為關鍵少數法則（Law of the Vital Few）、最省力法則（Principle of Least Effort）和不平衡原則（Principle of Imbalance）等。

(二)80/20法則定義

80/20法則，指的是在原因和結果、努力和收穫之間，存在著不平衡的關係，而典型的情況是：80%的收穫，來自於20%的付出；80%的結

果，歸結於20%的原因。反之，在我們所做的努力中，有80%的付出只能帶來20%的結果。假設我們能知道，可以產生80%收穫的，究竟是哪些20%的關鍵付出，然後再善用這部分，並將多數資源分配給它運用，那豈不是可以做得少卻賺得多？而若也知道到底是哪些占大多數的80%，使我們的努力和回報不成比例，進而想辦法對症下藥或甚至將之刪除，那我們便能減少損失。例如：80%的交通事故是由20%的駕駛人所引起；80%時間所穿的衣服只占個人全部服裝的20%；80%的醫療資源消耗在20%的人與20%的疾病上，這即為所謂80/20法則（**表12-2**）。

　　80/20法則告訴我們，不要平均地分析、處理和看待問題，企業經營和管理中要抓住關鍵的少數；要找出那些能給企業帶來80%利潤、總量卻僅占20%的關鍵客戶加強服務，達到事半功倍的效果；企業領導人要對工作認真分類、分析，要把主要精力花在解決主要問題、抓主要項目上（**表12-3**）。

表12-2　什麼是80/20法則

分類	例子
食	80%的食譜來自20%的食物。
衣	80%的穿著來自衣櫥裡20%的衣服。
住	80%的時間花在家裡20%的房間。
行	80%的交通事故來自20%的駕駛。
育	80%的時間花在20%的報紙版面。
樂	80%的時間都在看20%的電視節目。
公司	80%的營業額來自20%的客戶。
機關	80%的行政效果來自20%的公文。
績效	80%的績效來自20%員工的努力。
藏書	80%的時間花在看其中20%的藏書。
財富	80%的財富集中在20%的人口手中。
快樂	80%的快樂來自於生命中20%的時間。

資料來源：理查‧柯克（Richard Koch）著，謝綺蓉譯（1998）。《80/20法則》（*The 80/20 Principle*），頁8-9。台北：大塊文化出版；引自http://ceag.phc.edu.tw/~nature/master/1/02/02-14.htm

表12-3　ABC分類法

在存貨管制上，有所謂ABC分類法（Activity Based Classification），該分類法，係將存貨劃分為A、B、C三類。

A類代表「重要的少數」，這類存量少而值高，它們應備受重視而享有最佳的存貨管制，包括最完美的紀錄、最充裕的訂貨等候時間、最小心的保管等。

C類存貨，是指「瑣碎的多數」而言，這類存貨量多而值低，例如文件夾、訂書針、紙袋、公文帶、信封、郵票等辦公文具皆屬之。

B類存貨，是指介乎C類與A類之間的貨品，通常這類貨品之存貨管制可採機械化方式為之，亦即當存貨數量降至某一特定數量時，企業應自動增補存貨。

資料來源：卓越出版社編譯（1990）。《管與被管》，頁13。台北：卓越出版社。

七、洗腳精神（耶穌為門徒洗腳）

〈約翰福音‧第十三章〉記載了耶穌（Jeshua ben Joseph）被釘死在十字架上的前一晚，耶穌為門徒設立了最後的筵席，飯廳裡一切都預備了，入口處擺放了一個盤、一壺水、一條手巾，這些都是僕人為主人洗腳的用具。當晚，耶穌與12門徒正聚在一起慶祝逾越節。

小辭典　逾越節

逾越節（Pesach）是猶太教的三大節期之一。當以色列人在埃及的時日，受到埃及人的苦役，上帝選召摩西（Moses），帶領以色列人離開埃及，脫離奴役的身分，前往上主應許的迦南（Canaan）美地。

《舊約聖經》中〈出埃及記〉的第12章記載著：摩西召了以色列的眾長老來，對他們說：「你們要按著家口取出羊羔，把這逾越節的羊羔宰了。拿一把牛膝草，蘸盆裡的血，打在門楣上和左右的門框上。你們誰也不可出自己的房門，直到早晨。因為耶和華（Jehovah）要巡行擊殺埃及人，他看見血在門楣上和左右的門框上，就必越過那門，不容滅命的進你們的房屋，擊殺你們。這例，你們要守著，作為你們和你們子孫永遠的定例。日後，你們到了雅威（是聖經中上帝的名字耶和華）按所應許賜給你們的那地，就要守這禮。你們的兒女問你們說：『行這禮是什麼意思？』你們就說：『這是獻給耶和華逾越節的祭。當以色列人在埃及的時候，他擊殺埃及人，越過以色列人的房屋，救了我們各家。』」

資料來源：維基百科，〈逾越節〉，http://zh.wikipedia.org/wiki/%E9%80%BE%E8%B6%8A%E7%AF%80

　　他們都圍著桌子坐下後，發現有件事還沒做。當時的人都穿涼鞋，腳上常沾滿塵土。因此，猶太人習慣在吃飯前先洗腳。這件事，通常是奴隸的工作。沒有一個門徒，願意像奴隸一樣為對方洗腳，他們都暗自希望別人肯先為自己洗腳。一桌子人，就這麼尷尬地僵持著。隔沒多久耶穌站了起來，脫下外套，拿起一條麻布，束在腰上。他又打了一盆水，跪下，開始清洗門徒的腳。門徒很不自在地把腿伸出來，讓耶穌把他們腳上的塵土洗去，再用毛巾擦乾。他們羞愧得無地自容。

　　耶穌一個個為門徒洗腳，輪到彼得（Peter）時，他沉不住氣了：「主啊！你千萬不能幫我洗腳！」耶穌平靜地回答：「彼得，我所做的，你現在不瞭解，以後一定會明白。」彼得堅決地搖頭，生氣地說：「我永遠都不會讓你幫我洗腳！」耶穌嚴肅地說：「彼得，我如果不幫你洗腳，我們就沒有關係了！」

　　耶穌洗淨每個門徒的腳後，倒掉髒水，掛好毛巾，穿上外套，坐了下來。「你們知道我為什麼這樣做嗎？」他問，門徒們面面相覷。耶穌解釋，「身為你們的老師，我願意彎下腰來，為每個人洗腳；你們應該要為彼此洗腳，為彼此服務。」

　　價值，就是能幫助他人學習成長。彼得‧杜拉克說過，有追隨者的人，才是領導者。只有放下身段，成全別人，才會有人願意跟隨你（童至祥，2007/12：72）。

八、破窗理論（紀津管理）

　　心理學的研究上有個現象叫做破窗理論（Broken Windows Theory），是犯罪學的一個理論。美國史丹福大學（Stanford University）心理學家菲利普‧辛巴杜（Philip Zimbardo）1969年在美國加州做過這樣一項試驗：他找了兩輛一模一樣的汽車，把其中的一輛擺在帕羅阿爾托的中產階級社區，而另一輛停在相對雜亂的布朗克斯街區。停在布朗克斯的那一輛，他把車牌摘掉了，並且把頂棚打開。結果這輛車一天之內就給人偷走了，而放在帕羅阿爾托的那一輛，擺了一個星期也無人問津。後來，辛巴杜用鎚子把那輛車的玻璃敲了個大洞。結果呢？僅僅過了幾個小時，它就不見了。

個案 12-6 洗腳禮的儀式

　　長榮大學本著一貫的基督徒辦學的精神，於學生在校期間，以「虔誠、勤奮、榮譽、服務」作為校訓，教育學生成為具有學識技能、健全人格的專業人才。在畢業典禮中，舉行「洗腳禮」的儀式，不只要建立起本校的畢業傳統，更要闡揚基督謙卑、真誠、憐恤、犧牲及平等的「洗腳精神」，以期勉畢業生進入社會之後能身體力行，為群體、為社會、為國家謙卑服務，成為心靈改革的實踐者。

　　十二位師長像僕人般地蹲跪下來，從木桶中取水為學生洗腳，使當年耶穌親身為自己的學生洗腳的景象及意義，再次彰顯出來。對學生有指導權威的師長，願意彎下腰來為學生洗腳，作為最卑微的服務，這種以上事下，以大事小的心志，真誠愛心、犧牲奉獻的崇高服務精神，正是「謙卑服事」內涵的最佳闡揚。

　　耶穌為祂的學生洗腳時，曾說：「我是你們的老師，我尚且為你們洗腳，你們也當這樣彼此洗腳。」耶穌以這洗腳儀式為祂的學生立下「謙卑、服事」的榜樣，並曾說：「人子來乃是要服事人，而不是被人服事。」我們照著祂的榜樣這麼做，傳達「洗腳精神」的啓示，盼望畢業生進入社會中，以謙卑服務的心志，但求貢獻自己的心力，成為社會清新的生力軍。

資料來源：長榮大學畢業典禮，sites.cjcu.edu.tw/wSiteFile/.../1305311536362013

　　1982年，美國政治學者詹姆士·威爾遜（James Q. Wilson）和犯罪學家喬治·凱林（George L. Kelling）依循這項試驗，在《大西洋月刊》（*The Atlantic Monthly*）發表的〈警察與社區安全：破窗〉（Police and Neighborhood Safety: Broken Windows）一文中，首先使用「破窗」等字眼，極力促請政策制定者、警察人員、學者專家應多注意有關行為不檢，擾亂公共秩序行為與犯罪被害恐懼的問題。文章說，一個房子如果窗戶破了，沒有人去修補，隔不久，其他的窗戶也會莫名其妙的被人打破；一面

牆，如果出現一些塗鴉沒有清洗掉，很快地，牆上就會布滿了亂七八糟，不堪入目的東西。一個很乾淨的地方，人會不好意思丟垃圾，但是一旦地上有垃圾出現之後，人就會毫不猶疑地跟著丟棄，絲毫不覺羞愧。因此，破窗理論強調著力打擊輕微罪行有助減少更嚴重罪案，應該以「零容忍」的態度面對罪案（洪蘭，2001）。

(一)破窗理論的運用

破窗理論在組織行為中有著重要的意義。例如，貪瀆犯罪往往肇始於小貪，由於情節輕微，往往會被忽略或是隱瞞，也等於給員工一種印象，認為這種行為是被允許的。進而鼓舞其他員工去從事相同的行為，整個組織將會變成無人不貪的情形，這就像破窗理論中，當建築物的窗戶被

個案 12-7　紐約經驗

以前紐約市有一個特殊景觀：「洗車流氓」，這是一些地痞守在路口或塞車的區域，朝著你的擋風玻璃隨便噴兩下，再拿把破布或報紙擦一下，就向你要「服務費」。不給錢就踹門或是吐口水，常常把人嚇一跳，特別是對觀光客。這對大眾的心理和對紐約市的觀感有非常負面的影響。1994年當選紐約市長的朱利安尼（Rudolph Giuliani）認為，要整頓紐約市治安就是要從抓出所謂「洗車流氓」等的「小事」開始。紐約警務處研究發現，雖說沒有明確法令可以處罰他們的「洗車」行為，但是他們確實也違反了交通法規，而所謂的「洗車流氓」其實也只有僅僅180人而已，就這樣，紐約警察開始從這件「小事」著手，不到一個月，「洗車流氓」幾乎銷聲匿跡，市民稱慶，而觀光客也回流。今天紐約市的治安已經大幅好轉，甚至成為全美大都會中治安最好的城市之一。

資料來源：徐于文，〈破窗理論簡介〉，http://logmgt.nkmu.edu.tw/news/articles/%AF%7D%B5%A1%B2z%BD%D7%C2%B2%A4%B620070420.pdf

組織行為

打破一個洞時，如果不即時修補，破洞會接二連三的出現，最後整個建築物終將千瘡百孔。將破窗理論應用在預防公司內部貪瀆犯罪上，就是當貪瀆情形（破窗）出現時，即予以遏阻（修補），透過明白的作為，昭示打擊貪瀆的決心，也降低組織內其他員工犯罪的誘因及破壞犯罪環結，達到預防組織員工貪瀆犯罪的效果（台北市政府消防局，〈破窗理論的發展〉）。

(二)防微杜漸

　　由晴天娃娃（台灣）、流川美加（日本）、韓芳（中國）共同創作的《35歲前要懂的33個法則》一書，將「破窗理論」重新解讀，轉化為實用的職場潛規則。在面對繁多工作上，每個人難免都會輕忽某些「小事」，以將時間保留給「大事」。然而，魔鬼藏在細節裡，任何一點小失誤都有可能造成難以估量的損失。因此，對於任何不良習慣，都應該防微杜漸，不要任由讓自己的惰性和壞念頭影響工作專業。唯有事事都按部就班照規矩來，並且養成即時修正和補救問題的習慣，才能杜絕任何陰溝裡翻船的可能。

　　「愛的教育、鐵的紀律」是讓中國鋼鐵公司成功的中國式管理的精髓，而吉姆・柯林斯的《從A到A$^+$》書中所強調的更是直接，書中強調要成為一個A$^+$的公司不外乎就是「紀律的員工、紀律的思想，和紀律的行為」，更說「因為有紀律，所以不需要花太多時間管理。」其實，A$^+$的公司都是破窗理論的擁護者與有效執行者（徐子文，〈破窗理論簡介〉）。

九、熱爐法則（懲處法則）

　　熱爐法則（Hot Stove Rule）又稱懲處法則。一個組織必須具有大家遵循的行為準則，當一個組織的行為準則的底線被突破的時候，必須給予恰當的懲罰。

　　熱爐法則這個源自西方管理學家提出的懲罰原則，它的實際指導意義在於有人在工作中違反了規章制度，就像去碰觸一個燒紅的火爐，一定要讓他受到「燙」的處罰。

紅牌作戰

在日本，有一種稱作「紅牌作戰」的質量管理活動。

1.清理：清楚的區分要與不要的東西，找出需要改善的事物。
2.整頓：將不要的東西貼上「紅牌」；將需要改善的事物以「紅牌」標示。
3.清掃：有油汙、不清潔的設備貼上「紅牌」；藏汙納垢的辦公室死角貼上「紅牌」；辦公室、生產現場不該出現的東西貼上「紅牌」。
4.清潔：減少「紅牌」的數量。
5.修養：有人繼續增加「紅牌」，有人努力減少「紅牌」。

　　小啟示：紅牌作戰的目的是藉由這一活動，讓工作場所得以整齊清潔，塑造舒爽的工作環境，久而久之，大家遵守規則，認真工作。許多人認為，這樣做太簡單，芝麻小事，沒什麼意義。但是，一個企業產品質量是否有保障的一個重要標誌，就是生產現場是否整潔。這應該是「破窗理論」比較直觀的一個體現。

資料來源：台灣Wiki，〈破窗理論〉，http://www.twwiki.com/wiki/%E7%A0%B4%E7%AA %97%E7%90%86%E8%AB%96

這種處罰有四個顯著特點：即時性、預警性、一致性、公平性。

1.即時性（burns immediately）：熱爐外觀火紅，不用手去摸，也可知道爐子是熱得足以灼傷人的。「熱爐」明白地告訴員工趨利避害，不能亂碰，否則必定被燙。
2.預警性（gives a warning）：用手觸摸「熱爐」，毫無疑問地會被烈焰灼傷。如果有誰不相信，硬要試一試，只要一碰「熱爐」，馬上就會被燙。
3.一致性（consistently burns everyone who touches it）：碰到熱爐時，

組織行為

立即就被灼傷。熱爐燙人不認人，不分貴賤親疏，無論你是主管，還是員工，敢於摸熱爐者，一定遭燙不誤。在熱爐燙人面前，一律平等。

4.公平性（burns everyone in the same manner）：火爐對人，不分貴賤親疏，不管誰碰到熱爐，都會被灼傷。

　　管理制度應不分職務高低，適用於任何人，一律平等，管理者對自己倡導的制度更應該身體力行。如果「刑不上大夫」，懲罰制度有不如無，甚至比沒有更糟糕。罪與罰能相符，法與治可相期。

　　制度明確規定了員工該做什麼，不該做什麼，就好像是標明了在哪裡有「熱爐」，一旦碰上它，就一定會受到懲罰。只有這樣，才能做到令行禁止、不徇私情，真正體現熱爐法則的真義。但懲罰制度畢竟是手段而不是目的，使用過濫就會適得其反。企業制訂和推行懲罰制度，關鍵是要遵循公開、公正、公平的原則，並從技能培訓、企業文化建設和建立獎懲機制入手，使員工心悅誠服、勇於認錯。這樣的話，熱爐給員工的就不僅僅是燙，而且會有溫暖的感覺了（鄭衛國，〈領導控制應遵循熱爐法則〉）。

十、莫非定津（魔鬼藏在細節裡）

　　莫非定律（Murphy's Law）的名稱由來，可追溯至1949年間，由當時參與美國空軍高速載人工具火箭雪橇MX981發展計畫的約翰‧保羅‧斯塔普（John Paul Stapp）上校旗下的研發工程師愛德華‧莫非（Major Edward A. Murphy, Jr）發現。該實驗室將16個火箭加速計懸空裝置在受測者上方，當時有兩種裝置方法可行，不可思議的是這16個加速計竟然全部被一位工作人員裝在了錯誤的位置上。他發現，員工總會把加速計的固定器裝反，某次當眾脫口而出他的觀察：會出事的事，一定會出錯（If something can go wrong, it will.）。於是很快在航太工程研究者之間散播開來。1958年，莫非定律正式被列入《韋氏字典》（*Webster's Dictionary*）。但是莫非本人從未發表過莫非定律，這點倒是蠻符合莫非定律的。

個案 12-9　華為大赦　5千幹部坦白作帳

中國最大的電信網路設備廠華為，創辦人任正非2015年1月22日自行爆料，去（2014）年華為管理團隊宣布「赦免政策」，鼓勵作帳的主管自己承認，結果有四、五千名幹部「坦白」。

華為全球員工近十五萬人，年營收約2,400億人民幣、約1.2兆台幣，銷售許多電信設備到美國。任正非說，任何企業都有貪腐弊病，華為也不例外，他們花了五年時間，想要做到「帳實相符」，但帳面金額與實際數字對不起來。華為內確實存在貪腐，但不會因此不發展，而是要提升管理能力。

資料來源：彭慧明（2015）。〈華為大赦　5千幹部坦白作帳〉。《聯合報》（2015/01/23），
　　　AA2產業‧策略版。

莫非定律通則

如果壞事有可能發生，不管這種可能性有多小，它總會發生，並引起最大可能的損失，簡單來說，就像一首民謠中所說的：「每次麵包落地的時候，永遠是抹牛油的一面著地。」（I never had a slice of bread, Particularly large and wide, That did not fall upon the floor, And always on the buttered side.）

根據莫非定律，有幾個常用到的管理觀念：

1. 如果一個很糟的時間會讓事情出錯，那個時間一定會讓事情出錯。
2. 沒有任何事情是如表面看起來那麼單純的。
3. 每件事花的時間比你想像要來得久。
4. 如果你察覺到有四種可能的方式會讓某過程出錯，而且避開這四個方式不讓其發生，那麼你先前預期不到的第五種方式會立刻出現。
5. 如果好幾件事有出錯可能性，那麼會造成最大傷害的其中那個會最先發生。

6.如果事事進行順利，你一定明顯忽略了什麼。

7.每個解決方案都會衍生出新問題。

8.置之不理的事可能會每況愈下。（姜佳瑩，〈莫非定律〉）

　　要避免莫非定律作祟，務必堅守個人原則：不該做的，就堅決不去做；需要做的，就做到盡善盡美，千萬不要心存僥倖。若是千萬小心之後，依舊出了錯，也要積極找出原因，下不爲例。

　　《荀子‧大略篇》說：「禍之所由生也，生自纖纖也。是故君子蚤絕之。」災禍所產生的根源，都是產生於那些細微而難以覺察的地方。所以，君子要及早地消除它產生的原因。在荀子看來，千里之堤，潰於蟻穴（謂千里長的大堤，往往因螞蟻洞穴而崩潰），禍亂皆根源於被忽略的細微之處，因此，要想遠離災禍，就必須要做到防微杜漸。

個案 12-10　魔鬼藏在細節裡

　　1986年1月28日，美國挑戰者號太空梭（Space Transportation System Challenger）在升空僅73秒時就爆炸解體墜毀，7名太空人喪生。後經調查發現，事故的直接原因是右側固體火箭助推器的密封橡膠圈失效，而在前幾次飛行時，美國國家航空暨太空總署（National Aeronautics and Space Administration）已經發現橡膠密封圈有移位、腐蝕或燒壞的情況，並把它列為要優先解決的問題，但還未來得及付諸實施，悲劇就發生了。

　　2003年2月1日，美國哥倫比亞號太空梭（STS Columbia OV-102）返回途中墜毀，7名太空人罹難，後經專家多年的調查發現，泡沫材料安裝過程有缺陷是造成事故的主要原因。

　　小啓示：正所謂「魔鬼藏在細節裡」，要防範事故發生，就須察微見細，慎終如始，戰戰兢兢，如履薄冰。

資料來源：毛世英（2014）。〈打破莫非定律的詛咒〉。《人力資源》，第370期（2014/08），頁87。

結　語

　　漢朝劉向《說苑・善說》記載：「前車覆，後車戒。」今日許多企業都在使用最佳實務（Best Practice）這個名詞，從企業內外蒐集許多事物的最好做法，當作參考模仿，希望透過標竿學習，提升企業的營運績效。因而，企業如何運用一些唾手可得、有關組織行為改善的經典管理法則來運用到員工的管理上，這對促進勞資和諧，必然助益良多，值得重視。

參考文獻

一、書目

Denis Waitley（2004）。〈時間就是一切：生命中的時間〉。《培訓雜誌》，第9期（2004/07），頁38。

Denton Carson著，李志敏、卜祥編譯（2005）。《向螞蟻學習：高效率執行的唯一途徑》，頁52。台北：易富文化。

Duane P. Schultz、Sydney Ellen Schultz著，陸洛、吳珮瑀、施建彬、高旭繁、翁崇修、陳欣宏譯（2006）。《人格理論》，頁275-276。台北：洪葉文化。

EMBA世界經理文摘編輯部（2000）。〈馬歇爾（Marshall Industries）公司的整合變革〉。《EMBA世界經理文摘》，第166期（2000/06），頁128。

EMBA世界經理文摘編輯部（2001）。〈企業主管的六大陷阱〉。《EMBA世界經理文摘》，第184期（2001/12），頁26。

EMBA世界經理文摘編輯部（2001）。〈克服議而不決的文化〉。《EMBA世界經理文摘》，第178期（2001/06），頁23。

EMBA世界經理文摘編輯部（2001）。〈當你不得不裁員時〉。《EMBA世界經理文摘》，第181期（2001/09）。

EMBA世界經理文摘編輯部（2002）。〈成功變革的天龍八部〉。《EMBA世界經理文摘》，第192期（2002/08），頁98-99。

EMBA世界經理文摘編輯部（2002）。〈推動IBM轉型：誰說大象不會跳舞？〉。《EMBA世界經理文摘》，第196期（2002/12），頁94。

EMBA世界經理文摘編輯部（2002）。〈聰明領導：把權力和責任放出去〉。《EMBA世界經理文摘》，第194期（2002/10），頁124-128。

EMBA世界經理文摘編輯部（2009）。〈被裁員一定比較慘？〉。《EMBA世界經理文摘》，第280期（2009/12），頁138。

EMBA世界經理文摘編輯部（2014）。〈建立變革平台：推動變革，大家一起來〉。《EMBA世界經理文摘》，第340期（2014/12），頁96。

EMBA世界經理文摘編輯部（2014）。〈倒數計時：成功企業的七個會議祕

訣〉。《EMBA世界經理文摘》,第337期（2014/09）,頁56。

Gregory P. Smith文,蘇玉櫻譯（2001）。〈如何管理衝突〉。《EMBA世界經理文摘》,第178期（2001/06）,頁132-133。

Griffin著,黃營杉譯（2000）。《管理學》,頁402-404。台北:東華書局。

Ichak Adizes著,徐聯恩譯（1997）。《企業生命週期》（*Corporate Lifecycles*）,台北:長河出版。

J. G. Robbins、B. S. Jones著,李啓芳譯（1991）。《有效的溝通技巧》,頁139-140。台北:中華企業管理發展中心。

Jack Gido、James P. Clements著,宋文娟譯（2004）。〈譯者序〉,《專案管理》（二版）。台中:滄海書局。

Jerry Spiegel、Cresencio Torres著,葛中俊譯（1996）。《團隊工作的原理:經理工作指南》,頁102。台北:業強出版社。

Joe M. Gandolfo著,許舜青譯（1996）。《態度——銷售致富的十個習慣》,頁84。高雄:廣場文化。

Kate Williams、Bob Johnson著,高子梅譯（2008）。《管理在管什麼:管人‧管作業‧管資訊‧管資源》,頁110、121-123。台北:臉譜出版。

Laurence. J. Peter、Raymond Hull著,陳美容譯（1992）。《彼得原理:為何事情總是弄砸了》,頁9。台北:遠流出版。

Michael Bergdahl文,但漢敏譯（2006）。〈沃爾瑪的10大經營智慧〉。《大師輕鬆讀》,第201期（2006/10/26-11/01）,頁29。

Paul Glen著,徐鋒志譯（2003）。《科技怪才工作鍊:怪才、領袖與工作的三角難題》。台北:商智文化。

Peter F. Drucker著,許是祥譯（2006）。《有效的管理者》,頁33。台北:中華企業管理發展中心。

Robert Bacal著,邱天欣譯（2002）。《績效管理:立即上手》,頁16-17。台北:美商麥格羅‧希爾。

Robert M. Tomasko著,卓越出版部譯（1992）。《企業減肥》（*Downsizing*）,頁47,台北:卓越文化。

Rosabeth M. Kanter文,姜桂花譯（2004）。〈無師自通MBA〉。《大師輕鬆讀》,第91期（2004/08/19-08/25）,頁29。

Stephen P. Robbins著，丁姵元審訂（2006）。《組織行為》，頁303。台北：普林斯頓國際出版。

Stephen P. Robbins著，李青芬、李雅婷、趙慕芬譯（1995）。《組織行為學》，頁334-335。台北：華泰書局。

Stephen P. Robbins著，李茂興譯（2001）。《組織行為》，頁85、167-169、354-355。台北：揚智文化。

Stephen R. Covey著，顧淑馨譯（1997）。《與成功有約》，頁127-128。台北：天下文化。

Wayne K. Hoy、Cecil G. Miskel著，林明地等譯（2006）。《教育行政學：理論、研究與實際》，頁174-175。高雄：麗文文化事業。

人事處心理諮商科（2013）。〈溫老師園地：做一個壓力管理高手〉。《海巡雙月刊》，第63期（2013），頁44-47。

中山大學企業管理學系（2005）。《管理學：整合觀點與創新思維》，頁384-385。新北：前程企業。

中時晚報編輯部（2001）。〈失業之苦僅遜喪偶入監〉。《中時晚報》（2001/02/23）。

王方（2012）。〈破解彼得原理魔咒——專業分工用人唯才 科層組織即戰力〉。《能力雜誌》，總號第671期（2012/01），頁81。

王茂臻（2005）。〈經理人九項成功祕訣〉。《經濟日報》（2005/11/13），A5週日版。

王嘉男、朱彥貞（2014）。〈專案管理〉。《科學發展》，第494期（2014/02），頁64。

台灣國際標準電子公司（1989）。〈員工職涯前程發展〉，《台灣國際標準電子公司簡訊雜誌》第31期（1989/12），頁8。

行政院勞工委員會勞工安全衛生研究所編印（2010）。《企業壓力預防管理計畫指引》，頁46-47。

何永福、楊國安（1995）。《人力資源策略管理》，頁202-203。台北：三民書局。

余朝權（2012）。《組織行為學》，頁116-117。台北：五南圖書。

吳怡靜（2010）。〈讓員工buy-in：向屬下推銷變革的8大要領〉。《天下雜

誌》，第457期（2010/10/06-10/19），頁232-234。

吳秉恩（1991）。《組織行為學》，頁3、82、148-151。台北：華泰書局。

吳彥濬（2011）。〈招募停、看、聽 效益極大化〉。《能力雜誌》，總號第661期（2011年3月號），頁36-37。

李宜萍（2007）。〈領導DNA：8大特質 未來領導人現形〉。《管理雜誌》，第399期（2007/09），頁26-28。

李芳齡（2001）。〈迎戰企業變革的怪獸〉。《EMBA世界經理文摘》，第178期（2001/06），頁130。

李隆盛、賴春金（2006）。〈團隊建立與團隊合作〉。《T&D飛訊》，第50期（2006/10/10）。

李運亭（2003）。〈釋放學習的力量：談如何創見「學習型組織」〉。《企業研究》，第230期（2003年10月下半月刊），頁40-41。

李銘義（2012）。〈時間管理與目標設定〉。《台北市終身學習網通訊》，第56期（2012/03季刊），頁9-12。

周桂清（2014）。〈如何溫柔揮下裁員這一刀〉。《人力資源》，第369期（2014/07），頁43。

周燦德（2000）。〈增進人際溝通效果的有效策略〉。《國立國父紀念館館刊》（2000/11），頁112-113。

林雅琴、葉亭妤（2005）。〈適才適所的派外人力資源管理〉。《能力雜誌》（2005/01），頁115。

邱皓政（2011）。〈3顆衛星定位優質人才〉。《能力雜誌》，總號第661期（2011年3月號），頁28。

信懷南（1996）。〈生於憂患〉。《世界經理文摘》，第123期（1996/11），頁134。

洪繡巒（2009）。〈幽默自己人生更美麗〉。《震旦月刊》，第460期（2009/11），頁35。

洪蘭（2001）。〈破窗效應〉。《遠見雜誌》，第178期（2001/04）。

英國安永資深管理顧問師群著，陳秋芳主編（1994）。《管理者手冊（新版本）》，頁54、173-175。台北：中華企業管理發展中心。

徐木蘭（2000）。〈突破彼得原理的宿命〉。《天下雜誌》，第233期

（2000/10/01），頁175。

徐立德（1992）。《人群關係與管理》，頁166-167。台北：中華企業管理發展中心。

徐聯恩（1996）。〈企業變革標誌：結構變革〉。《世界經理文摘》，第123期（1996/11），頁65。

高強華（無日期）。《變革管理：從組織文化論學校革新》，頁180、182。台北：國立中正念堂管理處。

張一弛編著（1999）。《人力資源管理叫成》，頁55-56。北京：北京大學出版社。

張芸、邵華（2003）。〈企業薪酬管理體系的分析與設計〉。《管理科學文摘》（2003/04），頁47。

張春興（1975）。《心理學（下冊）》，頁363。台北：東華書局。

張德主編（2001）。《人力資源開發與管理》，頁53-54。北京：清華大學出版社。

張慶勳（2004）。〈國小校長領導風格與行為之研究〉。《屏東師院學報》，第20期，頁9-10。

戚樹誠（2007）。《組織行為》，頁204-206。台北：雙葉書廊。

戚樹誠主講，盧懿娟企劃（2009）。〈團隊管理的3個時點〉。《經理人月刊》，第52期（2009/03），頁137-139。

許慶復主講（2012）。「團隊建立與領導」講義，頁255-256。101年度薦任公務人員晉升簡任官等訓練課程。國家文官學院編印。

陳家聲（2006）。〈組織行為〉。《經理人月刊》（2006/05），頁134-143。

陳梅雋（2004）。《鹹魚翻身的工作智慧》，頁21。台北：書泉出版社。

陳皎眉（2013）。《人際關係與人際溝通》，頁202-204。台北：雙葉書廊。

傅清雪編著（2009）。《人際關係與溝通技巧》，頁7。新北：高立圖書。

彭懷真（2006）。《打開大門　讓世界進來──給大學新鮮人的一封信：第4封信》，頁72。台北：天下文化。

曾華源（2013）。〈團隊領導與運作〉。《研習論壇月刊》，第150期（2013/08）。

童至祥（2007）。〈當個「有價值」，而非「有架子」的主管〉。《經理人月

組織行為

刊》，第37期（2007/12），頁72。

黃光國（2012）。〈生命的道場〉。《管理雜誌》，第452期（2012/02），頁
　　83。

黃光國主講（1983）。〈管理心理學〉。《台灣國際標準電子公司簡訊雜誌》
　　（1983年4月13日）。

黃英忠（無日期）。「邁向二十一世紀之企業和平策略」講義。中華民國勞資關
　　係協進會編印。

黃逸玟（1989）。〈周哈里窗的運用〉。《台灣國際標準電子公司簡訊雜誌》
　　（1989/06），頁7。

楊瑪利（1999）。〈毛治國：變革管理就是創新〉。《天下雜誌》，第218期
　　（1999/07），頁184。

溫金豐（2009）。《組織理論與管理：基礎與應用》，頁42-48。台北：華泰文
　　化。

趙曙明（2005）。〈鳥瞰HR，趙曙明有話要說〉。《人力資源》（2005年第10
　　期），頁28。

劉玉玲編著（2005）。《組織行為》頁27-28。台北：新文京開發。

劉玉玲編著（2011）。《組織行為》，頁16-18。台北：新文京開發。

劉玉琰（1995）。《組織行為》，頁43。台北：華泰書局。

劉信吾（2009）。《組織與管理心理學》，頁167。台北：心理出版社。

歐靜瑜（2010）。〈高中校長領導風格、情緒智慧與領導效能關係之研究〉，頁
　　10。逢甲大學公共政策研究所碩士學位論文。

潘煥昆、崔寶瑛譯（1991）。《帕金森定律：組織病態之研究》，頁11-12。台
　　北：中華企業管理發展中心。

盧希鵬（2009）。〈做什麼、像什麼：印象管理理論〉。《經理人月刊》，第52
　　期（2009/03），頁18。

戴照煜（2008）。「職場衝突管理方法研習班」講義，頁1-5。台北：中華企業
　　管理發展中心編印。

隱地編（1988）。《十句話》，頁8。台北：爾雅。

簡明輝（2004）。《組織行為》，頁21、257、272。台北：新文京開發。

蘇育琪譯（2003）。〈成功領導人的十大特質〉。《天下雜誌》，第288期

（2003/12/01），頁200。

二、網站

毛治國，〈變革管理〉，http://nctuceo.blogspot.tw/2006/06/blog-post_11496084520403 5705.html

中華百科全書，〈知覺〉，http://ap6.pccu.edu.tw/Encyclopedia/data.asp?id=2626

台中市政府勞工局，〈勞資會議〉，http://www.labor.taichung.gov.tw/ct.asp?xItem=158676&ctNode=3852&mp=117010

台北市私立育達高職，〈目標設定理論的潛在問題〉，http://www.yudah.tp.edu.tw/evaluation/pdf/S07.pdf

台北市政府消防局，〈破窗理論的發展〉，《北市消防e月刊》，http://epaper.tfd.gov.tw/cht/index.php?code=list&flag=detail&ids=4&article_id=1899

行政院人事行政總處，〈103年公務機關員工協助方案分區訪視及座談會成果報告〉，行政院人事行政總處員工協助方案，http://web.dgpa.gov.tw/lp.asp?ctNode=958&CtUnit=455&BaseDSD=7&mp=24

林政雲、楊秋南、邱照麟、馮麗珍、王桂蘭。〈國小女性校長領導風格之研究〉。國立教育研究院籌備處第103期國小校長儲訓班專題研究，http://www.naer.edu.tw/ezfiles/0/1000/attach/13/pta_846_3304291_29843.pdf

阿里巴巴商友圈，〈向螞蟻學管理〉，http://club.1688.com/threadview/26904989.html

姚衛光，〈案例3.2：向螞蟻學管理〉，南方醫科大學，http://jpkc.fimmu.com/glxjc/alfx34.htm

姜佳瑩，〈莫非定律〉，http://www.shs.edu.tw/works/essay/2008/02/2008021921350697.pdf

洪春吉、蔡佩君。〈組織文化與企業社會責任之關係——以金融產業、生技產業實證比較〉。《台灣銀行季刊》，第63卷第1期，頁70-99，www.bot.com.tw/publications/quarterly/documents/.../63_1_3.pdf

徐子文，〈破窗理論簡介〉，http://logmgt.nkmu.edu.tw/news/articles/%AF%7D%B5%A1%B2z%BD%D7%C2%B2%A4%B620070420.pdf

徐俏俏、鐘楊。〈基於印象管理理論的大學生求職中的自我呈現〉，人民網，

http://media.people.com.cn/BIG5/22114/44110/213990/14610410.html

徐南麗，〈有效溝通〉，https://www.facebook.com/......./如何有效溝通
/875617372455596

國立政治大學，〈勞資關係的定義、理論及勞資爭議相關文獻〉，http://nccur.
lib.nccu.edu.tw/bitstream/140.119/34427/5/26201905.pdf

國家教育研究院（2000），〈霍桑研究〉，2000年12月教育大辭書，http://terms.
naer.edu.tw/detail/1314798/

國家教育研究院，〈X理論〉，雙語辭彙、學術名詞暨辭書資訊網，http://terms.
naer.edu.tw/detail/1679348/

崑山科技大學，〈歸因理論〉，http://eportfolio.lib.ksu.edu.tw/~T093000222/
repository

張雅君、李志偉撰。〈淺談基本工資制度對我國民生經濟的影響〉，http://www.
nhu.edu.tw/~society/e-j/83/8321.htm

張數著（2013）。《彼得原理》。新北市：悅讀名品出版。引自博客來，http://
www.books.com.tw/products/0010577525

教育部Wiki，〈馬斯洛（A. Maslow）需求論〉，http://content.edu.tw/wiki/index.
php/%E9%A6%AC%E6%96%AF%E6%B4%9B(A._Maslow)_%E9%9C%80%
E6%B1%82%E8%AB%96

曹仰鋒，〈6種有效的領導風格〉，http://magazine.sina.com/bg/executi
ve/201109/20110914/0246113733.html

粘淑芬，〈談領導風格〉，163.23.171.1/.../ %B0%EA%B6T%AC%EC%D6%DF%
B2Q%AA%E2%A6%D1%...

郭瑞祥，〈領導與影響力的七大要素〉，靈糧文薈，http://literary.llc.org.tw/go3.
php?block=selected&subblock=life&part=%E7%94%9F%E6%B4%BB%E7%A
E%A1%E7%90%86&aid=41

痞客邦，〈人際溝通與情緒〉，http://lovecyut.pixnet.net/blog/post/1511301-
%E7%AC%AC%E4%B8%89%E7%AB%A0--%E4%BA%BA%E9%9A%9B%
E6%BA%9D%E9%80%9A%E8%88%87%E6%83%85%E7%B7%92

黃同圳、陳立育。〈全球整合企業之人力資源部門組織結構設計——以A公司為
例〉，http://hr.mgt.ncu.edu.tw/conferences/13th/download/1-1.pdf

黃伯達導讀（2008）。〈期望理論（激勵力量）〉。經營管理閱讀精選
　　（2008/12/10），http://www.cashboxparty.com/eip/read/read.html

黃敏偉（2008）。〈情緒的意義與情緒經驗〉。《台中榮民總醫院嘉義分院醫
　　訊》（2008/04），http://www.vhcy.gov.tw/vhcy/index.php?mo=EpaperManage
　　&action=epaper1_show&sn=49#1

黃煥榮編，北市教大公共系行政學講義，http://researcher.most.gov.tw/public/
　　hrhuang/Data/89119273571.pdf

楊大和，〈增加時間的魔法——楊大和教授談時間管理〉，國立台南大學，
　　http://www2.nutn.edu.tw/randd/epaper/e_paper_ser.asp?id=1005

煙台大學心理諮詢網，〈什麼是期望理論〉，http://spirit.ytu.edu.cn/a/shouye/
　　xinlixuehai/99.html

經理人月刊編輯部。〈麥肯錫解決問題的7步驟〉。《經理人月刊》，http://
　　www.managertoday.com.tw/articles/view/526

劉念琪、謝怡甄，〈工作設計與員工滿意及員工績效之關聯〉，http://hr.mgt.ncu.
　　edu.tw/conferences/11th/download/2-2.pdf

劉慈諳，〈教育行政溝通初探〉，https://society.nhu.edu.tw/e-j/111/A11.doc

鄭晉昌、湯雅涵，〈A公司組織文化之深化與檢視活動——組織價值觀評鑑系統
　　之運用〉，http://www.ncu.edu.tw/~hr/new/conferences/14th/download/6-2.pdf

鄭衛國，〈領導控制應遵循熱爐法則〉，學習時報，http://big5.china.com.cn/
　　chinese/zhuanti/xxsb/762046.htm

盧昆宏，〈組織結構〉，www2.nuk.edu.tw/lib/e-news/20070228/4-3.pps

謝金城，〈學校組織成員之價值觀、態度與工作滿足之探討〉，http://www.hcjh.
　　ntpc.edu.tw/master/edubook/a08.pdf

饒瑞晃（1999），〈激勵保健因素與教師效能關係之研究——以苗栗縣國民中
　　學為例〉，玄奘大學公共事務管理學系九十八學年度碩士在職專班（研究
　　計畫書），http://public.hcu.edu.tw/ezcatfiles/c008/img/img/626/750097109.pdf

管理叢書 17

組織行為

作　　者／丁志達

出　版　者／揚智文化事業股份有限公司

發　行　人／葉忠賢

總　編　輯／閻富萍

特約執編／鄭美珠

地　　址／新北市深坑區北深路三段 260 號 8 樓

電　　話／(02)8662-6826

傳　　真／(02)2664-7633

網　　址／http://www.ycrc.com.tw

　E-mail　／service@ycrc.com.tw

印　　刷／鼎易印刷事業股份有限公司

　ISBN　／978-986-298-208-2

初版一刷／2016 年 2 月

定　　價／新台幣 450 元

國家圖書館出版品預行編目（CIP）資料

組織行為 / 丁志達著. -- 初版. -- 新北市：揚
智文化, 2016.02
　　面 ；　　公分. -- (管理叢書 ; 17)

ISBN 978-986-298-208-2 (平裝)

1.組織行為

494.2   104022644